高职院校双高计划建设创新型特色教材
“互联网+”新形态教材

水电基础知识概论

杨武盖　许培德　吕文虎　李桂良　等编著

黄河水利出版社
·郑州·

内 容 提 要

本书是高职院校双高计划建设创新型特色教材，按照国家关于建设数字中国的重大战略，根据水电类智慧物联专业群构建逻辑，系统性介绍物联网技术等在水利、电力行业中的应用，让同学们了解新一代信息技术的魅力。本书内容主要以水电知识为主，把信息类、建筑类、机电类、交通类和经济管理类专业跨界融合，并以水电为学校其他专业群两翼，专业群为水电赋能，聚焦水电优势特点，糅合专业群基础先行，引水文化润泽心灵美，熔电气化陶铸工匠情，注通职业育人理念，播撒水电强国时代心声。本书主要内容包括：大力发展水利工程；电力常识与电力文化；水利与电力的融合发展；水电助力实现"3060 双碳"目标；万物互联的世界；土建类专业在水电领域的应用；水电智造的发展与应用；聚力水电，奏时代交通强音；经管类专业为水电行业赋能等内容。

本书可作为高职高专水利电力院校学生通识教育教材，也可供关心我国水利电力行业发展的大众读者学习参考。

图书在版编目(CIP)数据

水电基础知识概论/杨武盖等编著. —郑州：黄河水利出版社，2023.9

高职院校双高计划建设创新型特色教材

ISBN 978-7-5509-3744-4

Ⅰ.①水… Ⅱ.①杨… Ⅲ.①水力发电-高等职业教育-教材 Ⅳ.①TM612

中国国家版本馆 CIP 数据核字(2023)第 185905 号

组稿编辑：王路平　电话：0371-66022212　E-mail：hhslwlp@126.com

　　　　　田丽萍　　　　66025553　　　　912810592@qq.com

责任编辑：陈彦霞　责任校对：母建茹　封面设计：张心怡　责任监制：常红昕

出版发行：黄河水利出版社

　地址：河南省郑州市顺河路 49 号　邮政编码：450003

　网址：www.yrcp.com　E-mail：hhslcbs@126.com

　发行部电话：0371-66020550

承印单位：河南承创印务有限公司

开本：787 mm×1 092 mm　1/16

印张：17.5

字数：400 千字　　　　印数：1—6 000

版次：2023 年 9 月第 1 版　　　　印次：2023 年 9 月第 1 次印刷

定价：58.00 元

前 言

大学生涯是大学生价值观形成的关键期,是扣好"人生扣子"的关键期。价值观的塑造对于高职高专大学生至关重要,是大学生职业综合素养精神维度的再造。人的价值观包括归属感、使命感、责任感、成就感和荣誉感"五感"。长期以来,专业教育和思政教育、职业规划等无法有机融合,不利于培养拥有正确的价值观、德才兼备的高素质技能人才。因此,迫切需要以培养"五感"为逻辑起点,从了解校史、校情及水电基础知识出发,以各专业群融入水电行业为其赋能,将知识传授、能力培养、价值塑造有机统一,切实把"立德树人"落到实处,实现全员、全程、全方位育人。

本书引入"水电科学家"的典型事迹,同时注重对课程思政元素的挖掘,教材中有机融入党的二十大精神,从"水电业数字管理与服务专业群"一核三翼的组群结构出发,阐述专业群的组群逻辑,并结合案例对专业群内相关专业如何为水利、电力行业企业赋能进行解读,从而突出水电特色,在水电院校范围内普及水电知识,达到师生都能读懂水电、认识水电、发展水电、服务于水电。全书共分三部分共九个项目,主要内容包括:大力发展水利工程;电力常识与电力文化;水利与电力的融合发展;水电助力实现"3060 双碳"目标;万物互联的世界;土建类专业在水电领域的应用;水电智造的发展与应用;聚力水电,奏时代交通强音;经管类专业为水电行业赋能等。

本书由福建水利电力职业技术学院杨武盖、许培德、吕文虎、李桂良等编著,参加本书编著工作的还有福建水利电力职业技术学院林梅芬、谢延凯。具体分工如下:杨武盖撰写绪论、项目五、项目六;李桂良撰写项目一、项目四;吕文虎撰写项目二;许培德撰写项目三、项目七、项目八、项目九。本书由杨武盖、许培德负责总体规划、统稿,由福建水利电力职业技术学院刘华斌、阮清峰担任主审。

本书在撰写过程中得到了福建中电合创电力科技有限公司以及相关单位的大力支持和帮助,许多同志参与了本书的调研和实践工作。另外,本书在撰写过程中还引用了大量的参考文献。在此,谨向为本书的完成提供支持和帮助的单位、所有研究人员和参考文献的原作者表示衷心的感谢!

由于作者水平有限,书中存在的不妥之处,敬请读者朋友批评指正。

作 者

2023 年 6 月

本书互联网全部资源二维码

目 录

绪 论

我国西部的青藏高原被誉为世界第三极、亚洲水塔，诸多大江大河发源此地，幅员辽阔的国土上蕴藏着丰富的水能资源。根据最新统计，我国水能资源技术可开发装机容量约 6.87 亿 kW，年均发电量约 3 万亿 kW·h，均居世界第一。

水电是清洁可再生能源电力，水电工程还具有防洪、灌溉、供水、改善航运条件和保护河流生态等综合功能。中华人民共和国成立伊始，中国共产党就领导中国人民开展了波澜壮阔的水电建设。历经艰苦创业、改革开放和西部大开发各阶段，水电开发取得举世瞩目的伟大成就，彻底改变了我国洪旱之苦、电力短缺、贫困落后的艰难局面，谱写了中华民族水电事业辉煌篇章。

党的十八大以来，我们学习领会习近平总书记“绿水青山就是金山银山”的理念，贯彻落实“创新、协调、绿色、开放、共享”的新发展理念，统筹发展与安全，坚持服务国家战略，坚持人民至上，坚持可持续发展，水电开发事业开启了构建新格局、高质量发展的新征程。

一、党的十八大前水电发展的历史回顾

（一）中华人民共和国成立初期艰苦奋斗建基业（1949—1978 年）

中华人民共和国成立初期，我国积贫积弱、百废待兴，全国水电装机容量仅 36 万 kW，行业基础十分薄弱。老一辈水电建设者坚持独立自主、自力更生，发挥艰苦奋斗精神，克服技术资料匮乏、施工装备落后、资金严重不足等诸多困难，规划建设了一大批水利水电工程，突破了百米级高混凝土坝和高土石坝、百万千瓦级电站建设关键技术。1960 年建成了我国第一座自行设计、自制设备、自主建设，坝高 105 m 的新安江水电站；1975 年建成了我国首座百万千瓦级的刘家峡水电站（装机容量 122.5 万 kW），初步奠定了我国水电开发事业的基业。截至 1978 年，全国水电装机容量达到 1 727 万 kW，如图 0-1 所示。

（二）改革开放奋勇直追求发展（1978—2000 年）

1978 年十一届三中全会召开，中国社会进入改革开放新时期。改革开放极大地解放了生产力，水电开发投资与建设管理体制改革，实行项目法人制、招标投标制和建设监理制，极大地激发了水电开发企业自主经营的积极性，提高投资建设效益；走出去、引进来的对外开放合作，促进了中国与世界发达国家的交流。依托鲁布革、二滩和小浪底等水电工程建设，引进国外资本和技术，提升了我国水电工程技术、装备制造和建设管理水平。广州抽水蓄能、岩滩、漫湾、隔河岩和水口等水电站被誉为水电行业改革开放的“五朵金花”，相继成功建成，顺利投产。1994 年，世界上最大规模的综合性水电枢纽工程——三峡水电站开工建设，百年梦想终于从宏伟蓝图付诸伟大实践。截至 2000 年底，全国水电

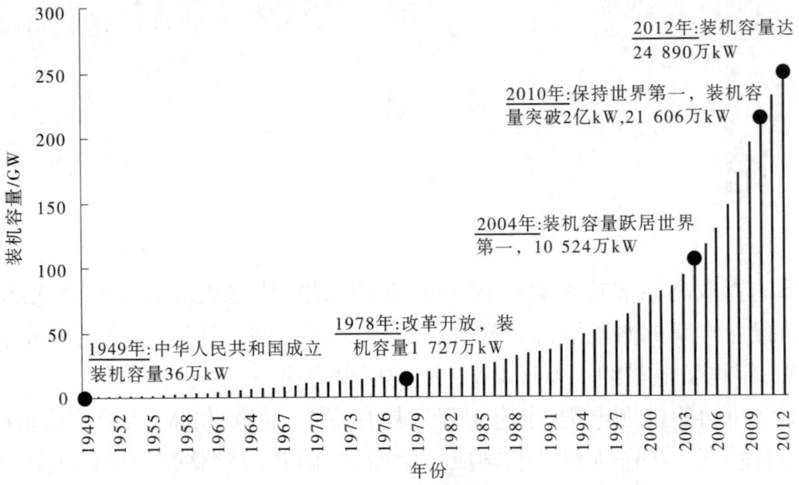

图 0-1　党的十八大之前全国水电装机容量的变化

装机容量 7 935.22 万 kW,其中抽水蓄能 559 万 kW,居世界第二位。

(三)继往开来西部大开发展宏图(2001—2012 年)

进入 21 世纪后,国家实施西部大开发战略,西南河流水电开发成为重中之重。在开展第三次全国水力资源复查的基础上,规划描绘了我国十三大水电基地。新千年伊始从此拉开了西南诸河水电基地大开发的序幕,开启了“流域梯级综合滚动”发展新模式。2002 年国务院颁布《电力体制改革方案》,推动水电开发市场主体多元化,水电建设步伐明显加快,全面推进金沙江中下游、澜沧江中游、雅砻江中游、大渡河中下游、黄河上游、南盘江红水河等水电基地建设,实施“西电东送”,有力促进了我国东西部区域经济平衡发展。为满足电力系统日益增长的调峰需要,抽水蓄能电站快速发展。这期间全国水电装机容量在 2004 年突破 1 亿 kW,跃居世界第一;在 2010 年全国水电装机容量突破 2 亿 kW,仅用 6 年实现翻番。截至 2012 年底,全国水电装机容量约 2.49 亿 kW,其中抽水蓄能 2 031 万 kW。

二、党的十八大以来水电发展的伟大成就

党的十八大以来,我们贯彻落实“创新、协调、绿色、开放、共享”的新发展理念,按照“四个革命、一个合作”的能源安全新战略,加快构建清洁低碳、安全高效的现代能源体系,加快发展可再生能源,促进贫困地区发展和生态文明建设。新时代,水电开发被赋予新任务和新使命,明确要求,要在保护生态环境和做好移民安置的前提下,科学有序开发水电,加快建设抽水蓄能电站,加强流域综合管理。在此背景下,水电开发继续保持高速发展态势,并迈进高质量发展新阶段。

(一)绘就水电发展新蓝图

党的十八大以来,国家批复澜沧江上游、金沙江上游等河流水电开发规划方案,擘画建设藏东南“西电东送”接续能源基地,提出实施雅鲁藏布江下游水电开发。贯彻落实“双碳”目标行动方案,加快发展可再生能源,依托主要流域水电基地统筹推进水风光一体化综合基地规划研究。以西南水电基地为重点推进川滇黔桂和藏东南水风光综合能源

基地开发建设,开创水风光储多能互补协调发展新路径。国家颁布的《"十四五"可再生能源发展规划》和《抽水蓄能中长期发展规划(2021—2035年)》绘就了可再生能源高质量发展新篇章。

(二)实现水电发展新跨越

党的十八大以来,水电开发明显加快,建设投产了乌东德、白鹤滩、两河口、锦屏一级、锦屏二级等一批大型特大型常规水电工程,以及惠州、丰宁、阳江、长龙山等大型高水头抽水蓄能电站工程。2014年,全国水电装机容量突破3亿kW。

金沙江上游藏区的苏洼龙、叶巴滩、巴塘等电站开工建设,"藏电外送"初现曙光。西部水电加快开发和"西电东送"规模扩大,不仅在防洪、发电、水资源优化配置和河流生态保护方面发挥了重要作用,而且在西部区域基础设施建设、促进地方经济发展和乡村振兴等方面也发挥了重要作用。截至2021年底,全国水电装机容量约3.91亿kW,其中常规水电装机容量达3.54亿kW,如图0-2所示。

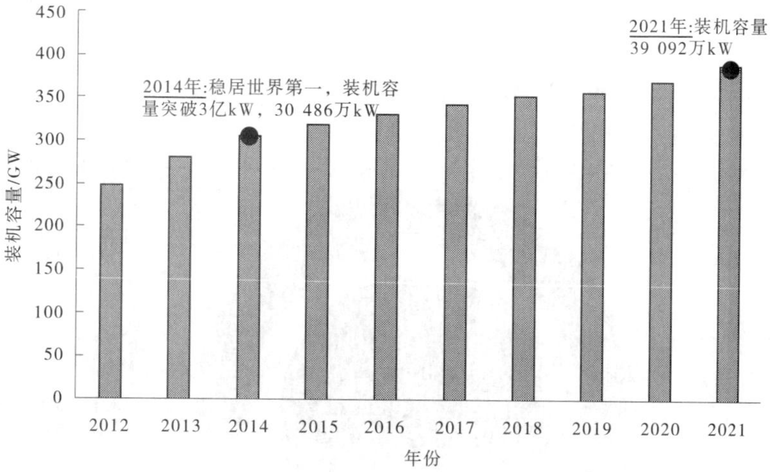

图0-2 党的十八大以来中国水电开发进程

2013~2021年,全国常规水电新增投产规模约1.26亿kW,年均投产超1 400万kW,目前在建规模约3 800万kW;抽水蓄能新增投产1 606万kW,年均增长率6.7%,目前在建规模6 153万kW。水电开发强度和进度前所未有,产业体系更加完备,技术水平国际领先。2021年全国水电发电量1.34万亿kW·h,占全国发电量的比例为16%,占可再生能源发电量的比例为54%。2021年各类电源装机容量、年发电量及占比见图0-3、图0-4。

(三)树工程技术新标杆

1. 筑坝技术独具匠心

中国水库大坝数量之多、规模之大位列世界前茅。目前,全球已建、在建的200 m级高坝96座,我国占有34座,占比35%。党的十八大以来,建成投产了以锦屏一级、溪洛渡、乌东德、白鹤滩为代表的一批300 m级高混凝土双曲拱坝,以黄登、向家坝和光照为代表的200 m级高碾压混凝土重力坝,以两河口、长河坝和糯扎渡为代表的300 m级高黏土心墙堆石坝等重点工程,上述工程均名列同类大坝世界前列。

从引进消化吸收到自主创新,中国筑坝技术实现了从跟跑、并跑到全面领跑的跨越。

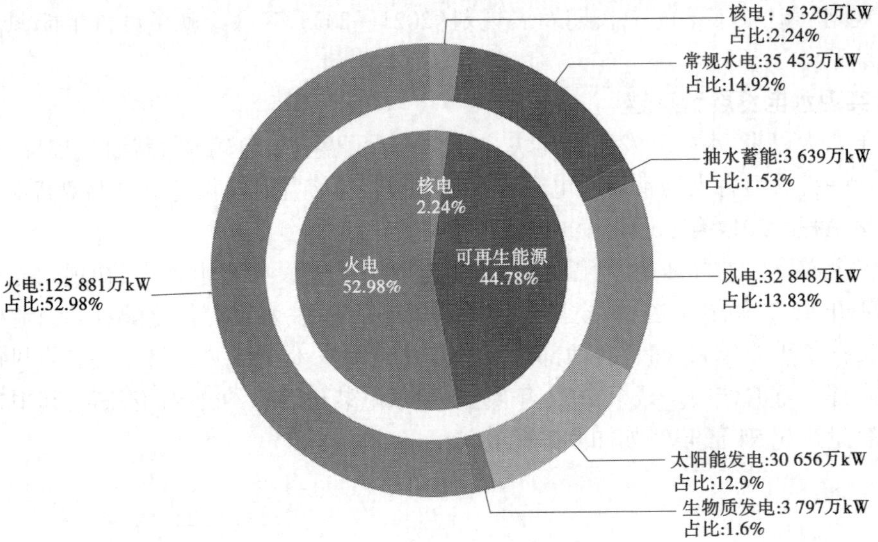

图 0-3　2021 年各类电源装机容量及占比

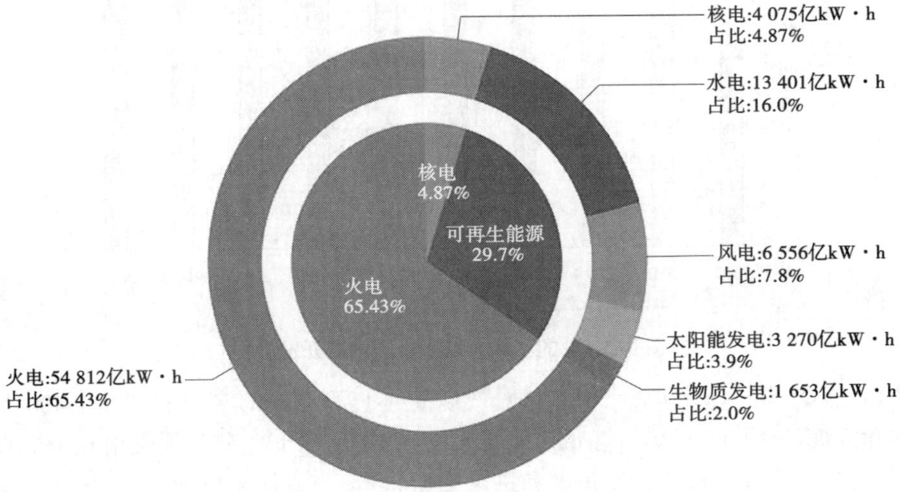

图 0-4　2021 年各类电源年发电量及占比

依托“产学研用”创新体系，围绕解决重大工程核心关键技术难题，组织开展协同攻关和技术研发，在高性能混凝土材料、高坝抗震设防、高混凝土坝快速施工、高土石坝智能碾压、大体积混凝土坝温控防裂、超深厚覆盖层地基处理、超高边坡变形稳定控制、高水头泄洪消能防护等方面取得系列重大突破，关键技术水平世界领先。发明了堆石混凝土、胶凝砂砾石筑坝新技术，得到广泛应用，体现了中国水电技术对世界的贡献。

2. 大型机组制造独领风骚

在建设三峡水电站之前，中国还未能自主设计制造过装机容量 35 万 kW 及以上水轮发电机组。通过引进消化吸收和自主创新，再经联合设计制造的历练，我们完全掌握了大型水电机组设计制造核心技术，自主设计制造了三峡水电站 26 台机组中的 12 台单机容量为 70 万 kW 的机组。此后，溪洛渡水电站水电机组单机容量达到 77 万 kW，向家坝水电站单机容量达到 80 万 kW，乌东德水电站单机容量 85 万 kW，大型水电机组“中国创造”不断迈上新台阶。

2021 年投产的白鹤滩水电站，16 台百万千瓦混流式水电机组全部国产化。在工程建设者和科研工作者不懈的努力下，历时 10 多年的攻关研究，完成了水轮发电机组总体设计、转轮模型开发，电磁磁极绕组、高效冷却、推力轴承、高压绝缘、高强度材料、关键部件制造等技术研发，取得系列创新成果，形成了具有完全自主知识产权的百万千瓦机组设计、制造、安装和测控技术标准。白鹤滩百万千瓦机组投入运行标志着中国水电机组制造能力又一次实现了历史性飞跃。

党的十八大以来，我国大型混流式、贯流式、轴流式以及可逆式水电机组均已实现自主设计制造，达到国际领先水平。主变压器、调速器、输变电装备、起重设备等产业链全部国产化，也达到国际领先水平。2021 年自主设计制造的广东阳江 700 m 水头段、400 MW 级高转速抽水蓄能机组成功投产运行，标志着我国在高水头、高转速、大容量抽水蓄能机组设计制造方面取得重大突破。大型混流式水轮发电机组的发展进程见图 0-5。

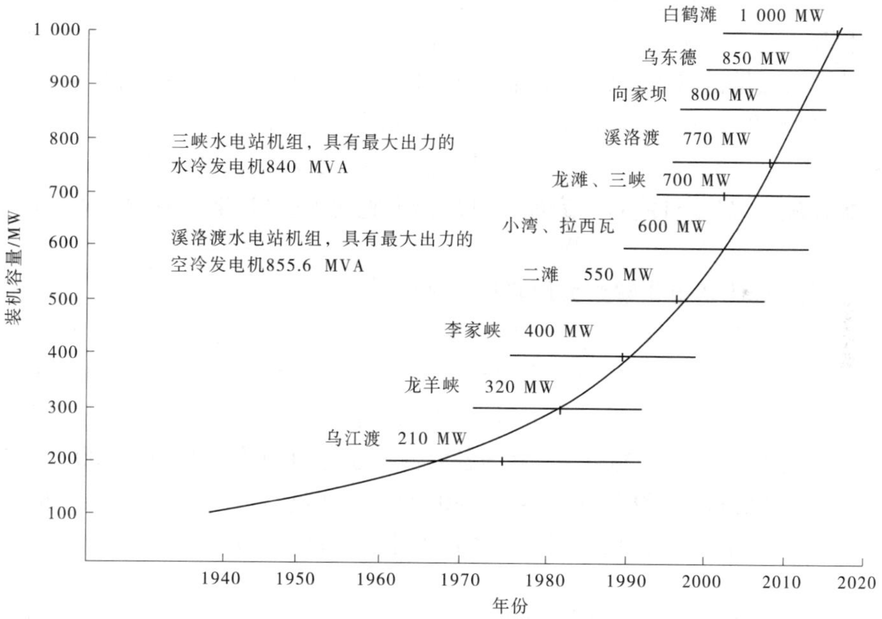

图 0-5 大型混流式水轮发电机组的发展进程

3. 数字化智能化技术独树一帜

进入 21 世纪，借助日新月异的现代信息技术、网络通信技术和人工智能技术，水电建设管理开启了信息化数字化转型。水电工程建设中，普遍采用 GIS+BIM 技术、感知与传输技术、数据分析与馈控技术，开发了适应水电工程行业的一系列关键技术和信息化数字化平台，包括水电工程 BIM 设计平台、设计施工一体化信息平台、大体积混凝土智能温控系统、高土石坝碾压智能控制系统、高坝地基灌浆智能控制系统、大型地下洞室群围岩稳定变形互馈控制系统等。设计 BIM 技术、施工 BIM 技术、数值仿真和施工模拟技术,智能建造和智慧工地技术等的应用,提升了工程建造水平。

锦屏一级、杨房沟水电站建设中研发并应用了大体积混凝土温度控制与防裂智能监控技术。白鹤滩、乌东德水电站工程建设基于“全面感知、真实分析、实时控制”的智能控制理论,构建了资源要素动态管理、业务流程数字化管理、工艺过程智能控制、结构安全与进度耦合分析及联动调控的数字化智能化系统。糯扎渡水电站构建了大坝综合数字信息平台,对高土心墙堆石坝填筑施工过程进行精细化的全天候实时监控;两河口水电站在此基础上突破了碾压机群无人驾驶堆石碾压智能控制关键技术。大型水电工程项目几乎都建立了建设管理综合信息系统和大数据中心,对工程设计、建设和运行过程中涉及的资源投入、施工过程、质量进度、计量支付等信息进行动态采集与数字化处理,基本实现了各种工程信息整合和数据共享。

三、水电开发的综合效益

在能源领域,水电是清洁可再生能源,具有技术成熟、调度运行灵活,环境友好、全生命周期成本低、综合效益显著等特点,对改善能源结构、减排温室气体、保护生态环境、保障能源安全和促进经济社会可持续发展具有十分重要的战略意义。

在水利及水资源领域,水库是调节洪水径流、解决水资源时空分布不均、实现水资源优化配置的不可或缺的基础设施。在流域防洪保安、河流生态修复、引调水水源开发,以及促进灌溉、供水和改善航运条件等方面起到不可或缺的作用。

此外,水电建设的产业链条长,还可规模化拉动有效投资、带动产业优化升级、改善西部地区基础设施和民生条件,对国家如期打赢精准脱贫攻坚战、推进乡村振兴发挥了重要作用。

(一)梯级水库为防范化解重大风险提供保障

党的十八大以来,我国建设了金沙江白鹤滩、乌东德、溪洛渡,雅砻江两河口,大渡河双江口等一批高坝大库,这些控制性水库显著提升了流域综合调控能力。通过联合调度、优化运行,不仅提高了全梯级水电发电量,为电力保供做出重要贡献,而且还显著提升了流域防洪抗旱能力。截至 2020 年底,全国各大江河水库群总库容超过 9 300 亿 m^3,可调度总库容超 5 000 亿 m^3,专设防洪库容约 1 800 亿 m^3,通过水资源调配、蓄洪补枯,显著降低了洪涝和水旱灾害的损失,长期困扰中华民族生存发展的大范围水患、大面积持续干旱已经成为历史。

流域梯级开发带来了高精度、系统化、全覆盖的流域基础监测信息,通过科学分析与优化调度,可提升重大灾害预警能力和重大风险防控能力。2018 年 10 月、11 月,金沙江上游川藏河段分别发生滑坡堵江事件,形成“10·11”和“11·03”白格堰塞湖,给流域系统安全构成重大威胁。应急处置中,结合水文监测预警、电站调度优化,并结合科学合理的工程措施,妥善处置了白格堰塞湖堵江重大风险,未造成人员伤亡,最大限度地减轻了下游沿江人民群众生命财产损失。

(二)保护河流生态,促区域经济社会协调发展

受全球气候变化的影响,极端气象灾害、地质灾害频发,自然河流并不能自身维持其

健康状态,河流生态退化已成趋势。水库工程建设重构河流生态空间,改善了以人为本的生态关系,增加河流生态系统的环境容量,促进了江河流域经济社会协调可持续发展。

黄河流域通过一系列水利水电工程的联合调度和水资源调控,基本满足了沿河两岸大量新增的工农业和居民生活用水需求。“有水见绿”“人水和谐”,沿河生态和人居环境条件大为改善,“黄河决口改道”“黄河断流”现象已不再重演。长江流域乌东德、白鹤滩、溪洛渡、向家坝、三峡、二滩、锦屏一级、两河口等干支流调节水库建设,有效缓解了金沙江、雅砻江等干热河谷生态环境退化进程,沿河两岸植被恢复常年披绿。金沙江岗托、龙盘和双江口等调节水库陆续建成投运,将进一步缓解长江流域沿江经济发展与水质水量之间的矛盾,提高对流域水资源优化配置和防洪的调控能力,助力长江经济带可持续发展。

(三)可再生能源开发支撑新型电力系统构建

党的十八大以来,我国水电新增装机容量约 1.42 亿 kW,在总新增电力发电装机容量中占比达 11.5%,累计发电量达 10.72 万亿 kW·h,相应节约 32.16 亿 t 标准煤,减少排放二氧化碳 67.38 亿 t、二氧化硫 2 398 万 t、氮氧化物 2 496 万 t,对减轻大气污染和控制温室气体排放起到重要的作用,发挥了巨大的生态效益,对实现非化石能源消费占比目标、促进能源结构绿色低碳转型具有重要意义。

水电机组具有启停迅速、运行方式灵活、负荷跟踪能力强的特点,能够发挥调峰、填谷、储能等功能,是电力系统绿色低碳清洁灵活调节电源和长周期储能措施,在波动性、间歇性风光电新能源占比逐步提高的新型电力系统中,将发挥重要的电量和容量支撑效益,保障电力系统安全可靠与稳定运行,为电力系统大规模接入和高效消纳风光电新能源创造条件。

(四)投资拉动力助巩固脱贫致富与乡村振兴

我国水电资源富集的西部地区,因自然条件和历史条件等因素,经济社会发展水平总体较落后。水电资源开发带动基础设施建设、劳动力培训和转移安置、传统产业结构优化调整,增加了地方政府财税收入,改善了移民生产生活条件,对推动贫困地区的经济增长、实现区域协调发展具有十分重要的意义。

党的十八大以来,特别是2015 年,党中央做出了打赢脱贫攻坚战的决定。《能源发展“十三五”规划》中明确指出,要坚持能源发展和脱贫攻坚有机结合,推进能源扶贫工程,重大能源工程优先支持革命老区、民族地区、边疆地区和集中连片贫困地区。水电建设将移民群众脱贫致富、困难群众帮扶和改善移民生产生活条件作为水电开发的重要任务之一,对西部地区如期打赢脱贫攻坚战发挥了重要作用。截至 2020 年底,“十三五”期间水电行业累计完成投资约 3 800 亿元,从在建水电站分布来看,“三区三州”深度贫困地区的工程建设投资估计超过 2 000 亿元。

水电建设可以直接推动地方电力行业固定资产投资大幅上升,加快当地固定资产形成,促进上下游相关产业发展。通过投资和消费两个环节拉动地方 GDP 增长,给地方提供大量税收,增强地方财政实力,推动地方经济社会发展。以 2019 年核准的金沙江拉哇水电站为例,项目建设总投资约 300 亿元。初步测算工程建设期的税收贡献将超过 18 亿元,运行期间每年还可为地方政府提供税收 4 亿元,可见水电开发能够为国家和地方政府持续贡献财政收入。

(五)开发水电服务民生,促进西部可持续发展

党和政府始终把发展水电作为改善贫困地区人民生产生活条件、促进地区经济社会发展的重要举措。《能源发展"十三五"规划》更是明确要坚持能源发展和脱贫攻坚有机结合,坚持"扶志"和"扶智"相统筹,通过投资、纳税、精准扶贫等多种方式充分发挥对贫困地区人员就业、经济发展的带动作用;建立健全水电开发利益共享机制,多措并举增加居民收入、服务改善民生、助力共同富裕。

水电开发带动了西部区域及库周交通、电力等基础设施以及学校、医院、市场等公共服务设施的建设与提升,城镇化安置移民进一步提高了库区城镇化水平,水电建设期与运行期带来的巨大的资金流、信息流、物流和人流,促进了建筑、旅游与服务等第二产业、第三产业的结构调整与优化升级,将地区的资源优势变成发展优势,带动当地经济快速增长。

在当前持续巩固乡村振兴和拉动地方经济融合发展的背景下,充分发挥水电站风景秀美、交通便利的优势,将水电运营与地方旅游、康养和乡村振兴建设紧密融合,建成了众多的水电产业生态文明示范区和风景名胜旅游景区,推动水电工程及其周边区域社会经济全面协调可持续发展。

四、历史经验的启示和光辉前景

成就彪炳史册,历史启示未来。总结历史经验,我们深刻地认识到:第一,河流水电开发离不开党和政府的高度重视和关怀、离不开国家政策引领和保障,从科学发展观到新发展理念,从坚持生态优先、绿色发展,到坚持以人民为中心、实现共同富裕,充分体现了党和国家领导人对水电的关心和支持。历史证明,只有中国共产党才能带领人民群众做好江河流域水电开发利国利民这篇大文章。第二,河流水电开发体现了社会主义制度集中力量办大事的优越性,从"国之重器"三峡工程,到两河口、乌东德、白鹤滩等一座座高坝大库巨型电站,从引进消化吸收,到自主创新发展,突破核心关键技术,解决工程建设难题,无一不是社会主义制度优越性的光辉典范。第三,坚持创新引领,坚持产学研用一体化发展,技术支撑发展,创新引领发展。我国水电开发行业形成了最完备的现代产业链体系,水电开发建设管理、勘察设计、科技攻关、标准化建设、装备制造、施工建造和运行维护等的能力和水平不断提升,成为国内、国际水电工程建设市场主力军,为我国基础设施建设和"一带一路"国家水电开发做出了重要贡献。

"十四五"时期开启了第二个百年奋斗目标新征程,远景目标确定 2035 年基本建成社会主义现代化强国;实施"3060 双碳"目标,必须大力开发可再生能源,构建以新能源为主体的新型电力系统,前景光明,任务艰巨。面对百年未有之大变局,面对更加严峻的防洪安全、能源安全、粮食安全和生态安全形势,中国水电行业要勇敢承担起水电、新能源等可再生能源开发的历史使命和责任,在中国共产党的坚强领导下,披荆斩棘、攻坚克难,继续勇攀高峰。在新时代、新形势和新要求下,我们相信,中国可再生能源开发"又好又快"、更加安全可靠、更加坚定步稳、更加绿色环保,让水电及新能源事业更好地服务国家发展战略,服务人民群众美好生活,使我们共同生活的环境更加美丽、富有生机。各水电站如图 0-6~图 0-19 所示。

图 0-6　白鹤滩水电站

（单机容量 100 万 kW 的百万千瓦级巨型水电站）

图 0-7　锦屏一级水电站

（世界上最高的混凝土双曲拱坝，坝高 305 m）

图 0-8　龙滩水电站

（世界上最高的碾压混凝土重力坝，坝高 216.5 m）

图 0-9　两河口水电站

（高原上最高的心墙土石坝，坝高 295 m）

图 0-10　溪洛渡水电站

（300 m 级特高混凝土双曲拱坝）

图 0-11　水布垭水电站

（世界最高面板堆石坝，坝高 233 m）

图 0-12 丰宁抽水蓄能电站

(世界上装机容量最大的抽水蓄能电站)

图 0-13 长龙山抽水蓄能电站

(国内水头最高的抽水蓄能电站)

图 0-14 溧阳抽水蓄能电站上、下水库

图 0-15　溧阳抽水蓄能电站地下厂房发电机层

图 0-16　天荒坪抽水蓄能电站上水库

图 0-17　呼和浩特抽水蓄能电站上、下水库全景

图 0-18　呼和浩特抽水蓄能电站上水库

图 0-19　绩溪抽水蓄能电站发电机层

第一部分　水利知识概论

【水电科学家】

一生为中国水电事业奋斗的李鹗鼎

出生于北京的李鹗鼎1940年毕业于国立西南联合大学土木工程系。之后,他在云南螳螂川水力发电工程处担任工程员、助理工程师。1943年6月前往英国伦敦威廉哈诺工程顾问公司进修,在那里,他系统地研究并掌握了西方先进国家利用水电资源的理论和技术,1946年6月归国。回国后,他来到四川长寿龙溪河上清源洞水电站工程担任工程师、工务科长。1949年后,历任电力工业部勘测设计总院副总工程师,四川狮子滩水电工程局、黄河三门峡工程局、刘家峡水电工程局总工程师等重要职位。

在他从事水利水电工程技术工作的时间里,李鹗鼎走遍了两湖、两广、云贵、东北、西北、长江、黄河的上中游,西北走至遥远的伊犁、喀什,东南至福建的闽江。对全国大江大河进行查勘、选点和规划,在许多大中型水利水电工程的站址、坝址、坝型和枢纽布置的选定等开发建设事业中做了开创性的工作。他主持审查乌江渡、二滩、小湾、龙滩等十几座大型、特大型水电工程,对工程设计的完善优化有着重大的贡献。而且,作为中华人民共和国第一代水电专家,李鹗鼎还解决了许多困难的技术难题,如乌江渡岩溶渗漏处理、凤滩的空腹拱坝、丰满泄水洞进口的水下岩塞爆破、龙羊峡大坝基础处理、映秀湾闸坝基础液化和推移质过坝等问题。通过对这些关键技术问题做出的决策,保证了我国大型水电建设的顺利发展,为我国的水电建设事业做出了卓越贡献。由于在水利水电领域的杰出贡献,他在1995年当选为中国工程院院士。

2001年12月30日病逝于北京,享年83岁。李鹗鼎一生朴素清廉,身后没有留下什么钱财,但藏书很多,尤其是水利专业方面的书籍很多。在他病危时还嘱咐家人一定要将其专业书籍捐给有关水电部门,供大家学习参考。李鹗鼎为人刚正不阿,工作严谨务实,生活简朴,从不计较个人的荣辱得失。他不居功、不图名利,一身正气,两袖清风,甚至也很少署名发表文章。他的全部心血都凝聚在无数工程的技术档案中,把一颗丹心毫无保留地贡献给了他挚爱的中国水电事业。他在技术上的成就、他的高尚品德、他为我国水利水电建设事业做出的重大贡献,都给我们后来者留下了宝贵的财富。

来源:“科技名家·里程碑”,有修改

项目一　水资源概况与水利工程发展

项目概述

认识水利工程

可持续发展水利背后演绎了一部人类“除水患，兴水利”的辉煌历史剧，在这部厚重的历史剧当中，水利工程发展的份量举足轻重。水利工程是我国国民经济和社会发展的重要物质基础，水利工程在防洪、排涝、防灾、减灾等方面对国民经济的发展做出了重大的贡献，水利工程的修建大大缓解了水资源在空间上和时间上分布不均匀与可供水量和耗水量之间不相适应的尖锐矛盾，为人类从事农业生产和资源开发提供了良好的保障。水利工程的兴建不仅可以防洪、供水，而且也可以发展供电、航运等，为国家的国民经济建设和社会发展提供必要的基础条件。大坝等水利工程的修建，不仅带动了养殖、旅游等新兴产业的发展，同时为能源急速消耗的当代社会提供了电能，使中国这个自古以农业为主的国家在灌溉、供水、排水上得到了更大的发展。

本项目通过梳理水利工程发展史，简要介绍了中国水资源以及可持续利用情况，旨在帮助学生深刻理解可持续发展水利的文化内涵，树立人与自然和谐相处的理念，为国家的水利建设践行使命担当。

知识结构

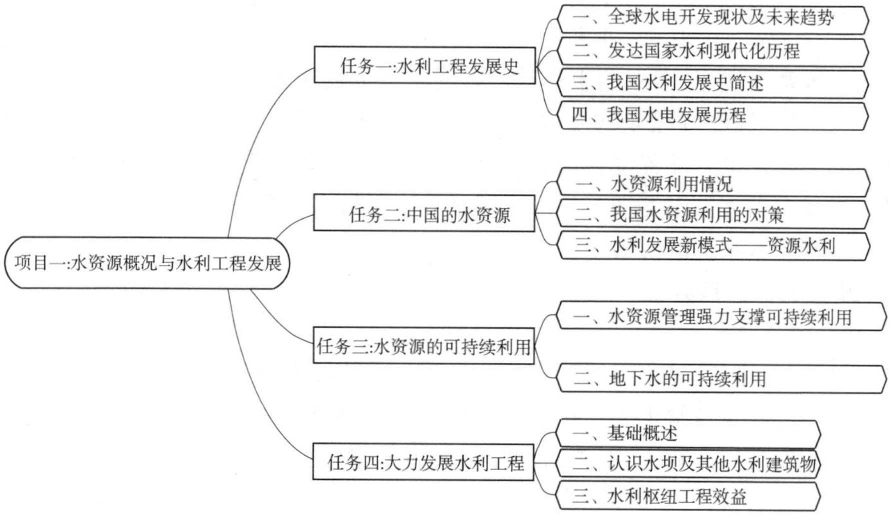

任务一　水利工程发展史

学习目标

能力目标

能根据世界水利和水电开发的历史与发展趋势规划人生。

知识目标

1. 了解发达国家水利行业发展过程；
2. 了解全球水电开发情况；
3. 熟悉中国水利发展的历史；
4. 了解中国水电开发的未来趋势。

素质目标

1. 具备独立思考、有效沟通与团队合作的能力；
2. 了解水利工程对环境、社会及全球的影响。

一、全球水电开发现状及未来趋势

受地理环境和气候条件影响，全球水能资源分布很不均匀。从技术可开发量分布来看，亚洲占比50%，南美洲占比18%，北美洲占比14%，非洲占比9%，欧洲占比8%和大洋洲占比1%。据IHA2020年报告，截至2019年底，全球水电装机容量1 308 GW，其中抽水蓄能电站装机容量158 GW，全年发电量4 306 TW·h。2019年，新增装机容量15.6 GW，新增发电量106 TW·h，其中，亚洲的中国、老挝、巴基斯坦，南美洲的巴西，非洲的安哥拉、乌干达和埃塞俄比亚，欧洲的土耳其等国的新增贡献最大。

全球水电开发程度按照年均发电量计算，约占技术可开发量的27.3%。分地区看，欧洲、北美洲国家水电开发程度较高，增长潜力有限。非洲、南亚及东南亚地区水电开发程度较低，开发潜力大。南美洲基本与全球平均水平持平。总体而言，全球水能资源开发程度不高，未来还有很大的发展空间。

（一）开发现状及趋势

1. 全球水电需求大

随着全球人口增长、城市化进程加快和经济社会持续发展，人类社会对水与电力的需求越来越大。目前，全球缺电人口仍超10亿人，缺电最严重的正是亚洲和非洲欠发达地区，而这些地区发展空间较大，对电力的需求尤为迫切。

一些国际组织、咨询机构和电力企业基于各国经济发展趋势和应对气候变化减排温室气体的需要，对全球水电发展进行了多目标场景的预测和分析。综合各研究机构的成果,以2018年为基准略偏保守估计,2050年全球水电技术可开发利用程度将达50%,届时年发电量约为7 890 TW·h。预计到2035年,全球水电装机容量将达到1 750 GW,年发电量6 100 TW·h,全球新增水电装机容量约480 GW,开发率达38.6%;2050年,水电装机容量将达2 050 GW,2035~2050年,新增水电装机容量300 GW。要实现2050年的目标,水电装机容量年均增长估计将达到2.0%。从水电技术可开发资源潜力、经济社会发展水平和能源电力发展需求等因素综合分析,未来水电开发重点开发的河流(包括界河或国际河流)涉及印度河、尼罗河、赞比西河、尼日尔河、刚果河、东南亚国家的伊洛瓦底江、怒江—萨尔温江和澜沧江—湄公河。

2. 开发过程更注重环境保护

任何事物均有其两面性,开发水电也不例外。除发电、防洪、灌溉、水资源优化配置等对生态有利的影响外,也存在不利的影响,包括水库淹没、移民安置、河流泥沙、水文情势变化的影响,尤其是筑坝修库对洄游性鱼类生境产生不利影响。加快水电开发,需要增强认知,促进更广泛的共识和获得政策支持。水电是清洁可再生能源,技术成熟,对节能减排、应对气候变化作用显著,多功能水库大坝(高坝大库)在防范洪旱灾害和综合利用方面的作用具有不可替代性。加强环境保护措施和优化水库运行调度管理,有助于减免对环境的不利影响。人类社会的发展史本质上就是一部与洪水不断斗争的历史,也是一部资源开发利用的历史。人类文明的强盛与它所能利用的资源总量是密切相关的。每一次资源开发利用总量的提升,都是一次文明的进步。当今世界,人类社会的发展和文明进步越来越依赖可持续的自然资源。因此,在自然资源的开发中,也必须加强对自然生态环境的保护。

3. 开发成果强调共享

水电开发涉及诸多不同利益主体及其利益分配分享问题。利益相关者包括土地所有者、移民、开发商、融资机构、电力公司,还包括设计者、承包商、材料和设备供应商、建设管理者和运行管理者,以及受水电开发影响的渔业、农业、种植业和环境保护机构等。从更加宏观的时空角度来看,水电开发的影响涉及上下游、左右岸、当前与长远、局部与全局、受益区与受损区等。水电开发不仅要让受到不利影响的利益相关者从水电开发中得到应有的补偿,而且也应该使其分享水电开发的利益。河流水电开发要以问题、市场、效益为导向,根据经济社会发展需求与河流水资源和水能资源特点,制订河流开发计划和方案,让水电开发成果更公平地惠及利益相关者。为此,需要坚持科学发展观,遵循"创新、协调、绿色、开放、共享"的新发展理念,促进生态环保、综合开发、利益分享,共同发展。只有这样,水电开发方案才能得到绝大多数利益相关方的支持。在国际河流开发和境外水电工程开发中,水电开发企业尤其需要广泛听取意见,畅通协商渠道,遵守项目所在国法律法规、国际惯例和技术标准的要求,遵循"为项目所在国创造财富、与合作方共同发展"的理念,与利益相关者形成全面广泛的国际合作和紧密关系,共同促进水电开发可持续发展。在当前全球能源治理体系加速重构的重要历史时期,以"一带一路"为依托,通过与周边国家的能源电力互联互通建设,促进全面合作和共同发展,打造国际能源电力合作的利益共同体、责任共同体和命运共同体是未来我国能源电力发展的重要方向。

4. 强调安全、可持续

就水资源和电力供应短缺的一些国家而言,在当前经济社会发展需求急迫的情况下,难免出现"又快又省"的"大跃进"发展模式;对于刚刚"走出去"谋求海外发展的中国电力企业而言,也难免出现追求"超额利润"的冲动和做法。确保水电工程安全可靠、经济合理、成本电价适当、环境友好和资源节约并实现可持续发展,其实才是最重要的课题。

在水电开发中,工程安全首当其冲。只有安全发展,才有可持续的发展,安全是水电可持续发展的基石。然而,由于内外部因素影响,最近全球范围内发生的一些事故(大坝开裂、漏水、溢洪道破坏、溃坝、洪水、地震、地质灾害等)凸显了水库大坝安全隐患,尤其是溃坝事故。大坝事故不仅会损害水电设施及当地环境,更会造成对下游区域生命财产的严重损失。对此,所有与水电开发相关的企业和机构,都必须深植安全意识,专业和规范地组织开展工程规划、勘测、设计、建设、运维等工作,防范人为失误和重大安全隐患,加强全生命期的风险评估和应对处置。

其次是水电工程运行的可靠性,包括发电、防洪、灌溉和供水等功能的正常发挥,确保实现设计预期的发电效益及其他综合利用效益。降低水电开发的成本,关键是选择"好"的项目,并将项目做"好"。要按照经济社会发展对能源电力和水资源的需求,基于河流水电开发规划,选择"好"的项目;要遵循基本建设程序的要求,通过规划、勘测、设计,充分论证开发规模、开发方式和时机,规避投资风险;要吸取类似工程经验,采用先进技术,确保安全和质量,优化技术方案;要加强项目建设管理,优化资源配置,严格过程管控,确保按计划有序推进工程进度,按期投产发电。

总之,促进水电可持续发展需要根据项目所在区域经济社会发展的需求,结合流域水能资源特点和工程具体情况,开展重大关键技术研究,在建设过程中解决好工程建设的可行性、可靠性、经济性和协调性问题。在工程运行中,要通过梯级联合调度,最大限度地发挥工程的作用,取得预期的工程效益。加强安全监测评估、设施设备运行管理及维护,解决好水库泥沙淤积、大坝健康状态诊断及消缺补强修复,延长其使用寿命,确保其永续利用。

(二)已开发情况

1. 已建成的一些大型水电站

世界十大水电站、十大高坝、十大水库见表 1-1。

表 1-1 世界十大水电站、十大高坝、十大水库

排名	水电站(装机容量/万 kW,国家)	大坝(坝高/m,国家)	水库(库容/亿 m^3,国家)
1	三峡(2 250,中国)	锦屏一级(305,中国)	欧文瀑布(2 048,乌干达)
2	白鹤滩(1 600,中国)	努列克(304,塔吉克斯坦)	卡霍夫斯卡(1 820,俄罗斯)
3	伊泰普(1 400,巴西—巴拉圭)	小湾(294.5,中国)	卡里巴(1 800,赞比亚)
4	溪洛渡(1 386,中国)	溪洛渡(285.5,中国)	布拉茨克(1 690,俄罗斯)

续表 1-1

排名	水电站(装机容量/万 kW,国家)	大坝(坝高/m,国家)	水库(库容/亿 m^3,国家)
5	古里(1 030,委内瑞拉)	大迪克桑斯(285,瑞士)	纳赛尔(1 689,埃及)
6	乌东德(1 020,中国)	英古里(271.5,格鲁吉亚)	沃尔特(1 480,加纳)
7	图库鲁伊(837,巴西)	瓦伊昂(262,意大利)	马尼库阿根(1 420,加拿大)
8	向家坝(775,中国)	糯扎渡(261.5,中国)	古里(1 350,委内瑞拉)
9	拉格朗德(733,加拿大)	奇科森(261,墨西哥)	威利斯顿(740,加拿大)
10	大古力(649,美国)	特里(260.5,印度)	克拉斯诺亚尔斯克(733,俄罗斯)

2. 在建的一些大型水利水电工程

英加水电站,又称英加水坝、英加大型水电枢纽,是位于刚果河上的重要水利设施,设计总装机容量 4 400 万 kW。工程建设共分六期,全部建成后将成为世界第一大水电站。

图鲁汉斯克水电站位于西伯利亚叶尼塞河的主要支流通古斯卡河上。水库大坝高 200 m,该电站计划总装机容量 1 200 万 kW。

贝卢蒙蒂水电站位于巴西帕拉州的亚马孙河支流欣古河上。发电装机总容量为 11 23 万 kW,大坝于 2011 年开工,第一台机组于 2016 年 5 月 5 日安装。

二、发达国家水利现代化历程

发达国家在工业化过程中,不断根据出现的水问题,通过调整水利发展思路与战略重点,使水利发展满足经济社会发展的要求。

(一)发达国家水利现代化进程的五个阶段

1. 工业化时代之前的水利发展

工业化时代之前的漫长时期水利发展主要服务于农业。欧洲国家开展的水利活动包括:开挖水渠浇灌农田、修筑堤防、整治河道防御洪水、开凿运河发展水运以及修建城市给水排水系统等,推动了社会、经济的发展。例如:20 世纪初,荷兰在艾瑟尔湖围湖造陆,开垦土地 165 万 hm^2,效益显著;1824 年,美国国会通过《河流和港口法》,以提高河流的航运能力。

2. 大规模水利工程建设兴起

1936 年,美国胡佛大坝的修建拉开了以大坝为代表的水利工程建设的序幕。20 世纪后半叶是发达国家大坝建设的蓬勃发展时期,尤其是在 20 世纪 70 年代达到了建坝的高峰期。例如:1936 年,美国科罗拉多河上胡佛大坝建成;1961 年,瑞士的大迪克桑斯大坝建成,高度为 285 m。这一阶段,水利工程的规划主要从经济效益出发,基本不考虑对环境和社会的影响,大坝被看作解决能源供需矛盾和实现大面积农业灌溉的优先选择。20 世纪中叶,随着科学的进一步发展,人们发现给人类带来重大益处的水利工程的负面影响到了不应再忽视的地步,它带来的益处常以付出高昂的环境成本和社会成本为代价。因兴建水利工程所产生的蓄积水、防洪、灌溉水蒸发、生态和社会问题逐步凸现。例如:美国大峡谷大坝上游的鲍威尔湖，有 8%的水蒸发了；水运工程和沿岸堤防的建设阻碍了密西西比河夏季洪水期间水沙向邻近沼泽地的漫流，使得泥沙淤积严重。

3. 恢复河流运动的兴起

从 20 世纪 50 年代起，发达国家逐步把水利发展重点从开发利用转向对河流的保护，河流恢复运动逐渐兴起。恢复河流的方法主要包括拆坝、水质恢复、恢复栖息地、模拟天然水流等。例如：20 世纪 70 年代，美国通过《Breaux 法》和《滨海 2050 计划》，进行密西西比河流域生态系统的修复；2011 年，美国推出了 325 亿美元的水坝拆除计划，以恢复奥林匹克半岛的鲑鱼种群。

4. 水利事业发展迈向流域综合管理

随着人口、资源、环境与发展问题日益严重，人类才逐渐认识到应该与自然协调发展，在流域的框架下实施综合开发与管理逐渐被发达国家政府及学者所接受。流域综合管理理念的形成大致可以分为三个阶段。第一阶段：单一目标向多目标开发的思想转变。19 世纪末至 20 世纪初，欧美国家流域管理开始着眼于水资源的多功能特征，并着手建立流域一体化管理机构。第二阶段：流域开发向流域环境保护的思想转变。随着环境污染问题日益加剧，流域管理的内容由综合开发向流域开发与环境保护并重转变，流域管理进一步向一体化方向发展。第三阶段：流域综合管理思想的形成。其特征主要包括：建立有效的流域管理制度和机构、加强流域信息化建设、发展流域模拟技术、实现多学科专业知识的集成等。在这一阶段，1974 年，英国成立泰晤士河水务局，负责流域统一治理和水资源统一管理；1987 年，澳大利亚设立墨累-达令河流域管理机构，关注公众利益和建立协商机制是其特色。

5. 水利发展向绿色生态、环保转型

进入 20 世纪 90 年代，特别是 21 世纪后，水生态和水环境问题日趋严重，发达国家将水利的发展重点放在水资源节约、水环境保护、水生态修复等方面。例如：1991 年，日本推行多自然型河流建设，应用生态工程措施，建设魅力水边空间，恢复和创造有生命的河流。

近年来，随着全球气候变化的加剧，保障水生态环境安全，支撑经济社会可持续发展，成为发达国家关注的重点，“绿色”“生态”“环保”等现代理念成为指导水利发展和水管理的新理念。主要发达国家已将水生态建设纳入国家生态系统保护体系，并上升为国家生存和发展的战略选择。现代水利发展在水生态研究创新、观念理念创新和政府水管理机制改革等方面已经取得了很多进展。

（二）近现代发达国家的大型水利工程

世界五大水利工程奇迹，简称世界工程奇迹，是指近代至现代五项最大型的水利工程，由美国土木工程师学会选出。它们分别是巴拿马的巴拿马运河、荷兰的北海保护工程、美国的金门大桥、巴西的伊泰普大坝，以及英国及法国的英法海底隧道。

1. 巴拿马运河

巴拿马运河位于拉丁美洲的巴拿马，横穿巴拿马地峡，总长 82 km，宽的地方达 304 m，最窄的地方也有 152 m，连接太平洋和大西洋。建造苏伊士运河的法国负责人在 1880 年 1 月 1 日负责开始动工开凿巴拿马运河，洪水、泥泞、热带的流行病（如疟疾、黄热病等)造成的高死亡率迫使法国人放弃了这个计划。1903 年,工程由美国接手。1914 年 8 月 15 日,巴拿马运河正式通航,极大地缩短了美国东西海岸间的航程,比绕合恩角缩短了 14 800 km。为了建造巴拿马运河,法国在开始付出了 3 亿美元,美国又追加了 3.75 亿美元,共挖掘了 1.77 亿 m^3 土方,用了 450 万 m^3 混凝土,最多时有 4 万工人同时施工。

2. 北海保护工程

荷兰又叫尼德兰,即“低洼之国”,西、北两侧濒临北海,莱茵河在这里入海。境内地势非常低平,在 4 万多 km^2 的国土中,约有 27%的土地低于海平面。在那里,东南部海拔一二百米的地方就算是“高原”了。生活在这样的国土环境里,如果没有海堤和河堤的保护,许多人将失去家园。在历史上,荷兰人民深受北海之苦,海水内侵使千里沃野变成泽国。1282 年,海水突破海堤,北海与伏列沃湖连成一片,形成了须德海。据统计,从 13 世纪至今,荷兰的国土被北海侵吞了 56 万多 hm^2。但是,荷兰人并未就此屈服。荷兰人与水抗争了几百年,努力捍卫自己的土地。可是,土地开始缓慢下沉,与此同时,海平面渐渐上升,于是,荷兰人采取了极端的应对措施——修建巨型屏障,把海挡住。

3. 金门大桥

金门大桥是美国旧金山市的标志性建筑。它连接旧金山湾和太平洋的金门海峡,南连旧金山的北端,北通加州的马林县,位于北纬 37°49′,西经 122°29′。金门大桥桥墩跨距 1 280.2 m,是世界上第一座跨距千米以上的悬索桥,宽 27.5 m,桥身呈褐红色,金门大桥拥有世界第四高的桥塔,高达 227.4 m,全桥总长 2 737.4 m。

1933 年 1 月 5 日,大桥开始施工,在 1937 年 4 月完工,同年 5 月 27 日对行人开放,第 2 天对汽车开放。而金门大桥的两个桥墩在 1964 年之前拥有世界上悬索桥中最长的跨度。1957 年之前,它还是世界上最长的悬索桥桥墩。

4. 伊泰普大坝

伊泰普大坝位于巴西巴拉那河,是直至三峡大坝完工前全球最大的水利工程。大坝于 1974 年 10 月动工,于 1991 年 5 月 6 日竣工。

5. 英法海底隧道

英法海底隧道是一条连接英国和法国的铁路隧道,1987 年 12 月 1 日动工,1994 年 5 月 6 日开通。隧道横跨英伦海峡,使由欧洲大陆往返英国的时间大大缩短。隧道长度 50.5 km,仅次于日本青函隧道。海底长度 37 km。通过隧道的火车有长途火车、专载公路货车的区间火车、载运其他公路车辆(如大客车、一般汽车、摩托车、自行车)的区间火车。隧道由欧洲隧道技术公司经营,但因为隧道建造费用极高,所以债务沉重。

(三)发达国家水利现代化的经验总结

1. 治水思想的现代化

现代治水思想更加强调人与自然的和谐,从“人水抗争”转向“人水共存”,强调水资源的有限性和承载力,维护水环境和水生态系统的良性循环,以水资源的可持续利用支撑流域和国家经济社会的可持续发展。

2. 水管理的现代化与信息化

水管理的现代化与信息化包括管理体制与机制的现代化、管理技术的现代化、管理人才的现代化,要求充分利用现代信息技术,深入开发和广泛利用水利信息资源,提升水利行业的效率。

3. 工程设施与装备的现代化

工程设施与装备的现代化包括工程措施与非工程措施相结合的防洪减灾体系与供水保障体系，拥有先进的装备。高新技术的应用趋于普遍，推进了水利工程装备的现代化。

4. 科学技术的现代化

现代化的水利技术要大量应用动力、机械、通信、规划、设计、施工、勘测、监视、自动控制、管理调度等方面的最新技术成果。

三、我国水利发展史简述

水是人类文明的源泉，人类的历史往往伴随着水利的发展进步史。水利在中国有着重要地位和悠久历史，华夏民族起源于黄河流域，中华文明因水而生，因水而起。

（一）中国古代水利发展史

中国古代水利发展史可以大致分为以下几个时期：第一阶段（公元前22世纪—秦汉时期），这是水利工程的起源和第一次建设高潮时期，也是防洪治河和各种类型灌排水工程的兴盛时期。第二阶段（三国—唐宋时期），这是传统水利高度发展的时期。第三阶段（元明清时期），这是水利的普及和传统水利的总结时期。

相传早在公元前21世纪，禹即主持治水，平治水土，疏导江河，三过家门而不入，一直为后人所崇敬。春秋战国时期，中国已先后建成一些相当规模的水利工程。其中，淮河的芍陂和期思陂等蓄水灌溉工程，华北的引漳十二渠灌溉工程，沟通江淮和黄淮的邗沟和鸿沟运河工程，以及赵、魏、齐等国修建的黄河堤防工程，都是这一时期的代表性水利建设。

战国末期，秦国国力殷实，重视水利，及至统一中国，生产力更有较大发展。四川的都江堰、关中的郑国渠（郑白渠）和沟通长江与珠江水系的灵渠，被誉为秦王朝三大杰出水利工程。国家的昌盛，使秦汉时期出现了兴修水利的高潮。汉武帝瓠子堵口、东汉王景治河等都是历史上的重大事件。在甘肃的河西走廊和宁夏、内蒙古的黄河河套，也都兴建了引水灌溉工程。

隋唐北宋500余年间，是中国水利的鼎盛时期。社会稳定、经济繁荣，水利建设遍及全国各地，技术水平也有提高。隋代投入巨大人力，建成了沟通长江流域和黄河流域的大运河，把全国广大地区通过水运联系起来，对政治、经济、文化的发展产生了深远影响。唐代除大力维护运河的畅通、保证粮食的北运外，还在北方和南方大兴农田水利，包括关中的三白渠、浙江的它山堰等较大的工程共250多处。唐末以后，北方屡遭战乱，人口大量南移，使南方的农田水利迅速发展。太湖地区的圩田河网、滨海地区的海塘和御咸蓄淡工程，以及利用水力的碾、水碓等都有较大的发展。水利法规、技术规范已经出现，如唐《水部式》、宋《河防通议》等。

从元明到清中期，中国的水利又经历了600年的发展。元代建都北京，开通了京杭运河。黄河自南宋时期夺淮改道以来，河患频繁。明代大力治黄，采用“束水攻沙”，固定黄河流路，修建高家堰，形成洪泽湖水库，“蓄清御黄”保证漕运。这些措施对明清的社会安定和经济发展起了很大作用，但也为淮河水系留下严重的后患。从整体而论，自16世纪下半叶起，中国水利事业的发展已趋缓慢。

清末民国时期,内忧外患频繁,国家无力兴修水利,以致河防失修、灌区萎缩、京杭运河中断,水利处于衰落时期。但是海禁渐开,西方的一些科学技术传入中国,成立了河海工程专门学校等水利院校,培养水利技术人才。各地开始设立雨量站、水文站、水工试验所等;研究编制了《导淮工程计划》《永定河治本计划》等河流规划。在这一期间也修建了一些工程,如1912年在云南建成了石龙坝水电站,20世纪20年代修建了珠江的芦苞闸,30年代修建了永定河屈家店闸、苏北运河船闸和陕西的关中八惠灌溉工程等。

(二)中华人民共和国成立以后的水利发展

1949年,中华人民共和国成立后,水利进入飞跃发展时期。经过40年的努力,取得了远远超过前代的成就。对黄河、淮河、海河、辽河等江河开始了全面的整治。全国整修加固堤防约20万km,修建了大、中、小型水库共8万多座,总库容4 500亿m^3,普遍提高了江河的防洪能力,初步解除了大部分江河的常遇水害,并为工农业和城市供水4 700亿m^3。农田水利方面,建成了万亩(1亩=1/15 hm^2,全书同)以上的灌区5 300多处,配套机井250多万眼,全国灌溉面积由1949年的2.4亿亩猛增到20世纪80年代的7.2亿亩,居世界各国的首位。在不足全国耕地1/2的灌溉土地上,生产出占全国产量2/3的粮食和占全国产量60%的经济作物。中国以占世界7%的耕地,基本解决了占世界22%的人口的温饱问题。全国水电装机容量到1987年已超过3 000万kW,年发电量达1 000亿kW·h,占全国总发电量的20%。全国内河航运的里程已发展到11万km,年货运量达6.6亿t。与此同时,中国水利建设的科技水平也有很大提高,在修建高坝大库、大型灌区、整治多沙河流、农田旱涝盐碱综合治理和小水电开发等许多方面已接近或达到世界先进水平。

四、我国水电发展历程

我国地势西高东低,主要河流多发源于"世界屋脊"——青藏高原,奔流入海,蕴藏着得天独厚的水能资源。根据最新统计结果,我国水能资源技术可开发装机容量约6.87亿kW,年发电量约3万亿kW·h,均居世界第一。

(一)由昨至今:四个阶段看我国水电发展历程

中华人民共和国成立以来,我国水电事业历经艰苦奋斗、改革开放、继往开来、高质量发展四个阶段,发生了巨大变化,为决胜全面建成小康社会和建设美丽中国做出了重要贡献。

1.艰苦奋斗建基业(1949—1977年)

中华人民共和国成立初期,我国水电装机容量仅36万kW,基础十分薄弱。以学习苏联等水电技术为基础,通过艰苦奋斗,水电建设者逐步掌握了100 m级混凝土坝和土石坝、100万千瓦级电站建设关键技术,分别建成了我国第一座自行设计、自制设备、自主建设,坝高达到105 m的大型水力发电站——新安江水电站和我国首座百万千瓦级(122.5万kW)水电站——刘家峡水电站,初步奠定了我国水电发展的基业。截至1977年,全国水电装机容量达到1 576万kW。

2.改革开放谋发展(1978—1999年)

1978年党的十一届三中全会的召开,标志着我国进入改革开放和社会主义现代化建设新时期,水电行业开始逐步探索投资体制和建设体制改革:实施“拨改贷”改革,逐步解决建设资金“瓶颈”问题;培育市场定价机制;积极推进实施公司制;提出“流域、梯级、滚动、综合”的水电开发“八字”方针。以鲁布革、二滩等水电站建设为起点,引进外资、国际先进管理经验和技术,水电建设技术和设备制造能力不断提高。

1988年,有着“万里长江第一坝”之称的葛洲坝水利枢纽工程全面完工,成为20世纪我国自主设计、施工和运行管理的最大水利枢纽工程,也是世界上最大的低水头、大流量径流式水电站。1994年,在葛洲坝水利枢纽上游38 km处,世界最大水力发电工程——三峡水利枢纽工程开工建设,百年三峡梦想从宏伟蓝图变成伟大工程实践,以此为契机,小浪底、大朝山、五强溪等一批大型水电站陆续开工建设。大型抽水蓄能电站起步开发。截至1999年,全国水电装机容量7 297万kW(其中抽水蓄能547.5万kW),居世界第二位。

3. 继往开来展宏图(2000—2012年)

新千年伊始,以全国水力资源复查为依据,我国全面形成了十三大水电基地的开发蓝图。党中央实施西部大开发战略,正式拉开了西部水电集中开发的新篇章,水电建设也全面步入流域梯级开发的新阶段。

2002年,国务院正式批准《电力体制改革方案》,推动水电开发市场主体多元化,水电建设步伐明显加快,全面推进金沙江、澜沧江、雅砻江、大渡河、黄河上游、红水河、东北诸河、湘西诸河、乌江、闽浙赣诸河和黄河北干流等水电基地建设,有力推动我国东西部区域经济平衡发展。为满足电力系统日益增长的调峰需要,抽水蓄能电站快速发展。截至2012年底,全国水电装机容量24 890万kW(其中抽水蓄能2 031万kW),居世界第一位。

4. 高质量发展绘新篇(2013年至今)

党的十八大以来,习近平总书记对能源发展高度重视,创造性提出“四个革命、一个合作”能源安全新战略,为新时代我国能源发展指明了前进方向。

按照新发展理念和高质量发展的根本要求,水电行业步入科学有序开发大型水电、严格控制中小水电、加快建设抽水蓄能电站、加强流域管理的新阶段。开工建设两河口、双江口、乌东德、白鹤滩等大型调节水库电站,有力提升流域的发电、防洪、供水和生态调度能力,有效保障流域经济社会可持续发展和水环境安全。

藏东南“西电东送”接续能源基地建设扎实推进,苏洼龙等水电站相继开工建设,拉开“藏电外送”序幕,有力促进了西藏等少数民族地区的经济社会发展。开展抽水蓄能电站体制机制和电价形成机制改革试点工作,形成新一轮建设高潮。“一带一路”水电国际合作持续深化,中国水电已逐步成为引领和推动世界水电发展的重要力量。

截至2019年底,我国水电总装机容量达到35 640万kW(其中抽水蓄能3 029万kW),占全国总装机容量的17.7%;年发电量13 019亿kW·h,占全国总发电量的17.8%。在建常规水电装机容量5 400万kW,在建抽水蓄能电站装机容量5 063万kW。

(二)今非昔比:六个方面看我国水电发展成就

中华人民共和国成立以来,我国水电建设取得巨大成就,主要体现在以下六个方面。

1. 开发规模不断迈上新台阶

2000年以来,我国水电装机规模快速跃升,于2004年、2010年、2014年相继突破1亿

kW、2 亿 kW、3 亿 kW，水电建设实现跨越式发展，装机容量和发电量均稳居世界第一。

2. 技术水平跻身国际前列

200 m 级、300 m 级高坝等技术指标均刷新行业纪录；大坝工程、水工建筑物抗震防震、复杂基础处理、高边坡治理、地下工程施工等关键技术达到国际领先水平；混凝土浇筑强度、防渗墙施工深度等多项指标创造世界之最。

3. 水电装备制造世界领先

常规水电机组和抽水蓄能机组设计制造能力、金属结构设备制造技术、高压输电技术等均处于世界领先水平。率先进入百万千瓦机组研发应用的"无人区"，实现了水电核心装备制造技术从跟跑、并跑到领跑的跨越式发展。

4. 综合利用效益普惠民生

水电建设为我国社会可持续发展提供了大量优质清洁能源，中华人民共和国成立以来我国水电累计发电量约为 17.5 万亿 kW · h，相当于替代标准煤 52.5 亿 t，减少二氧化碳排放约 104 亿 t。同时，水电站的经济、社会、生态综合效益显著，在防洪、拦沙、改善通航条件、水资源综合利用和河流治理、生态环境保护、带动地方经济发展等方面发挥了巨大作用，为护佑江河安澜、人民幸福提供有力保障。

5. 产业能力快速提升

我国水电行业积极服务国家发展战略，已具备投资、规划、设计、施工、制造及运营管理的全产业链能力，成为中国走向世界的一张名片。目前，中国水电国际业务遍及全球 140 多个国家和地区，参与建设的海外水电站约 320 座，总装机容量达到 8 100 万 kW，占据海外 70%以上的水电建设市场份额。

6. 水电标准体系完备

结合国家科技重大专项和企业投入的重大基金支持，立足世界水电前沿，解决行业发展中的一系列重大科学技术问题，逐步转化为技术标准，形成了比较完善的水电技术及标准体系。

截至 2019 年底，我国已建、在建超过 100 万 kW 的大型水电站共计 120 座，其中常规水电 63 座、装机容量 18 812 万 kW，抽水蓄能电站 57 座、装机容量 7 781 万 kW。

（三）我国排名前十的十大水电站

截至 2019 年底，在我国排名前十的已建、在建水电工程分别是三峡工程、白鹤滩水电站、溪洛渡水电站、乌东德水电站、向家坝水电站、糯扎渡水电站、龙滩水电站、锦屏二级水电站、小湾水电站、拉西瓦水电站。

1. 三峡工程

兴建三峡工程、治理长江水患是中华民族的百年梦想。1919 年，孙中山先生就提出了开发三峡的宏伟设想。中华人民共和国成立后，毛泽东等历届党和国家领导人高度重视和关心三峡工程论证工作。在历经半个世纪的勘测设计、规划论证后，1992 年 4 月全国人大通过《关于兴建长江三峡工程的决议》。

三峡工程（见图 1-1）是治理和开发长江的关键性骨干工程，主要由枢纽工程、移民工程及输变电工程三大部分组成。三峡工程是当今世界上最大的水利枢纽工程，具有防洪、发电、航运、水资源利用等巨大的综合效益。三峡工程坝址地处长江干流西陵峡河段、湖北省宜昌市三斗坪镇，控制流域面积约 100 万 km^2。枢纽工程为Ⅰ等工程，由拦河大坝、电站建筑物、通航建筑物、茅坪溪防护工程等组成。拦河大坝为混凝土重力坝，坝轴线全长 2 309.47 m，坝顶高程 185 m，最大坝高 181 m，主要由泄洪坝段、左右岸厂房坝段和非溢流坝段等组成。水库正常蓄水位 175 m、相应库容 393 亿 m^3；汛期防洪限制水位 145 m，防洪库容 221.5 亿 m^3。电站建筑物由坝后式电站、地下电站和电源电站组成。坝后式电站安装 26 台机组中的 12 台单机容量为 70 万 kW 的水轮发电机组，装机容量 1 820 万 kW；地下电站安装 6 台 70 万 kW 的水轮发电机组，装机容量 420 万 kW；电源电站安装 2 台 5 万 kW 水轮发电机组，装机容量 10 万 kW。电站总装机容量为 2 250 万 kW，多年平均发电量 882 亿 kW·h。三峡枢纽工程从 1993 年 1 月开始施工准备，至 2008 年 10 月全部机组投产发电。2019 年，长江三峡枢纽工程获得“国家科学技术进步奖特等奖”。

图 1-1　三峡工程

2. 白鹤滩水电站

白鹤滩水电站(见图 1-2)是金沙江下游河段四个水电梯级的第二个梯级，以发电为主，兼有防洪、拦沙、改善下游航运条件和发展库区通航等综合效益。坝址位于四川省宁南县和云南省巧家县境内，距上游乌东德水电站约 182 km，距下游溪洛渡水电站 195 km。坝址控制流域面积 43.03 万 km^2，多年平均流量 4 170 m^3/s。水库正常蓄水位 825 m，总库容 206.27 亿 m^3。电站装机容量 1 600 万 kW(16 台×100 万 kW)，多年平均年发电量 624.43 亿 kW·h。工程属一等大(1)型工程，枢纽工程主要由混凝土双曲拱坝、泄洪消能建筑物及左右岸输水发电系统等组成，最大坝高 289 m。白鹤滩水电站于 2016 年获得核准，2021 年首批机组发电，2022 年全部机组投产发电，次于三峡工程成为我国第二大水电站。

3. 溪洛渡水电站

溪洛渡水电站位于四川省雷波县和云南省永善县交界的金沙江下游河道上，是金沙江下游河段规划的第三个梯级。溪洛渡水电站开发任务以发电为主，兼顾防洪，此外，还有拦沙、改善库区及坝下河段通航条件等综合利用效益。水库正常蓄水位 600 m，总库容 126.7 亿 m^3，调节库容 64.6 亿 m^3，具有年调节能力。电站装机容量 1 260 万 kW(18 台×

图 1-2 白鹤滩水电站

70 万 kW),电站全厂最大容量 1 386 万 kW(18 台×77 万 kW),多年平均发电量 619.9 亿 kW·h。溪洛渡水电站枢纽工程由混凝土拱坝,坝身泄水孔口(7 个表孔和 8 个深孔),左、右岸各两条泄洪洞,左、右岸各安装 9 台机组的地下引水发电系统等组成。拱坝最大坝高 285.5 m。溪洛渡水电站于 2005 年 12 月核准开工,2013 年 7 月首台机组投产,2014 年 6 月 18 台机组全部投产。2016 年,溪洛渡水电站荣获素有国际工程咨询领域“诺贝尔奖”之称的“菲迪克工程项目杰出奖”。

4. 乌东德水电站

乌东德水电站是金沙江下游(攀枝花市—宜宾市)水电规划四个梯级中的第一个梯级,坝址位于云南省禄劝县和四川省会东县交界的金沙江干流上,上游距攀枝花市约 214 km(河道里程),下游距白鹤滩水电站约 182 km。电站的开发任务是以发电为主,兼顾防洪、航运和促进地方经济社会发展。电站坝址控制流域面积 40.61 万 km^2,多年平均流量 3 830 m^3/s,多年平均径流量 1 207 亿 m^3。

电站总装机容量 1 020 万 kW(12 台×85 万 kW),多年平均年发电量 389.1 亿 kW·h。水库正常蓄水位 975 m,死水位 945 m,校核洪水位 986.17 m,水库总库容 74.08 亿 m^3,调节库容 30.20 亿 m^3,具有季调节性能。枢纽工程由挡水建筑物、泄水建筑物、两岸引水发电系统等组成。挡水建筑物为混凝土双曲拱坝,坝顶高程 988.0 m,最大坝高 270 m,坝顶弧长 326.95 m。乌东德水电站于 2015 年获得核准,2020 年首批机组发电,2021 年实现全部机组投产。

5. 向家坝水电站

向家坝水电站(见图 1-3)位于四川省宜宾县和云南省水富县交界的金沙江上,是金沙江下游河段水电规划四级开发方式的最下游梯级电站,上游为溪洛渡水电站。坝址距四川省宜宾市约 33 km,距云南省水富县城约 1.5 km。工程的开发任务以发电为主,同时改善通航条件,兼顾防洪、灌溉,并有拦沙和对溪洛渡水电站进行反调节等作用。电站装机容量 600 万 kW(8 台×75 万 kW),全厂最大装机容量 640 万 kW(8 台×80 万 kW),多年平均年发电量 307.47 亿 kW·h,灌溉面积 375.48 万亩。水库正常蓄水位 380 m,死水位

370.0 m,总库容 51.63 亿 m^3,为不完全季调节水库。工程枢纽主要由挡水建筑物、泄洪消能建筑物、冲排沙建筑物、左岸坝后引水发电系统、右岸地下引水发电系统、通航建筑物及灌溉取水口等组成。其中,拦河大坝为混凝土重力坝,电站厂房分列两岸布置,泄洪建筑物位于河床中部略靠右侧,一级垂直升船机位于左岸坝后厂房左侧,左岸灌溉取水口位于左岸岸坡坝段,右岸灌溉取水口位于右岸地下厂房进水口右侧,冲沙孔和排沙洞分别设在升船机坝段的左侧及右岸地下厂房的进水口下部。拦河大坝最大坝高 162 m。向家坝水电站于 2006 年 11 月核准开工,2012 年 11 月首台机组投产,2014 年 7 月 8 台机组全部投产。

图 1-3 向家坝水电站

6. 糯扎渡水电站

糯扎渡水电站位于云南省普洱市思茅区和澜沧拉祜族自治县境内,是澜沧江中下游河段规划开发的第五个梯级电站,上、下游分别为已建的大朝山水电站和景洪水电站。工程开发任务以发电为主,兼顾景洪市城市和农田防洪任务,并有改善航运、发展旅游业等综合利用效益。水库正常蓄水位 812 m,汛期限制水位 804 m,死水位 765 m,总库容 237.03 亿 m^3,调节库容 113.35 亿 m^3,具有多年调节能力。电站装机容量 585 万 kW(9 台×65 万 kW),多年平均发电量 239.12 亿 kW · h。枢纽工程由砾石土心墙堆石坝、左岸岸边开敞式溢洪道及消力塘、左右岸各 1 条泄洪洞、左岸地下引水发电系统及地面副厂房、出线场、下游护岸工程等组成。糯扎渡水电站于 2011 年 3 月核准开工,2012 年 9 月首台机组投产,2014 年 3 月 9 台机组全部投产。

7. 龙滩水电站

龙滩水电站(见图 1-4)位于红水河、广西天峨县县城上游 15 km 处。工程开发的任务是以发电为主,兼顾防洪、航运等综合利用。坝址控制流域面积 98 500 km^2,占红水河流域面积的 71%。工程分两期开发,按正常蓄水位 400 m 设计,一期工程按正常蓄水位 375 m 建设。当一期工程正常蓄水位 375 m 时,总库容 162.1 亿 m^3,调节库容 111.5 亿 m^3,为年调节水库,装机容量 490 万 kW(7 台×70 万 kW),多年平均年发电量 156.7 亿 kW · h。当二期正常蓄水位 400 m 时,总库容 272.7 亿 m^3,调节库容 205.3 亿 m^3,为多年调节水库,装机容量 630 万 kW,多年平均年发电量 187 亿 kW · h。龙滩水电站枢纽工程由挡水、泄水、引水发电系统及通航建筑物等组成。枢纽布置方案为拦河大坝坝身泄洪，左岸布置引水发电系统，右岸布置通航建筑物。拦河大坝为碾压混凝土重力坝，一期坝顶高程 382 m，最大坝高 192 m，坝顶长 761. 26 m；二期坝顶高程 406. 5 m，最大坝高 216. 5 m，坝顶长 849. 44 m。为便于大坝与岸坡连接和电站进水口布置，两岸挡水坝段均向上游折转，形成折线形重力坝。泄洪建筑物布置在河床坝段，由 7 个表孔和 2 个底孔组成。龙滩水电站一期工程于 2001 年 7 月开工建设，2007 年 6 月首台机组投产，2009 年底 7 台机组全部投产。

图 1-4 龙滩水电站

8. 锦屏二级水电站

锦屏二级水电站工程位于四川省凉山彝族自治州木里、盐源、冕宁三县交界处的雅砻江干流锦屏大河湾上，上接锦屏一级水电站，下邻官地水电站。工程开发任务为发电，利用雅砻江卡拉至江口下游河段 150 km 长大河湾的天然落差，通过长约 17 km 的引水隧洞，获得水头约 310 m，为低闸、长隧洞、大容量引水式电站，是雅砻江上水头最高、装机容量最大的水电站。电站总装机容量 480 万 kW(8 台×60 万 kW)，多年平均发电量 242. 3 亿 kW · h。枢纽工程主要由首部拦河闸坝、引水系统、地下厂房及尾水系统、排水洞等建筑物组成。首部拦河闸坝位于雅砻江锦屏大河湾西端的猫猫滩，最大坝高 34 m；引水系统采用“四洞八机”布置，进水口位于闸址上游 2. 9 km 处的景峰桥；引水洞线共 4 条，自景峰桥至大水沟，横穿锦屏山，隧洞沿线上覆岩体一般埋深 1 500~2 000 m，最大埋深约为 2 525 m，具有埋深大、洞线长、洞径大的特点；上游调压室位于引水隧洞末端，采用差动式加扩大上室形式；压力管道采用单管单机供水方式。锦屏二级水电站于 2006 年 12 月核准开工，2012 年 12 月首台机组投产，2014 年 11 月 8 台机组全部投产发电。

9. 小湾水电站

小湾水电站(见图 1-5)位于云南省大理白族自治州南涧县与临沧市凤庆县交界的澜沧江中游河段，是澜沧江中下游河段规划八个梯级的第二级，上接功果桥水电站，下接漫湾水电站；坝址位于左岸主要支流黑惠江交汇点下游 1. 5 km 处。小湾水电站水库校核水位 1 242.51 m，总库容 150 亿 m^3；正常蓄水位 1 240 m，死水位 1 166 m，调节库容 99 亿 m^3，是澜沧江中下游河段的龙头水库工程，具有不完全多年调节性能。工程以发电为主，兼有综合利用效益。电站总装机容量 420 万 kW(6 台×70 万 kW)，多年平均发电量 190 亿 kW·h。小湾水电站枢纽工程由高达 294.5 m 的双曲拱坝、坝身泄水孔口、下游水垫塘及二道坝等消能防护设施、左岸泄洪洞、右岸引水发电系统等组成。小湾水电站于 2002 年 1 月开工建设，2008 年 9 月首台机组投产，2010 年 8 月 6 台机组全部投产发电。

图 1-5 小湾水电站

10. 拉西瓦水电站

拉西瓦水电站为 Ⅰ 等大(1)型工程，枢纽建筑物由混凝土双曲拱坝、坝身泄洪建筑物、坝后反拱水垫塘、右岸岸边进水口和地下引水发电系统组成。混凝土双曲拱坝坝顶高程 2 460 m，最大坝高 250 m。

拉西瓦水电站于 2005 年 12 月核准开工，2009 年 4 月首台机组投产，2010 年 8 月拉西瓦水电站一期 5 台机组全部正式并网发电。

【课后实践】

从中华人民共和国成立初期到“一带一路”中的“基建狂魔”，水电行业的发展日新月异，我国的水电行业技术和高铁技术一道成为了中国技术走向世界的一张闪亮的名片。同学们在课后查找相关资料，看看国家最近 20 年将水电工程技术应用到国外的典型工程及先进的技术和设备，提交总结论文。

任务二　中国的水资源

学习目标

能力目标

通过水资源利用情况来理解水利发展新模式和对策。

知识目标

1. 掌握我国水资源所面临的问题;
2. 了解水利发展新模式——资源水利。

素质目标

增强节水护水意识。

一、水资源利用情况

我国的淡水资源总量为 28 124 亿 m^3,占全球水资源的 6%,仅次于巴西、俄罗斯和加拿大,名列世界第四位。但是,我国的人均水资源量只有 2 300 m^3,仅为世界平均水平的 1/4,是全球人均水资源最贫乏的国家之一。

从人口和水资源分布统计数据可以看出,中国水资源南北分配的差异非常明显。长江流域及其以南地区人口占中国的 54%,但是水资源却占 81%;北方人口占 46%,水资源只占 19%。南方地区由于不注意污水的处理,把未经处理的污水大量排到天然河道,污染了水体,影响了水资源的有效性,造成有水不能用,形成了水质性缺水的严重状况。受大陆季风气候的影响,中国水资源在季节上分布极不均匀,总是连枯连涝。水资源的短缺成为全球面临的严重问题,水资源的日益匮乏给粮食安全和人类生存带来相当大的危害;同时,地下水超采,致使形成地下水超采漏斗群,同时造成平原区河道干涸、湖泊湿地萎缩土地沙化、地表和地下水污染、地面沉降、海水入侵等一系列严重后果。因此,认识我国水资源利用的现状,洞察我国水资源利用现状的主要原因,提出解决困扰中国社会经济发展的水资源问题及对策意义重大。

(一)水资源总量

水资源总量,主要由地表水资源量和地下水资源量两部分组成。地表水是指陆地表面上动态水和静态水的总称,亦称"陆地水",包括各种液态的和固态的水体,主要有河流、湖泊、沼泽、冰川、冰盖等。它是人类生活用水的重要来源之一,也是各国水资源的主要组成部分。地下水是指赋存于地面以下岩石空隙中的水,狭义上是指地下水面以下饱和含水层中的水。

水利部数据显示,2020 年全国水资源总量 31 605.2 亿 m^3,比多年平均值偏多 14%,比 2019 年增长了 8.83%,具体如图 1-6 所示。

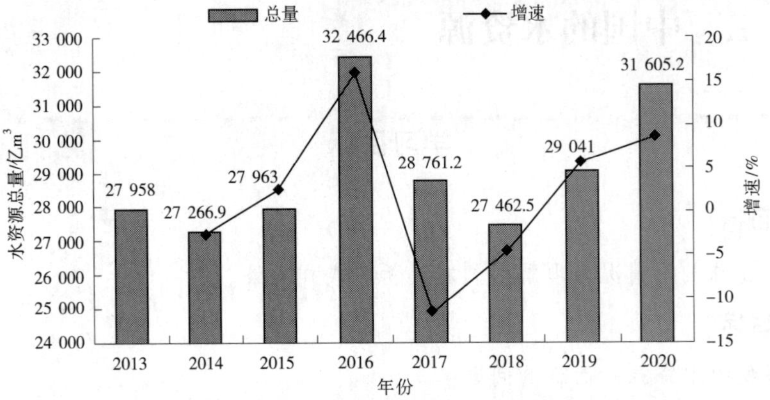

图 1-6　2013—2020 年中国水资源总量变化情况

在我国，地表水资源量占据主导地位。根据水利部数据，2020 年中国地表水资源量 30 407 亿 m³，相对于 2019 年上升了 8.62%；地下水资源量 8 553.5 亿 m³，相对于 2019 年上升了 4.42%。地表水与地下水资源不重复量为 1 198.2 亿 m³，具体如图 1-7 所示。

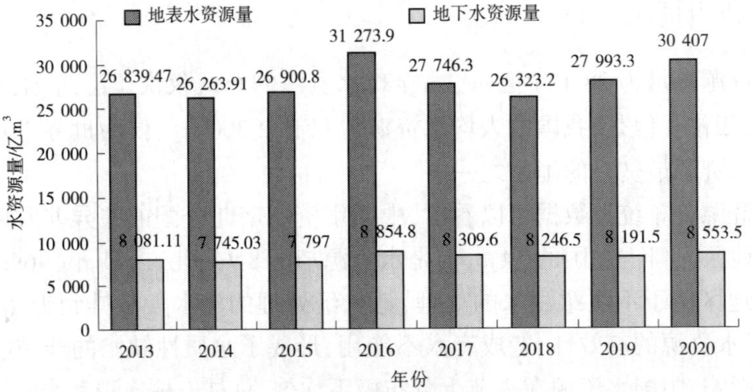

图 1-7　2013—2020 年中国地表水和地下水资源量

（二）水资源供需情况

水利部数据显示，2020 年全国供水总量和用水总量均为 5 812.9 亿 m³，受降水偏丰等因素的影响，较 2019 年减少 208.3 亿 m³。其中，地表水源供水量 4 792.3 亿 m³，地下水源供水量 892.5 亿 m³，其他水源供水量 128.1 亿 m³，如图 1-8 所示。

中国用水可分为农业用水、工业用水、生活用水和人工生态环境补水，其中农业用水占据了全国每年用水量的绝大部分份额。水利部数据显示，2020 年生活用水 863.1 亿 m³，工业用水 1 030.4 亿 m³，农业用水 3 612.4 亿 m³，人工生态环境补水 307 亿 m³，占全国用水量的比例分别为 14.85%、17.73%、62.14%和 5.28%，具体如图 1-9 所示。

（三）水资源消耗情况

水资源消耗量是指在用水过程中所消耗的、不可回收利用的净用水量。根据水利部数据，2020 年全国耗水总量 3 141.7 亿 m³，相较于 2019 年下降了 1.85%，耗水率 54.0%，具体如图 1-10 所示。

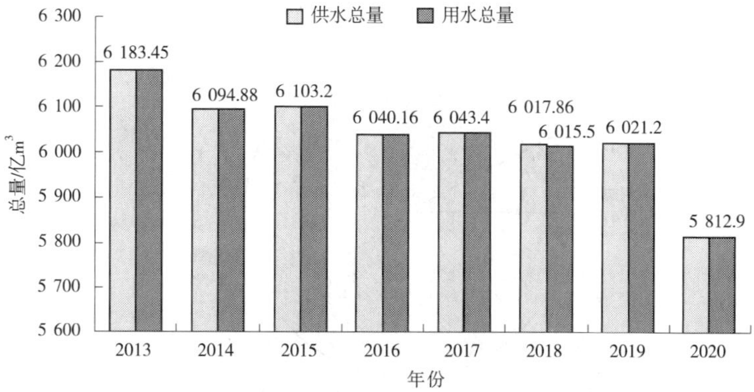

图 1-8　2013—2020 年全国供水总量和用水总量变化情况

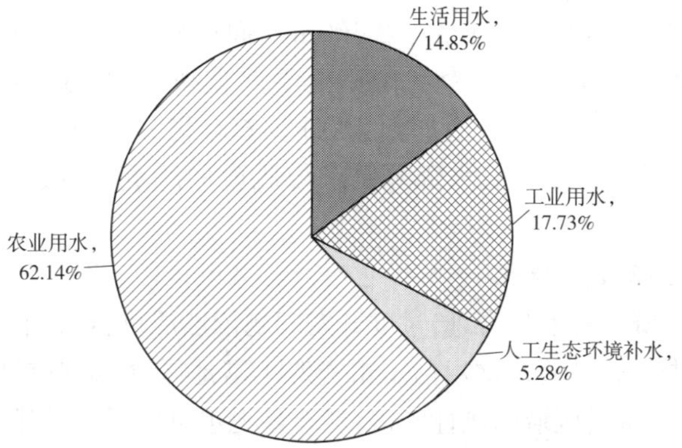

图 1-9　2020 年中国用水结构情况

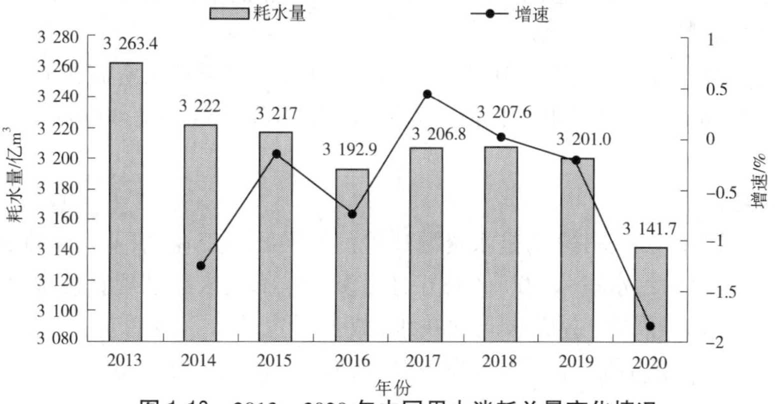

图 1-10　2013—2020 年中国用水消耗总量变化情况

1. 水资源分配不均

2020 年，农业耗水量 2 354. 6 亿 m³，占耗水总量的 74. 9%，耗水率 65. 2%；工业耗水量 237. 8 亿 m³，占耗水总量的 7. 6%，耗水率 23. 1%；生活耗水量 349. 3 亿 m³，占耗水总量的 11. 1%，耗水率 40. 5%；人工生态环境补水耗水量 200 亿 m³，占耗水总量的 6. 4%，耗水率 65. 2%，具体如图 1-11 所示。

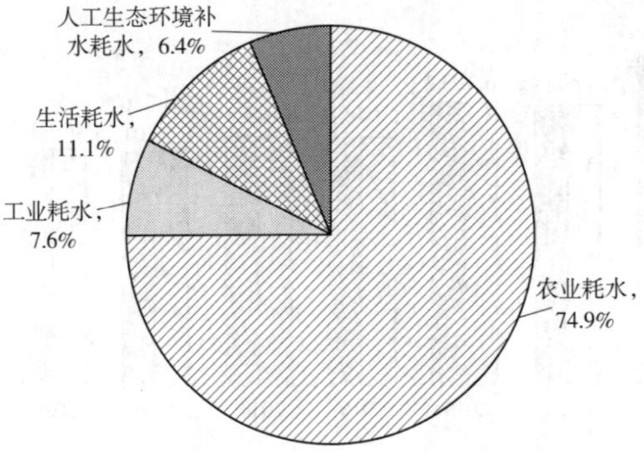

图 1-11　2020 年中国耗水量结构情况

2. 人均水资源匮乏，供需矛盾加剧

据有关统计，我国人均水资源占有量为 2 300 m^3，而世界人口水资源平均占有量约为 9 000 m^3，是世界上缺水国家之一。如今我国正处于严重缺水期，预计我国在 2030 年后人口增加到 14.5 亿人，水资源缺口量增加到 400 亿～600 亿 m^3。随着社会的不断发展，我国工业用水、城市用水量持续增加，水资源供求矛盾愈加严重，已成为工业发展乃至社会发展的障碍。

3. 水资源利用率低，开发不合理

部分城市、地区的水资源开发不合理，过度开发问题依然严重，导致上下游、左右岸的水资源分布不合理，影响周边居民的正常生活。水资源丰富地区，用水浪费现象十分严重，水资源利用率较低。水资源匮乏区域间歇性断流，甚至是无水可用，无法保障基本生活和生态环境。在农业发展方面，农业灌溉不合理、水利设施不完善，造成土壤次生盐碱化问题。很多农民对农业生态环境的保护意识不强，重视不够，盲目开荒、灌溉现象严重。

4. 水资源分配不均

我国地大物博、气候条件多样，雨水空间分布不均匀，东南部水资源充沛，年均降水量普遍达到 1 000 mm 以上；而西北地区降水量较少，年均降水量不足 400 mm，缺水问题十分严重。

5. 污染问题严重

社会经济的快速发展，带来的是水资源严重污染问题。工业、农业污水排放量逐年增加，我国每年所排放的污水量为 600 亿 t，并且很多污水都是未经处理直接排放到江河中。我国有 8%的河段污染严重，造成水质性缺水，减少了生活水资源总量。此外，由于人们对自然环境的保护意识不足、水资源开发不合理，减少了湿地、天然湖泊面积，导致恶劣极端天气增加。

二、我国水资源利用的对策

（一）建立健全明确的水资源管理制度

目前，应建立健全国务院直接领导、按流域进行管理的水资源管理机构，代表国家综合管理有关水资源的各种事务；制定和贯彻执行有关水资源管理的法律法规和政策，拟订全国性水资源管理制度，组织实施并进行监督；统筹规划水资源开发利用和保护的战略并制定相应的中长期计划;组织对全国水资源的调查和监测并定期公布。目前,首要的任务是国家及各级水利部门要遵循水量与水质并重、资源与工程一体化的思想,高效地发挥水资源的经济效益、社会效益、生态环境效益;加紧完成南水北调工程,制订区域水资源保护规划、控制地下水超采,保护濒于干涸的重要湖泊和风景游览区的涌泉以及防治水污染。

(二)加强水资源产权管理

国家应凭借所有者身份对水资源使用者征收水资源补偿费或水资源占用费和水资源税,以期对使用者占用的水资源价值进行补偿,使后代不致因为上一代的水资源耗竭而造成发展的不可持续,同时还可促使使用者对水资源的合理开发利用,提高水资源的经济效益、社会效益和生态环境效益。

(三)加强水资源的法制建设

加强水资源的法制建设需要做好两方面的工作:一方面是要建立健全保护水资源的法律法规。目前,我国已有的《中华人民共和国水污染防治法》《中华人民共和国水法》《中华人民共和国环境保护法》《中华人民共和国水土保持法》《城市节约用水管理规定》等法律法规虽已体系化,但却未到达协调化和完善化,而且规定过于原则,可操作性不够,缺乏相应的配套法规。另一方面是执法。加强执法管理:一是要做到执法要严、违法必究,对违法的责任人除警告、经济制裁外,还应追究其刑事责任;二是要对有影响的违法案件公开处理、严厉打击;三是要开展多种形式的执法监督。

(四)完善水资源的价格机制

水资源价格机制的完善是渐进的过程,国家应切实把“补偿成本、合理收益、公平负担”作为制定水利工程供水价格的原则,尽快实现完全成本化;以防洪等社会效益为主的水利工程,其运行维护费用由各级财政预算支付;用于供水、发电、养殖等多种经营、能产生效益的水利工程,其供水成本由商品水补偿,促进“以水养水”。当然,还应根据不同用户的不同承受能力、当地的资源状况以及物价指数的变动做出相应调整。

(五)调整缺水地区的工业布局和产业结构

在缺水严重的地区,要尽可能少上或不上用水量大、污染严重的新的工业企业和服务业;对原有的产业结构进行相应调整,淘汰耗水过多的企业,扶持符合当地水资源政策的企业。

(六)减少对水资源的污染

在经济发展过程中,彻底消除污染是不可能做到的,因此要确定一个最优污染水平。在确定了这个最优污染水平之后,减少对水资源的污染应从以下几个方面出发:

(1)实行污染控制计划制度。根据可持续发展的要求编制污染控制计划,根据河流的水质现状和自净能力将污染控制标准分配到各地。

(2)建立健全排污许可证制度。国家应通过对如排污许可证适用的范围、总量控制指标确定、违反排污许可证制度应承担的法律责任、排污许可证内容的修改、限制条件的增加和撤销、颁发许可证的程序以及许可证的有偿转让等内容从法律法规上加以明确规定,建立健全排污许可证制度。

(3)完善对工业企业污染的管理制度,加强对工业企业尤其是乡镇工业企业的污染管理。

(4)从整个区域或流域出发,把水量、水质和水污染防治结合起来,统筹兼顾、统一规划。在建设流域性水利工程设施时,要考虑清水与污水的比例关系;在进行城市规划时,要把城市污水和工业废水的处理统筹考虑;根据污水的性质,处理后的用途及当地的自然、经济条件,采用多种处理途径。

(七)健全节约用水的制度

在农业用水方面,健全利于农业节水的制度,大力发展节水农业。首先,要培育灌溉水市场。其次,推动作物节水技术创新、培育节水技术市场。最后,重构包括工程节水、生物节水、农艺节水和管理节水等四个子系统在内的节水农业技术系统。在工业用水方面,健全利于工业节水的制度,建造节水工业。首先,要实行节水考核制度,对于定额以内的用水,采用较低的费率;高于配额的用水,则按分级提价的原则,收取较高的水资源税、费。其次,严格实行用水许可制度。目前,无证开采、超量开采比比皆是,为此应加大投入,搞好执法检查。在城市用水方面,首先要健全利于城市生活节约用水的制度,加强生活用水的节约管理。其次,应使生活用水的价格合理,起到激励节水的作用。生活用水水价确定应更多由市场、消费者和政府共同参与制定,其价格不仅要包含制水、供水成本和合理的利润,还要包括污水处理费用。再次,应推广使用节水器具。最后,利用公共传媒在全社会广泛进行节约、合理利用和保护水资源的宣传教育,使节约用水成为居民的自觉行动。

三、水利发展新模式——资源水利

我国的经济发展突飞猛进,可是社会进步的同时,也付出了沉重的代价,那就是水资源的严重污染。为了提高人们的饮水质量和用水安全,合理利用水资源,造福子孙后代,因此对于水利工程的建设提出了更高的要求,经过长期的不断摸索,为今后的水利发展找到了新的发展模式——资源水利。

(一)水利工程向资源水利侧重的必然性

20 世纪以后,由于人口数量的骤然增加和城市化建设的飞速发展,水资源变得更加宝贵,从而促进水利工程向资源水利转变。

第一,近些年来,我国的经济得到了快速的发展,人们的生活水平也得到了很大的提升,因此对水资源质量的要求更高。第二,城市人口的激增使得城市的用水量猛增,远远超出了地区供水的能力,给城市自来水厂带来很大压力。第三,水资源污染严重。目前我国有很多地方是在以牺牲环境为代价搞经济建设的,污水处理设施不完善,致使水污染越来越严重,用水紧张也越来越明显。

在这种背景下,如果不从根本上解决缺水问题,就算修建再多的水利工程也劳而无功。在这个问题上,就需要水利工作者研究新的水利工程发展模式——资源水利。对水资源进行宏观调控,有计划地进行开发利用,顺应自然和社会的发展规律,满足人们的生活用水和工业用水保障,从而实现水资源的可持续发展。

(二)推动水利工程向资源水利侧重的措施

资源水利是为了水资源可持续发展而提出的新型概念,是在传统水利工程基础上不断进行完善的水利工程体制。下面就从以下几个方面分析关于推动水利工程向资源水利侧重的发展进程。第一,对水利工作者加强宣传教育,增加他们对于资源水利的了解和认识,使水利工作者明白水利工程向资源水利侧重的必然性和必要性,全面推动资源水利的发展进程,树立节约和保护水资源的意识。第二,为促进水利工程向资源水利的推进,要加强对水资源的科学管理,特别是关于水资源的净化问题,一定要严格遵守法律法规,严格管理,为用水安全保驾护航。第三,政府部门要做好宣传工作,树立正确的用水观念,自觉节约用水和保护水质安全。比如为了节约用水,在农业方面可以大力发展环保灌溉技术,在工业方面还可以把污染严重的产业安排在下游,以减少对河流的污染。第四,要强化水利部门队伍素质,不断完善水资源管理机构,提高办事效率。

总体来说,资源水利对我国水利工程事业有着重要的影响,也是我国水利工程今后发展的方向。只有科学合理地对水资源进行开发利用,节约用水,才能加快推进水利工程转型的速度,更好地服务于经济建设,造福子孙后代。

【课后实践】

我国地大物博、气候条件多样,雨水空间分布不均匀,东南部水资源充沛,年均降水量普遍达到 1 000 mm 以上;而西北地区降水量较少,年均降水量不足 400 mm,缺水问题十分严重。同学们在课后查找相关资料,查我们国家最近 20 年节约用水、高效用水的典型工程及先进的技术和设备,提交总结论文。

任务三 水资源的可持续利用

学习目标

能力目标

1. 能够选择合适的地表水保护对策;
2. 能够选择合适的地下水保护对策。

知识目标

1. 了解水资源管理可持续利用对策;
2. 熟悉地表水的山水林田湖草沙一体化保护方针;
3. 熟悉地下水的开发和保护措施。

素质目标

增强节水意识和环境保护意识。

一、水资源管理强力支撑可持续利用

在人类文明发展史中,水资源的开发利用是推动社会进步和经济前行的重要支撑和保障,人类也在人水关系的探索和实践中不断汲取经验和智慧,以期通过水资源的可持续利用造福当代,惠及未来。

人多水少，水资源时空分布不均，与生产力布局不匹配是我国的基本国情水情。如何科学合理地利用水资源，满足生活用水、生产用水和生态用水，保障经济社会持续又好又快发展，是中华人民共和国成立70多年来水资源管理工作的恒久命题和不懈实践。

在党中央、国务院的高度重视下，70多年来，我国治水管水思路理念不断丰富完善。从水资源"取之不尽、用之不竭"观念普遍存在，到水资源节约保护深入人心；从向大自然无限索取到将水资源管理重点聚焦于调整人的行为、纠正人的错误行为，在治水实践中不断转变水资源开发利用方式，积极探索人水和谐共生之路。

特别是党的十八大以来，以习近平同志为核心的党中央高度重视水资源问题，明确要求实行最严格的水资源管理制度，以水定产、以水定城，建设节水型社会，全面实行用水总量控制红线、用水效率控制红线和水功能区限制纳污红线管理，"三条红线"成为刚性约束。"节水优先、空间均衡、系统治理、两手发力"治水思路成为我国水资源管理的根本遵循。水利部党组提出"水利工程补短板、水利行业强监管"的水利改革发展总基调，水资源监管作为水利行业强监管的重点领域，围绕"合理分水、管住用水"两大工作目标，强化监管能力基础，严格取用水管控，推动突出问题治理。我国水资源管理工作正向全面加强水资源监督管理、推动经济社会高质量方向发展。

70多年来，水资源管理制度体系日趋完善，严格水资源管理的各项措施深入落实，水资源管理能力建设和手段不断创新，水资源安全保障能力显著增强，有效保障了经济社会发展对水资源的合理需求。

（一）水资源管理制度体系逐步完善

1988年，《中华人民共和国水法》颁布实施，我国水资源管理纳入法治化轨道。发展到今天，初步建立了以《中华人民共和国水法》为核心、以取水许可和水资源有偿使用制度为基础的水资源管理配套法规体系，确立了水行政主管部门实施水资源统一管理的职能，建立了水资源开发、利用、节约、保护和管理的制度框架体系。建立最严格水资源管理制度，全面加强水资源管理"三条红线"控制，实施水资源消耗总量和强度双控行动，促进水资源可持续利用和经济发展方式转变。

（二）水资源调配水平明显提升

以南水北调中、东线工程为代表的一大批水资源配置工程相继建成，我国"南北调配、东西互济"的水资源配置格局逐步建立。南水北调中、东线工程通水至今，调水总量超过600亿m^3，直接受益人口超1.5亿人，40多座大中城市由此供水无虞。从黄河"八七分水方案"实行至今，淮河干流、太湖、松花江干流等39条跨省江河流域水量分配方案先后获批，流域水量统一调度使黄河干流实现连续20多年不断流，黑河下游东居延海连续18年不干涸；生态补水改善了白洋淀、衡水湖、永定河的生态环境；引江济太让太湖及其河网的水环境"变脸"；东深供水及珠江"压咸补淡"等措施保障了香港、澳门及珠江三角洲地区的供水安全。70多年来，我国建成水库近10万座，耕地灌溉面积超过10亿亩，2018年供水总量比中华人民共和国成立初期增加近5倍。

(三)流域区域取用水管控深入推进

强化水资源论证和取水许可管理,“有多少汤泡多少馍”“以水定城、以水定地、以水定人、以水定产”逐步落实,城市新区、产业园区、重大产业布局都须经过水资源论证。从2012年起,分两期实施国家水资源监控能力建设项目,初步建成重要取水户、重要水功能区和大江大河省界断面三大监控体系。2017年,会同有关部门开展长江经济带水资源承载能力评价、全国地级行政区评价和全国县域评价。2018年,初步完成了全国县域水资源承载能力试评价。

(四)地下水超采综合治理加快实施

京津等华北6省(直辖市)充分利用南水北调之水压减城区地下水开采,2014—2016年河北省压减地下水年超采量约20亿 m^3,2017年后范围扩大到山东、山西、河南3省;2018年河北省滹沱河、滏阳河、南拒马河重点河段开展河湖地下水回补,试点河流重现生机;2019年1月《华北地区地下水超采综合治理行动方案》印发实行,“一减、一增”系统推进。

(五)水生态保护与修复加强

《全国重要江河湖泊水功能区划(2011—2030年)》《水功能区监督管理办法》等一批规划、办法相继出台。2017年,全国水功能区达标率提高到76.9%。全国618个重要饮用水水源地被纳入名录管理。全国分两批开展的105个水生态文明城市试点形成一批可借鉴、可推广的建设模式;237个以水生态修复为主的江河湖库水系连通项目推动着区域经济社会协调发展。

(六)水资源税改革等稳步推进

宁夏等7个水权试点探索,形成了流域间、区域间、流域上下游、行业间和用水户间等多种水权交易模式,一举告别了“大锅水”;2016年6月中国水权交易所组建成立,截至2019年9月底,共促成水权交易193单,交易水量27.80亿 m^3;京津冀等10省(自治区、直辖市)开展了水资源税改革试点,水资源税改革的“经济杠杆”效应,在减少开采地下水、促进用水方式转变、规范取用水行为等方面作用凸显。

70多年“兴水强国、管水惠民”的进程中,伴随着理念的转变与跃升,通过强基础、严管控、促治理,我国水资源管理水平不断迈上新台阶。

站在新时代的起点,经济社会高质量发展给我们提出了更高的要求。只有管好地上的水、保住地下的水,才能用可靠稳定的水资源保障经济社会可持续发展,创造更好的经济效益、社会效益和生态环境效益。水资源管理,任重而道远。

二、地下水的可持续利用

当前全球范围内的地下水问题已十分突出,但事实上除少数国家外,大部分国家仍没有给予地下水问题足够的重视。

(一)全球地下水困境

1. 资源枯竭

地下水约占地球上液态淡水总量的99%,目前世界上一半居民生活用水来源于地下水,约有25%的农业灌溉来源于地下水开采。当地下水的排泄量大于补给量时,就会导致地下水储量减少,当今世界地下水储量减少的主要原因在于人类长期过度开采,即“地下水超采”。

《科学》杂志曾于2021年4月发表封面文章,标题为《隐藏的危机就在我们脚下》。文章通过调查分析分布在世界40多个国家和地区的3 900万眼地下水井资料,得出一个令人担忧的结论:全球的地下水资源正面临重大危机,当前有超过一半的地下含水系统处于超采状态,有些国家的地下水位正在以十分危险的速度下降。研究还表明,当前世界上约有20%的地下水开采井面临枯竭,新井的钻井深度相较旧井明显增加,且抽水扬程的增加也显著提高了农业灌溉的电力消耗。

2. 污染加剧

地下水污染主要是人类活动造成的,大部分情况下,污染源位于地表或接近地表,随着雨水的冲刷入渗至地下,偶尔也存在污染物被人为注入地下的情况。

当前世界地下水污染最常见的污染源是扩散性的农业面源污染,主要来自硝酸盐化肥、杀虫剂和其他农用化学品。在城镇居民生活区,污水管网的渗漏是地下水污染的主因。在欠发达国家和地区,公共卫生设施不足且污水管网覆盖率低,粪便会直接排入地面挖掘的简易便池,对地下水造成污染。未经处理或部分处理的工业废水排放或渗漏至地下,是地下水污染的另一个重要来源。从全球范围看,工业活动造成的地下水污染的三个主要方面:一是垃圾场、矿山开采、火力发电的煤灰堆料等产生的渗滤液;二是生产过程中用来清洗产品上残留化学物质的废水;三是开采石油与天然气的水力压裂法形成的回流水、压裂液等废水。

3. 生态支撑能力下降

在全球不同地形地貌下都存在地下水依赖型生态系统(GDE),对生态系统的支撑作用是地下水除资源功能外一个非常重要的功能。地下水维持着河流的基流,是河流在枯水季的主要甚至唯一水源。在世界上任何一处有地下水可供植物利用的地方,陆地生态系统都对地下水有所依赖,这种情况发生在所有的生物群落中。干旱环境中的水泉通常完全依靠地下水补给,因此地下水对于维持干旱地区,特别是草原、湿地等地貌下的复杂食物链关系至关重要。

水域和陆地的地下水依赖型生态系统可以为各种动物提供栖息地,维持生物多样性,调节旱涝,为人类提供食物来源。此外,地下水依赖型生态系统还能通过过滤、生物降解、吸附等过程,实现污染物与含水层的物理分离,对含水层起到净化与保护作用,同时还能促进地下水的自然补给。当前世界的地下水超采与污染问题加速了地下水依赖型生态系统的退化,造成以上这些自然生态功能的逐渐消失。

(二)解决地下水问题的对策建议

1. 加强地下水监测与数据共享

联合国发布的《2021年可持续发展目标报告》提出,当前世界普遍缺乏与地下水相关的监测和数据,强调地下水监测是目前一个“尚未足够重视的领域”。对地下水的监测需要在水位和水质两方面同时开展,通过直观的数据了解含水层的特性与状态,并预判未来可能发生的负面变化,如过度开采、补给量减少、污染扩散等。作为供水水源地的含水层应该进行更高频次的观测。

数据和信息的共享机制在当今世界各国都普遍缺乏,低收入国家尤其如此。因此,今后要通过公共资金采集的地下水数据尽量共享,或至少对特定专业人士公开。私营企业在运营过程中收集到的地下水相关数据和信息也应共享,例如在勘探石油和天然气过程中获取的地球物理数据和钻孔数据对于了解当地含水层特征是非常有帮助的,应尽量共享。这样做会更有利于地下水的评估和管理工作,造福当地居民。

2. 实行宏观政策管理

当今世界各国在地下水管理宏观政策的制定上往往都侧重于水资源的开发与利用,而这与高效管理含水层的要求相差甚远。正确的做法应该是从土地利用、地下水补给、地下水的功能保护等多个方面综合考虑。

在制定地下水管理宏观政策时,需要保持与当地地下水用水户、技术人员、科研人员、投资者等群体的密切交流,了解他们的诉求,并通过严谨的科学论证后进行制定。地下水宏观政策的制定还应充分考虑水务部门与其他部门(如与经济、农粮、能源、生态、气候变化、健康等部门)之间的关系,避免“就水论水”。通过合作制定地下水相关管理政策,配套制定可追踪的指标、达到指标的时间,以及可客观评估的效果等,由各方共享整个过程和结果。

3. 精细化管理含水层

管理地下水的开采点与每一个开采点的取水量是含水层精细化管理最重要的组成部分。当前世界各国的例证都表明,地下水管理成功与否,取决于管理措施的执行力度。但并非所有的管理工作都需要由政府来完成,越来越多的证据显示,由社区、用水户等自发组织起来的民间机构对地下水开采活动的管理效果可能更好。

地表水资源与地下水资源的联合管理是大势所趋。地下水人工回补(MAR)是目前世界上普遍认可的一种地表-地下水联合管理途径。MAR可利用地下含水层对地表来水进行调蓄,是对传统地表水库的有力补充。从流域角度来看,MAR可以延长地下水基流流入河道的时间,因此可用于维持环境流量,与此同时最大限度地减少蒸发和环境影响。在过去的60年间,MAR在世界范围的应用已经增加了10倍,但未来仍有很大的发展空间。联合国教科文组织预计MAR在世界的应用将从目前的100亿 m^3/a 增加到1 000亿 m^3/a,也就是再增加10倍。

4. 改革水价机制

为了对地下水进行可持续的开发利用,可将地下含水层看作与地表水库一样的“地下水库”,并将地下水库的补水与开采作为日常供水工作的一部分。这样做不仅可以提高地下水的集中供给,同时也可以提高用水的安全性和灵活性。将地下水库纳入集中供水管理有利于整合更多社会公共资源,包括政府用于扶贫和公共卫生设施建设的资金。

此外,对农业开采地下水适当的收费或收税在一些国家也被证实有助于地下水可持续利用。

需要注意的是,许多国家对水资源之外其他公共部门补贴可能间接造成了地下水超采或污染。例如:对能源部门的补贴降低了电费,造成了开采地下水成本下降;对农业部门的补贴可能间接鼓励了某些高耗水作物的种植,从而导致地下水超采加剧。因此,应该统筹全局,对不合理的补贴政策加以改革,使之与地下水政策更为协同一致。

(三)结语

全球的地下水资源是一项总储量丰富的淡水资源,地下水水质良好且易于开发利用,其资源的价值正逐渐得到认可,将成为21世纪让人类社会得以繁荣发展的重要依托资源。当今世界对水资源的需求不断增长,尽管地下水总量丰富,但地下水循环更新速率缓慢,不易自净修复,过度开采和水质污染会对地下水资源量及其可利用性产生严重影响。若要充分释放地下水的资源潜力,同时避免产生不良后果,就需要我们做出协调一致的努力,以确保可持续地管理和利用地下水,而这一切还需要让地下水"变不可见为可见"。

一是加强对地下水的基础调查工作,充分揭示不同地区地下水的赋存特征和影响因素,并从物理可视化层面提高地下水的"可见性"。

二是重视地下水的科研支撑作用,发展监测预警、开采计量、评价预测、有效管控在内的技术支撑体系,从科学认知层面提高水位、水量、质量的"可见性"和"预见性"。

三是加强地下水数据的社会共享和信息发布,提高数据透明度,方便科研人员充分利用数据,开展相关研究。

四是加强对地下水及其环境保护的宣传,充分发挥社会公众参与的作用,让更多的人认识地下水,珍视地下水,参与保护地下水。

【课后实践】

1. 实施"山水林田湖草沙一体化保护和修复"要遵循五方面保护修复原则,包括生态优先、绿色发展,自然恢复为主、人工修复为辅,统筹规划、综合治理,问题导向、科学修复,经济合理、效益综合。我们国家针对这一方针的地表水保护和利用政策措施有哪些,这些措施产生了哪些有益影响,以福建省内的典型经验为例阐述(如长汀水保经验、莆田木兰溪、河长制、河湖健康评价等)。

2. 地下水资源是一项总储量丰富的淡水资源,地下水水质良好且易于开发利用,其资源的价值正逐渐得到认可,将成为21世纪让人类社会得以繁荣发展的重要依托资源。当今世界对水资源的需求不断增长,尽管地下水总量丰富,但地下水循环更新速率缓慢,不易自净修复,过度开采和水质污染会对地下水资源量及其可利用性产生严重影响。我们国家遇到的地下水难题有哪些?又有哪些有益的经验可以借鉴?请同学们课后提交一篇小论文。

任务四 大力发展水利工程

学习目标

能力目标

1. 理解水利工程的重要性和工作特点;
2. 增强对水利枢纽建设过程的了解。

知识目标

1. 掌握水利工程的基本概念;
2. 了解水利工程与工作条件等环境的特点;
3. 掌握水利工程的分类及作用。

素质目标

培养学生为中国水利事业做奉献的精神。

一、基础概述

水利工程是指为了控制、调节和利用自然界的地面水和地下水,以达到除害兴利的目的而兴建的各种工程。水利工程按其承担的任务可分为防洪工程(堤防、水库、蓄滞分洪区、涵闸、排水工程等)、农田水利工程(灌溉工程)、水力发电工程、给水排水工程、航道及港口工程、环境水利工程等。

长期以来,水利工程在防洪、排涝、防灾、减灾等方面对国民经济的发展做出了重大的贡献,同时在工业生产、农业灌溉、居民生活、生态环境等生产经营管理中发挥了巨大的作用。因地制宜、不失时机地进行水利建设,结合环境保护、生态绿色,把沟河灌渠整治好、利用好,加快水利工程管理体制改革的步伐,分析体制改革中存在的主要问题,研究解决这些问题的措施,促进水利工程管理单位的健康发展,实现水资源的可持续利用,是利国利民、造福后代的大事。

水利工程除工程量大、投资多、工期长外,还具有以下特点:

(1)工作条件复杂。主要表现为:水工建筑物将受到静水压力、风浪压力、冰压力等推力作用,会对建筑物的稳定性产生不利影响。在水位差作用下,水将通过建筑物及地基向下游渗透,产生渗透压力和浮托力,可能产生渗透破坏而导致工程失事。另外,泄水建筑物下泄水流集中且流速高,将对建筑物和下游河床产生冲刷,高速水流还容易使建筑物产生振动和空蚀破坏。

(2)施工条件艰难。水工建筑物的施工比其他土木工程困难和复杂得多。主要表现为:①水工建筑物多在河流中建设,必须进行施工导流;②水利工程规模较大,施工技术复杂,工期比较长,且场地狭窄,又受截流、度汛的影响,工程进度紧迫,施工强度高、速度快;

③施工受气候、水文地质、工程地质等方面的影响较大,如冬雨期施工、地下水排除以及重大的复杂地质情况等

(3)建筑物独特。水工建筑物的形式、构造及尺寸与地形、地质、水文、建筑功能等因素密切相关。特别是地质条件的差异对建筑物的影响更大,这就形成了各式各样的水工建筑物。除一些小型渠系建筑物外,一般都应根据其特性进行单独设计。

(4)对周边环境产生一定的影响。工程的建设和运用将改变河道的水文和小区域气候,对河中水生生物和两岸植物的繁殖与生长产生一定影响,即对沿河的生态环境产生影响。另外,由于占用土地、开山破土、库区淹没等而必须迁移村镇及人口,会对人群健康、文物古迹、矿藏造成影响。

(5)对国民经济影响巨大。水利工程建设项目规模大、综合性强、组成建筑物多、投资巨大。尤其是大型水利工程,大坝高、库容大,担负着重要的防洪、发电、供水等任务,一旦出现堤坝决溃等险情,将对下游工农业生产造成极大损失,甚至对下游人民群众的生命财产带来灭顶之灾。所以,必须高度重视主要水工建筑物的安全性。

【案例 1-1】 阿斯旺大坝(见图 1-12),为世界七大水坝之一,大坝长 3 830 m、高 111 m,1960 年在苏联的援助下动工兴建,于 1971 年建成,历时 10 年,耗资约 10 亿美元,使用建筑材料 4 300 万 m^3,相当于金字塔的 17 倍,是集灌溉、航运、发电综合利用的工程。高坝建成后,其南面形成一个群山环抱的人工湖——阿斯旺水库,湖长 500 多 km,平均宽 10 km,面积约 5 000 km^2,是世界第二大人工湖,深度和蓄水量则居世界第一。水库的巨大容量不仅调节了下游流量,防止了洪水泛滥,还利用蓄积的水量扩大了灌溉面积,因此近 100 万 hm^2 的沙漠得以被开垦成耕地。同时,大坝电站每年发电 80 亿 kW·h,解决了埃及的能源紧缺问题。

图 1-12 阿斯旺大坝

认识水利工程,了解水利枢纽和水工建筑物是基础。水利工程中常采用单个或若干个不同作用、不同类型的建筑物来调控水流,以满足不同部门对水资源的需求,这些为兴水利、除水害而修建的建筑物称水工建筑物。而由不同用途的水工建筑物组成的、协同运行的工程综合群体即为水利枢纽。

(一)建筑物分类

(1)挡水建筑物。用以拦截江河水流,抬高上游水位以形成水库,如各种坝、闸、堤等,如图 1-13 所示。

(a)小浪底水利枢纽(土石坝)　　(b)长江大堤

图 1-13　挡水建筑物举例

(2)泄水建筑物。用以在洪水期河道入库洪量超过水库调蓄能力时,宣泄多余的洪水,以保证大坝及有关建筑物的安全,如溢洪道、泄洪洞、泄水孔等。

(3)输水建筑物。用以满足发电、供水和灌溉的需求,从上游向下游输送水量,如输水渠道、引水管道、水工隧洞、渡槽、倒虹吸管等,如图 1-14 所示。

(a)西河渡槽　　(b)倒虹吸管

图 1-14　输水建筑物举例

(4)取水建筑物。一般布置在输水系统的首部,用以控制水位、引入水量或人为提高水头,如进水闸、扬水泵站等,如图 1-15 所示。

(a)水泵站　　(b)隧洞进水口

图 1-15　取水建筑物举例

(5)河道整治建筑物。用以改善河道的水流条件,防止河道冲刷变形及险工的整治,如顺坝、导流堤、丁坝、护岸等,如图 1-16 所示。

(a)黄河中牟段丁坝　(b)员笃湖导流堤

图 1-16　河道整治建筑物举例

（6）专门建筑物。为水力发电、过坝、量水而专门修建的建筑物，如调压室、电站厂房、船闸、升船机、筏道、鱼道、各种量水堰等，如图 1-17 所示。

(a)三峡水电站船闸　(b)巴歇尔槽

图 1-17　专门建筑物举例

需要指出的是，有些建筑物的作用并非单一，在不同的状况下有不同的功能。例如：水闸，既可挡水又可泄水，同时还可作为灌溉渠首或供水工程的取水建筑物；泄洪洞，既可泄洪，又可引水。

为了使水利工程建设达到既安全又经济的目的，遵循水利工程建设的基本规律，应对水利枢纽和枢纽中的水工建筑物进行分等、分级。根据《水利水电工程等级划分及洪水标准》（SL 252—2017）的规定，水利水电工程等别应根据其工程规模、效益和在国民经济中的重要性划分为Ⅰ～Ⅴ等。

（二）功能分类

1. 蓄水枢纽

蓄水枢纽是在河道来水年际、年内变化较大，不能满足下游防洪、灌溉、引水等用水要求时，通过修建大坝调蓄天然来水，用于汛期防洪、枯水期灌溉、城镇引水等，如湖北的丹江口水利枢纽。

2. 发电枢纽

发电枢纽是以发电为主要任务，利用河道中丰富的水量和水库形成的落差，安装水力发电机组，将水能转变为电能，如福建的水口水电站枢纽。

3. 引水枢纽

引水枢纽是在河道上修建拦河闸（坝）等水工建筑物，调节水位和流量，以保证引水的质量和数量，如四川的都江堰引水灌溉枢纽。

二、认识水坝及其他水工建筑物

(一)重力坝

重力坝是由混凝土或浆砌石修筑的大体积挡水建筑物,其基本剖面是直角三角形,整体由若干坝段组成。主要依靠坝体自重来维持稳定。

重力坝按坝高分为低坝、中坝、高坝;按筑坝材料分为混凝土重力坝及浆砌石重力坝;按泄水条件分为溢流重力坝、非溢流重力坝;按结构形式分为实体重力坝、空腹重力坝、宽缝重力坝、宽缝填渣重力坝;按施工方式分为常规(态)混凝土浇筑式重力坝、碾压混凝土重力坝。

码 1-1 微课-认识重力坝

重力坝的特点如下:

(1)结构作用明确,设计方法简便。

(2)泄洪和施工导流比较容易解决。重力坝的断面大,筑坝材料抗冲刷能力强,适用于在坝顶溢流和坝身设置泄水孔。枢纽布置方便紧凑,这是重力坝最大的优点。

(3)结构简单,施工方便,安全可靠。

(4)对地形、地质条件适应性强。

(5)受扬压力影响较大。扬压力的作用方向与坝体自重的方向相反,会抵消部分坝体的有效重量,对坝体的稳定和应力不利。

(6)材料强度不能充分发挥。由于重力坝的断面是根据抗滑稳定和无拉应力条件确定的,坝体内的压应力通常不大,因此材料强度得不到充分发挥。这是重力坝的主要缺点。

(7)坝体体积大,水泥用量多,一般需采取温控散热措施。

【案例 1-2】 新安江水电站是中国第一座自行设计、自制设备、自主建造的大型水力发电站,被人们誉为“长江三峡的试验田”。水电站建成投产于1960年,至2017年已安全运行了57年。新安江水电站控制流域面积 10 480 km^2,占新安江流域面积的 89.4%,因建水电站而形成的人工湖(新安江水库)——千岛湖成为著名的旅游胜地。

水库校核洪水位 114 m,正常蓄水位 108 m,防洪限制水位 106.5 m,死水位 86 m;水库总库容 220 亿 m^3,调节库容 102.7 亿 m^3,死库容 75.7 亿 m^3,防洪库容 47.3 亿 m^3。为多年调节水库,装机容量 855 MW(9 台)。工程以发电为主,兼有防洪、灌溉作用。

该水电站主要建筑物有:①拦河坝,为混凝土宽缝重力坝,坝顶高程 115 m,最大坝高 105 m,坝顶长 465.4 m,最大底宽 93.664 m,挡水段坝顶宽 8.5 m,溢流段顶宽 38.7 m;②溢流坝(位于拦河坝河床部分,坝后厂房的顶部,坝后厂房顶溢流式),设 9 个表孔,堰顶高程 99 m,孔口宽 13 m,高 10.5 m,最大泄流量 13 200 m^3/s,闸门为平面定轮闸门,厂房顶末端设有差动式挑流鼻坎;③发电厂房,在溢流坝段内安装有直径为 5.2 m 的压力钢管 9 条,有钢管的坝段用斜缝浇筑;④升压变电站等。

(二)拱坝

拱坝是一种建在峡谷中的拦水坝,做成水平拱形,凸边面向上游,两端紧贴着峡谷壁。拱坝是指一种在平面上向上游弯曲,呈曲线形,能把一部分水平荷载传给两岸的挡水建筑,是一个空间壳体结构。

码 1-2 微课-认识拱坝

拱坝按坝高分为低坝、中坝、高坝;按拱坝的曲率分为单曲拱坝和双曲拱坝;按水平拱圈形式分为圆弧拱坝、多心拱坝(二心、三心)、抛物线拱坝、椭圆拱坝和对数螺旋线拱坝等;按拱坝的厚高比分为薄拱坝、中厚拱坝、厚拱坝;按坝身结构形式分为一般拱坝(单曲、双曲拱坝)、混合型拱坝(隔河岩拱坝、乌江渡拱坝)、上拱下部支墩式拱坝(蒙弗特拱坝)、空腹拱坝(凤滩混凝土空腹重力拱坝)、多层拱坝(法国玛雷琪、中国火甲拱坝)、拱上拱坝(窄巷口混凝土拱坝、红色娘子军砌石拱坝)、周边缝拱坝(天生桥砌石拱坝)、平底缝拱坝(门坎哨混凝土薄拱坝)、铰拱坝(摩荆瑞保双铰拱坝)、预应力拱坝;按施工方法分为常态混凝土拱坝、碾压混凝土拱坝、装配式混凝土拱坝和分期施工拱坝。

拱坝的特点如下:

(1)利用两岸岩体维持稳定。拱坝主要依靠两岸的坝肩岩体来维持稳定,自重对其稳定影响不大,这是拱坝最大的特点。

(2)能充分发挥筑坝材料强度。由于拱坝是一种以拱受力为主的结构,在外荷载作用下主要产生轴向压力,因此有利于充分发挥混凝土或浆砌石材料的抗压强度。与重力坝相比,体积大为减少,对于适宜修建拱坝和重力坝的同一坝址,若两者坝高相同,拱坝体积较重力坝可减少 1/3~2/3。因而,拱坝是一种比较经济的坝型。

(3)超载能力大,安全度高。拱坝属周边嵌固的高次超静定结构,当外荷超载后,坝体发生局部开裂时,应力可自行调整而得到新的平衡使裂缝终止。国内外拱坝的结构破坏试验表明,混凝土拱坝的超载能力可达设计荷载的 5~11 倍。

(4)抗震性能好。由于拱坝属整体性空间壳体结构,重量小,富有弹性,故其抗震性能较好。

(5)荷载特点。由于拱坝不设永久性横缝,且周边嵌固,所以温度变化和坝基岩体变形对拱坝的应力影响较大,而坝体自重和扬压力则对拱坝应力影响较小。

拱坝坝身单薄,体形复杂,设计和施工的难度较大,因而对筑坝材料强度、施工质量、施工技术以及施工进度等方面的要求较高。

【案例 1-3】 雅砻江锦屏二级水电站(见图 1-18),位于凉山彝族自治州木里、盐源、冕宁三县交界处的雅砻江锦屏大河湾上,是雅砻江上最大的水电站,装机容量 480 万 kW,工程动态总投资 297.7 亿元。该电站枢纽建筑主要由拦河低闸、泄水建筑、引水发电系统等组成,主体工程于 2007 年 1 月开工建设,2012 年第 1 台机组发电。2014 年 11 月 29 日上午,雅砻江锦屏二级水电站最后一台机组宣布正式投产运行。至此,我国“西电东送”标志性工程、拥有世界最高拱坝、世界最大规模水工隧洞群的锦屏水电站 14 台单机容量为 60 万 kW 的机组全部投产。

(三)土石坝

土石坝是指由当地土料、石料或混合料,经过抛填、碾压等方法堆筑成的挡水坝。当坝体材料以土和砂砾为主时,称为土坝;以石渣、卵石、爆破石料为主时,称为堆石坝;当两类材料均占相当比例时,称为土石混合坝。由于筑坝材料主要来自坝区,因而也称为当地材料坝。

码 1-3 微课-认识土石坝

土石坝常按坝高、施工方法或筑坝材料及防渗体位置进行分类。土石坝按坝高可分为低坝、中坝和高坝;按施工方法分为碾压式土石坝、水力冲填坝、定向爆破堆石坝;按筑坝材料的组合分为均质坝、土石混合坝、堆石坝。

图 1-18 雅砻江锦屏二级水电站

土石坝的特点如下：

(1)可以就地取材，节约大量水泥、木材和钢材，减少工地的外线运输量。由于土石坝设计和施工技术的发展，放宽了对筑坝材料的要求，几乎任何土石料均可筑坝。

(2)能适应各种不同的地形、地质和气候条件。任何不良的坝址地基，经处理后均可筑坝。特别是在气候恶劣、工程地质条件复杂和高烈度地震区的情况下，土石坝实际上是唯一可取的坝型。

(3)大功率、多功能、高效率施工机械的发展，提高了土石坝的施工质量，加快了进度，降低了造价，促进了高土石坝建设的发展。

(4)岩土力学理论、试验手段和计算技术的发展，提高了大坝分析计算的水平，加快了设计进度，进一步保障了大坝设计的安全可靠性。

(5)高边坡、地下工程结构、高速水流消能防冲等土石坝配套工程设计和施工技术的综合发展，对加速土石坝的建设和推广也起了重要的促进作用。

【案例 1-4】 黄河小浪底水利枢纽位于河南省洛阳市孟津县与济源市之间的黄河干流上，控制流域面积 69.4 万 km^2，占黄河流域面积的 92.3%，是黄河中游最后一段峡谷的出口，是黄河干流三门峡以下唯一能取得较大库容的控制性工程。黄河小浪底水利枢纽工程是黄河干流上的一座集减淤、防洪、防凌、供水、灌溉、发电等为一体的大型综合性水利工程，是治理开发黄河的关键性工程。

黄河小浪底水利枢纽工程是黄河上坝体最长、库容最大、施工最复杂的世界级水利工程。拦河坝采用带内铺盖的斜心墙堆石坝，设计最大坝高 154 m、坝顶长 1 667 m，水库总库容 126.5 亿 m^3，调水调沙库容 10.5 亿 m^3，死库容 75.5 亿 m^3，有效库容 51.0 亿 m^3；拦河坝以垂直混凝土防渗墙为坝基防渗主要措施，并利用黄河泥沙淤积形成天然铺盖，作为辅助防渗措施。泄洪排沙灌溉建筑物由 3 条直径为 14.5 m 的导流洞改建的三级孔板消能泄洪洞、3 条明流泄洪洞、3 条直径为 6.5 m 的压力排沙洞、1 条直径为 3.5 m 的压力灌溉洞、1 座正常溢洪道、1 座非常溢洪道、10 座进水塔、1 个综合消力塘组成。主厂房为地下式，采取首部布置方式，总装机容量为 180 万 kW(6 台 30 万 kW 混流式发电机)。

小浪底水利枢纽是治黄事业新的里程碑，是绿色、环保、生态、民生工程，是我国改革开放的精品力作。小浪底水利枢纽在运行初期就发挥了巨大的综合效益，为保障黄河中下游人民生命财产安全、促进经济社会发展、保护生态与环境、维持黄河健康生命做出了重大贡献。

（四）水闸

水闸是一种控制水位和调节流量的低水头水工建筑物，具有挡水和泄水的双重作用。

水闸按所承担的任务分类如下：

（1）进水闸（取水闸）。建在天然河道、水库、湖泊的岸边及渠道的首部，用于引水，并控制引水流量，以满足发电或供水的需要。

（2）节制闸。灌溉渠系中的节制闸一般建于干、支、斗渠分水口的下游。拦河而建的节制闸也叫拦河闸，用于在枯水期抬高水位，以满足上游取水或航运的需要；在洪水期提闸泄水，控制下泄流量。

码 1-4　微课-认识水闸

（3）冲沙闸（排沙闸）。多建在多泥沙河流上的引水枢纽或渠系中布置有节制闸的分水枢纽处及沉沙池的末端，用于排除泥沙。一般与节制闸并排布置。

（4）分洪闸。建造在天然河道的一侧。用于将超过下游河道安全泄量的洪水泄入湖泊、洼地等滞洪区，以削减洪峰，保证下游河道的安全。

（5）排水闸。在江河沿岸排水渠的出口处建造，排除其附近低洼地区的积水，当外河水位高时关闸以防止河水倒灌。其具有闸底板高程较低，且受双向水头作用的特点。

（6）挡潮闸。建在入海河口附近，涨潮时关闸，防止海水倒灌；退潮时开闸放水，如图 1-19 所示。挡潮闸也具有双向承受水头作用的特点，且操作频繁。

图 1-19　挡潮闸

水闸是一种既挡水又泄水的低水头水工建筑物，且多修建在土质地基上，因而它在抗滑稳定、防渗、消能防冲及沉陷等方面具有以下工作特点和设计要求：

（1）当水闸完建时，可能因较大的垂直荷载，使基底压力超过地基容许承载力，导致闸基土深层滑动失稳。因此，水闸必须具有适当的基础（底板）面积，以满足应力要求。

（2）当水闸挡水时，上、下游水位差形成的水平水压力，可能使水闸产生滑动。同时，这种水位差还会引起闸基及两岸的渗流,渗流不仅将对水闸底部施加向上的渗透压力,降低水闸的抗滑稳定性,而且还可能在闸基及两岸土壤中产生渗透变形。因此,水闸必须具有足够的重量以维持自身的稳定,且应妥善设计防渗设施,并在渗流逸出处设反滤层等设施以保证不发生渗透变形。

(3)当水闸泄水时,一方面水闸需满足有足够的过流能力;另一方面过闸水流具有较大动能,且流态较复杂,易在下游河床及两岸产生有害冲刷。因此,设计水闸时,应合理确定水闸孔口尺寸,同时要采取有效的消能防冲措施,确保泄流安全。

(4)当闸基为软土地基时,由于地基的抗剪强度低,压缩性比较大,水闸在重力和外荷载作用下,可能产生较大沉陷,尤其是不均匀沉陷,导致水闸倾斜,甚至断裂,影响水闸正常使用。因此,设计时必须合理选择闸型和构造,排好施工程序及采取必要的地基处理措施等,以减小地基沉陷。

(五)其他水工建筑物

(1)溢洪道。水坝等水工建筑物的防洪设施,多筑在水坝的一侧,像一个大槽,当水库里的水位超过安全限度时,水就从溢洪道向下游流出,防止水坝被毁坏。溢洪道包括进水渠、控制段、泄槽、出水渠。

(2)渠道。指水渠、沟渠,是水流的通道。

(3)橡胶坝。又称橡胶水闸,是用高强度合成纤维织物做受力骨架,内外涂敷橡胶做保护层,加工成胶布,再将其锚固于底板上呈封闭状的坝袋,通过充排管路用水(气)将其充胀形成的袋式挡水坝。坝顶可以溢流,并可根据需要调节坝高,控制上游水位,以发挥灌溉、发电、航运、防洪、挡潮等效益。

(4)船闸。利用向两端有闸门控制的航道内灌、泄水,以升、降水位,使船舶能克服航道上的集中水位落差的厢形通航建筑物。

(5)升船机。指为船舶通过航道上集中水位落差而设置的一种"通航建筑物",由上、下闸首,承船厢(承船车),支承导向结构和驱动装置等组成,可分为垂直升船机和斜面升船机两大类。

(6)过鱼建筑物。为鱼类通过拦河闸坝抵达产卵或培育场所设置的结构物和机械设备。按鱼类洄游特性分为溯河洄游过鱼设施和降河洄游过鱼设施两类。有鱼道、鱼闸、升鱼机和集鱼船等形式。许多鱼类具有向流性,闸坝截断河道后,阻断了鱼类的天然洄游通道,建造过鱼设施以便于鱼类在克服水流落差情况下过坝,是保护和发展江河鱼类资源的措施之一。

(7)坝下涵管。埋设在土石坝坝体与坝基之间,用于引水、泄洪、冲沙、放空水库或施工导流的输泄水管道称为坝下涵管。由进口、管身和出口三部分组成。

坝下涵管相对于其他输水建筑物或泄水建筑物,具有结构简单、施工方便、工期较短、造价低等优点,但如果设计、运用、使用不当,会引起涵管周围填土的渗透变形破坏,严重时导致沿管壁产生集中漏水、涵管塌陷断裂、土坝失事等灾害。因此,坝下涵管多用于中小型工程。

为了宣泄水库多余的水量,防止洪水漫坝失事,确保工程安全,以及满足放空水库和防洪调节等要求,在水利枢纽中一般都设有泄水建筑物。常见的泄水建筑物有深式泄水建筑物(包括坝身泄水孔、水工隧洞、坝下涵管等)和溢洪道(包括河岸溢洪道、河床溢洪道)。河岸溢洪道一般适用于土石坝、堆石坝等水利枢纽。河床溢洪道即溢流坝,通常用于重力坝枢纽。

(8)水工隧洞。指在山体中或地下开挖的、具有封闭断面的过水通道。可用于配合溢洪道宣泄洪水;引水发电,或为灌溉、供水和航运输水;排放水库泥沙,延长使用年限,有利于水电站等的正常运行;放空水库,用于人防或检修建筑物;在水利枢纽施工期用作导流建筑物。

三、水利枢纽工程效益

水利枢纽在防洪、防凌、灌溉、供水、减淤、发电及减缓下游缺水断流等方面发挥了显著的社会效益和经济效益。以三门峡水利枢纽为例介绍。

(一)防洪效益

防洪是水利枢纽的主要任务,它通过控制各支流主要洪水来源区,结合错峰和调节等作用来缓解下游防洪抢险压力,减轻下游洪水灾害和堤防工程除险加固次数。枢纽投入防洪运用,往往标志着下游防洪已从单纯依靠堤防防洪,发展到依靠水库、堤防、河道分滞洪措施等组成的工程体系确保防汛安全的新阶段。例如:自 1964 年以来,三门峡以上地区曾 6 次出现流量大于 10 000 m^3/s 的大洪水,由于三门峡水利枢纽及时采取措施,削减洪峰,减轻了下游堤防负担和漫滩淹没损失。从三门峡水利枢纽建成至今,黄河下游岁岁安澜,未出现大堤决口现象。

(二)防凌效益

三门峡水利枢纽建成后,黄河下游防凌工作进入了以水库调节河道流量为主的综合防凌新阶段,为避免下游小流量封河和“文开河”创建了有利条件,确保了凌汛安全。据统计,三门峡水库投入运用以后,类似 1951 年、1955 年因凌汛决口的凌情有 6 次,由于适时运用,每次都避免了“决口”的危险。

(三)灌溉、供水效益

黄河下游沿黄地区灌溉面积 3 000 多万亩。据统计,从 1973—1999 年的 27 年,春灌期间水库蓄水总量 326.74 亿 m^3,向河南、山东沿黄灌区补水 270 亿 m^3。除灌溉外,还为中原、胜利两大油田和沿黄城镇提供了大量工业和生活用水,多次为河北、天津及青岛供水,促进了下游工农业生产的发展。

(四)减淤效益

1960 年 9 月下闸蓄水至 1964 年 10 月,水库下泄清水或排出少量细颗粒泥沙,形成下游河道沿程冲刷达 23.12 亿 t,若无三门峡水库则河道淤积 6.6 亿 t,因此水库初期运用减少下游河道淤积 29.72 亿 t。“蓄清排浑”运用以来,非汛期下泄清水形成下游河道冲刷,汛期水库排沙兼顾减淤,使出库泥沙能排泄入海,尽量避免小水带大沙,年均减淤约 0.3 亿 t。

(五)发电效益

20 世纪以来,水利工程在世界各国发展迅速,规模也越来越大,电站装机容量也越来越大,有些达到 300 万~400 万 kW 甚至 1 000 万 kW 以上。例如,三门峡水电站有 7 台发电机组,装机容量 40 万 kW。从 1973 年 12 月第 1 台机组发电,到 2006 年底,已累计发电 333 亿

kW · h。

(六)减缓下游缺水断流

黄河水资源的开发利用为沿黄工农业经济发挥了重要作用,但是有限的水资源很难满足日益增长的用水需要,造成了黄河下游频繁断流。通过三门峡水库的调蓄运用和统一调度,减少了下游特别是泺口以下沿黄地区经济损失,防止了河口三角洲生态环境的恶化,使黄河有限的水资源发挥了最大的综合效益。

【课后练习】

请扫描二维码,做课后练习。

项目一　课后练习

第二部分　电力知识概论

【水电科学家】

潘家铮：一生情系水电　身“铸”祖国大江大河

潘家铮，中国著名水利水电工程专家，中国科学院院士、中国工程院院士。他是中国水电事业的当事人，以开发水电、实现西电东送为平生夙愿，主持了中国几十座大坝的设计与建设，为三峡工程倾注了大量心血。

潘家铮出生于浙江绍兴一个书香之家，这个并不机灵、被父亲称作“呆虫”的孩子，最大的爱好就是读书。读书使他早慧，为他以后阅读汗牛充栋的资料打下基础；读书更使他情感炽热、性格执着，养成了为理想百折不回的精神。

凭借着一目十行的天资，潘家铮勤学苦读、自学不辍地考取了高中，顺利毕业后，次年报考浙江大学。1950 年，他从土木工程系毕业，成为新中国第一代水电人，开始触摸一生的梦想：开发水电，造福人民。

他从设计、施工 200 kW 的小水电站做起，并进修数学和力学知识，逐步形成独特的设计思想。之后，他出任新安江水电站副总工程师，开始具体领导工程设计与施工。

1985 年，潘家铮担任三峡工程论证领导小组副组长及技术总负责人。“如果三峡工程需要有人献身，我将毫不犹豫地首先报名。我愿意将自己的身躯永远铸在三峡大坝之中”，潘家铮曾无限深情地说。挑起三峡总公司技术委员会主任的重担后，潘家铮变得忙上加忙。设计审查、科学研究、科学管理，工作起来没个白天黑夜。对他来说，时间就是电能，必须捏紧分分秒秒。

在现场质量检查中，年逾古稀的潘家铮从不满足于听汇报，任何疑点都要亲自查看。在一个严寒的冬天，已经数次查看过导流底孔的潘家铮，在检查完机组安装质量后，又执意要看一看 2 号导流底孔过流后的状况。导流底孔在三峡大坝 120 栈桥下方 70 m 的地方，需沿着垂直的梯子爬上来。潘家铮不要人搀扶，一级级往上攀，回到 120 栈桥上时，大家这才发现摘下安全帽的他早已大汗淋漓。

为三峡工程呕心沥血，因三峡工程而扬名，但他的足迹远不止于三峡。黄坛口、流溪河、东方、新安江、富春江、乌溪江、锦屏有他设计的图纸；乌江渡、龚嘴、葛洲坝、凤滩有他思忖的脚印；龙羊峡、东江、岩滩、二滩有他的果断决策……潘家铮以这种特殊方式把自己“铸”入了祖国的大江大河。

2012 年，潘家铮荣膺光华工程科技奖成就奖，然而此刻 85 岁的他正与病魔殊死斗争，没能到颁奖现场亲手捧回属于他的“光华工程科技奖成就奖”。2012 年 7 月 13 日，潘家铮于北京逝世，享年 85 岁。他用 80 多年的人生旅途，把对科学理论的研究、水电建设的实践追求做到了极致；在超过一甲子的岁月里，他把自己全部的忠诚、智慧、汗水洒向祖国的山山水水，洒向利国利民的水利水电事业。

来源：“科普中国-科技前沿大师谈”，有修改

项目二　电力常识与电力文化

项目概述

20世纪出现的大规模电力系统是人类工程科学史上最重要的成就之一，是由发电、输电、变电、配电和用电等环节组成的电力生产与消费系统。它将自然界的一次能源通过机械能装置转化成电力，再经输电、变电和配电将电力供应到各个用户。生活中到处都在用电，电作为一种能源被我们所利用、所普及并与人们的生活及设备的运转息息相关。

本项目内容从电力行业的发展入手，分别向大家介绍世界电力和中国电力的发展史，帮助学生了解中国电力的前世今生，树立民族自豪感与自信心。介绍电力系统的基础知识，让同学们了解电力系统中的基本概念，如：什么是电力系统、电力网，发电厂是怎样进行发电的。参与电能生产的设备有哪些以及当前智能电网的发展情况等，帮助学生建立职业使命感与责任感，培养学生科学严谨的工作态度和精益求精的工匠精神；介绍电力安全文化知识，帮助学生树立"生命至上，安全第一"的思想，培养规范操作的意识。

知识结构

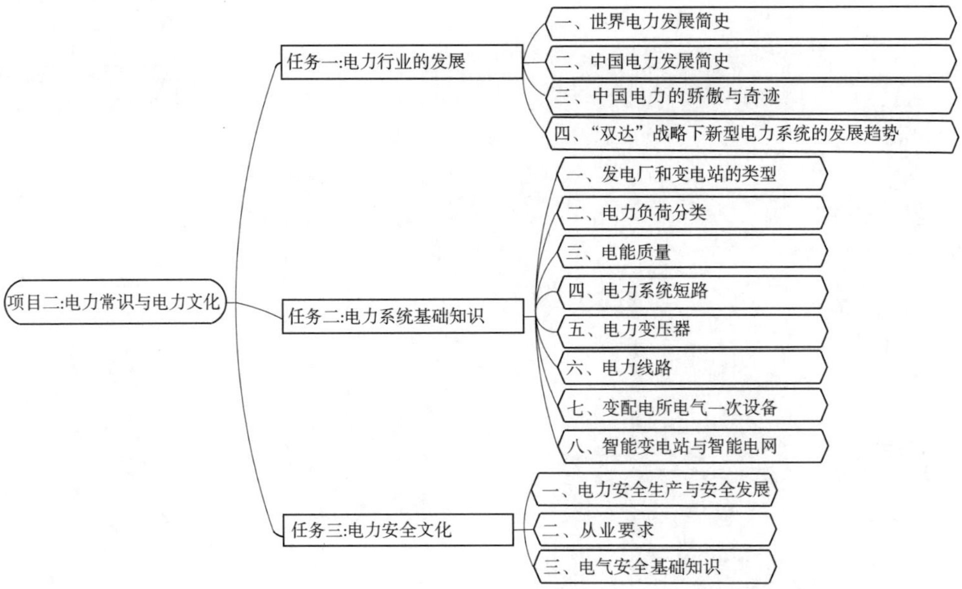

任务一　电力行业的发展

学习目标

能力目标

通过了解电力发展简史及未来电力系统的发展趋势来进行职业规划。

知识目标

了解世界电力发展简史和中国电力发展简史,以及未来电力系统的发展趋势。

素质目标

帮助学生了解中国电力的前世今生,提升民族自信。

一、世界电力发展简史

电力工业的建立至今已有一个多世纪的历史。今天,电与人们的生产、生活、科学技术研究和社会文明建设息息相关,对现代社会的各个方面已产生直接或间接的巨大作用和影响,已成为现代文明社会的重要物质基础。

(一)静电的产生

1. 静电与吉尔伯特

吉尔伯特研究了摩擦琥珀吸引羽毛的现象(见图 2-1),指出这种现象不仅存在于琥珀上,而且存在于硫磺、毛皮、陶瓷、火漆、纸、丝绸、金属、橡胶等上。硫磺、毛皮、陶瓷、火漆、纸、丝绸、金属、橡胶等是摩擦起电物质系列,把这个系列中的两种物质相互摩擦,系列中排在前面的物质将带正电,排在后面的物质将带负电。

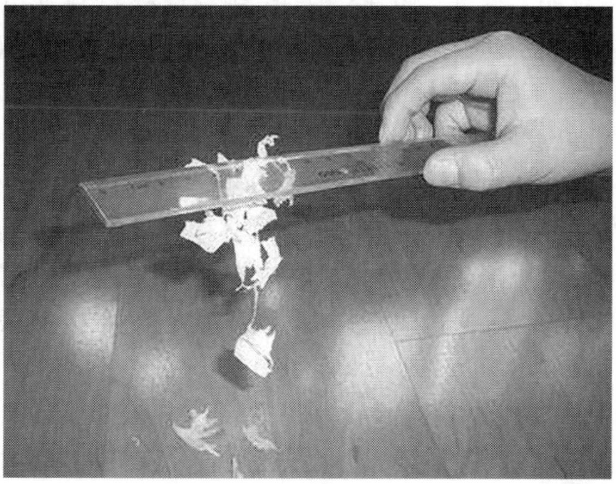

图 2-1　摩擦起电

2. 雷和静电

公元前,打雷被认为是神的行为。到了亚里士多德时代,认为雷的发生是由于大地上的水蒸气上升,形成雷雨云,雷雨云遇到冷空气凝缩而变成雷雨,同时伴随出现强光,1708 年,英国人沃尔认为雷是静电产生的。

1746 年,莱顿大学教授缪森布鲁克发明了一种存储静电的瓶子,这就是后来很有名的"莱顿瓶"(见图 2-2)。缪森布鲁克本来想像往瓶子里装水那样把电装进瓶子里,他首先在瓶子里灌上水,然后用一根金属丝把摩擦玻璃棒扔到水里。就在他的手接触到瓶子和棒的一瞬间,他被重重地"电击"了一下。据说,他曾这样说过:"就算是国王命令,我也不想再做这种可怕的试验了"。

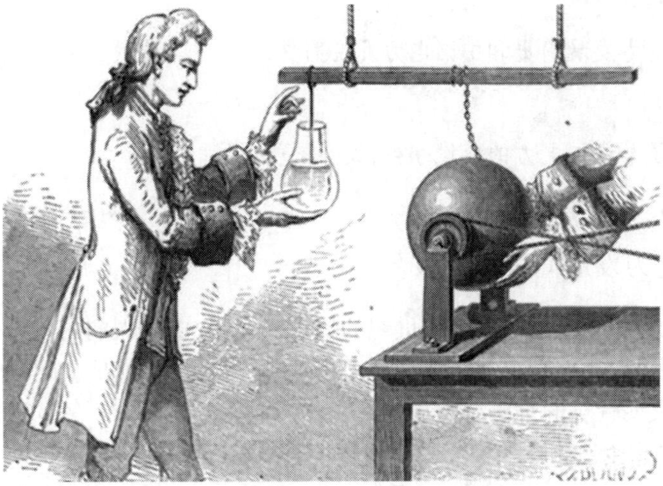

图 2-2　莱顿瓶

1748 年,富兰克林基于同样的认识设计了避雷针。能不能用什么办法把这种静电收集起来?富兰克林联想到往莱顿瓶里蓄电的事,于 1752 年 6 月做了一个把风筝放到雷雨云里去的试验,结果发现了雷雨云有时带正电、有时带负电的现象。意大利帕维亚大学教授伏打用各种金属进行试验,证明了锌、铅、锡、铁、铜、银、金、石墨是个金属电压系列,当这个系列中的两种金属相互接触时,系列中排在前面的金属带正电,排在后面的金属带负电。他把铜和锌作为两个电极置于稀硫酸中,从而发明了伏打电池。电压的单位"伏特"就是以他的名字命名的。

3. 电磁学的发展

伏打电池发明之后,各国利用这种电池进行了各种各样的试验和研究。德国进行了电解水的研究,英国化学家戴维把 2 000 个伏打电池连在一起,进行了电弧放电试验。戴维的试验是在正负电极上安装木炭,通过调整电极间距离使之产生放电而发出强光,这就是电用于照明的开始。

1820 年,丹麦哥本哈根大学教授奥斯特在一篇论文中公布了他的一个发现:在与伏打电池连接的导线旁边放一个磁针,磁针马上就发生偏转。俄罗斯的西林格读了这篇论文,他把线圈和磁针组合在一起,发明了电报机(1831 年),这可说是电报的开始。其后,法国的安培发现了关于电流周围产生的磁场方向问题的安培定律(1820 年)。英国的法拉第发现了划时代的电磁感应现象(1831 年)(见图 2-3),电磁学得到了飞速发展。

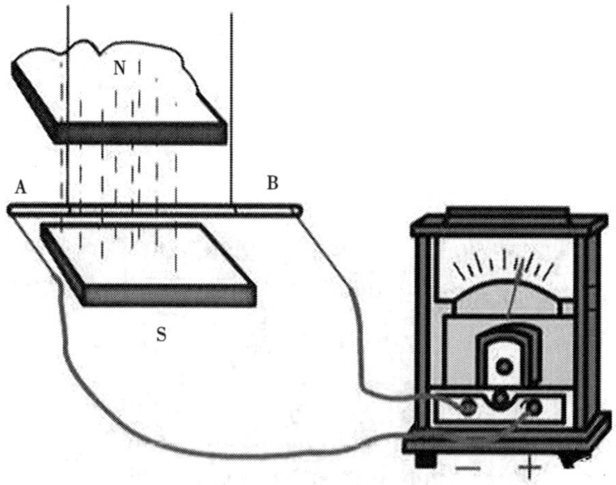

图 2-3 电磁感应现象

(二)电力设备的产生

可以说,1820 年奥斯特所发现的电磁作用就是电动机的起源。而 1831 年法拉第所发现的电磁感应就是发电机的变压器的起源。

1. 发电机

1832 年,法国人毕克西发明了手摇式直流发电机,其原理是通过转动永磁体使磁通发生变化而在线圈中产生感应电动势,并把这种电动势以直流电压形式输出。发电机结构见图 2-4。

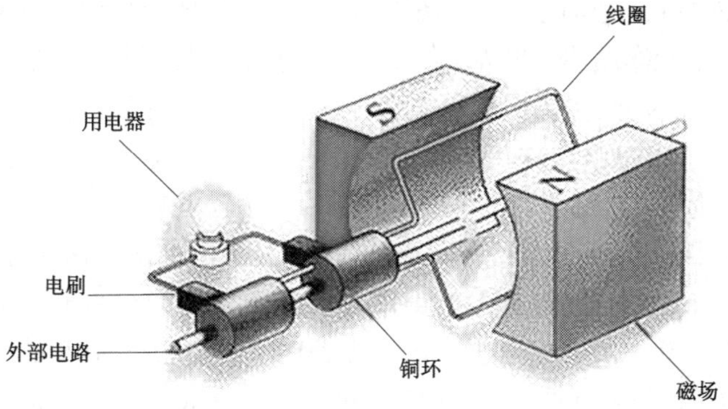

图 2-4 发电机结构图

1866 年,德国的西门子发明了自励式直流发电机。1869 年,比利时的格拉姆制成了环形电枢,发明了环形电枢发电机。1882 年,美国的戈登制造出了输出功率 447 kW、高 3 m、重 22 t 的两相式巨型发电机。美国的特斯拉在爱迪生公司的时候就决心开发交流电机,1896 年,特斯拉的两相交流发电机在尼亚拉发电厂开始营运,3 750 kW、5 000 V 的交流电一直送到 40 km 外的布法罗市。1889 年,西屋公司在俄勒冈州建设了发电厂,1892 年成功地将 15 000 V 电压送到了皮茨菲尔德。

2. 变压器

1831 年,法拉第发现磁可以感应生成电,这就是变压器诞生的基础。1882 年,英国的吉布斯获得了“照明与动力用配电方式”专利,其内容就是将变压器用于配电,当时所用的变压器是磁路开放式变压器(见图 2-5)。

图 2-5　磁路开放式变压器

西屋引进了吉布斯的变压器,经过研究,于 1885 年开发出了实用的变压器。此外,在此前一年的 1884 年,英国的霍普金森制成了闭合磁路式变压器。

(三)电力工业的兴起

电力工业就是将一次能源(如煤炭、石油、天然气、核燃料、水能、风能、太阳能等)经发电设施转换成电能,再通过输电、变电与配电系统供给用户作为能源的工业部门。

1875 年,巴黎北火车站建成世界上第一座火电厂,安装经过改装的格拉姆直流发电机,为附近照明供电。1879 年,美国旧金山试验电厂开始发电,这是世界上最早出售电力的电厂。1882 年,美国建成纽约珍珠街电厂,装有 6 台直流发电机,总容量 900 马力(约 670 kW),以 110 V 直流电供电灯照明。这是世界上第一座较正规的电厂。

在此前后,世界各国陆续建成几座容量为千千瓦级的电厂。1881 年,在英国的戈德尔明建成世界上第一座水电站。1882 年,美国在威斯康星州的福克斯河上建成第二座水电站,水头 3 m,装机容量 10.5 kW。进入 19 世纪 90 年代,水电站的规模发展到万千瓦级以至十万千瓦级,例如美国尼亚加拉水电站(1895 年),设计容量 14.7 万 kW,这是商业性水电站的发端。

20 世纪巴西和巴拉圭合建的伊泰普水电站,在中国的三峡水电站没有建的时候是世界上最大的水电站,装机容量 1 400 万 kW,年发电量 900 亿 kW·h。

20 世纪初,为适应电力工业发展的需要,电工制造业生产出万千瓦级的机组,如瑞士勃朗-鲍威力有限公司生产的 1.5 万 kW 机组(1902 年),美国西屋电气公司生产的 1 万 kW 机组。到 1912 年,汽轮发电机组的容量达到 2.5 万 kW。电力工业已从萌芽发展到初具规模。1913 年,全世界的年发电量已达 500 亿 kW·h。电力工业已作为一个独立的工业部门,进入人类的生产活动领域。

(四)电力系统发展期

1916 年,美国建成第一条 90 km 的 132 kV 线路。1920 年,世界装机容量为 3 000 万 kW,其中美国占 2 000 万 kW。1922 年,美国在加州建成 220 kV 线路,1923 年投运。1929 年,美国制成第一台 20 kW 汽轮机组。1932 年,苏联建成第聂伯水电站,单机容量 6.2 万 kW。1934 年,美国建成 432 km 的 287 kV 线路。

第二次世界大战期间,德国试验 4 分裂导线,解决了 380 kV 线路电晕问题,并制成 440 kV 汞弧整流器,建成从易伯(Elbe)至柏林的 100 km 地下直流电缆,大大促进了超高压交流输电的发展和直流输电的振兴。

美国于 1955 年、1960 年、1963 年、1970 年和 1973 年分别制成并投运 30 万 kW、50 万 kW、100 万 kW、115 万 kW 和 130 万 kW 汽轮发电机组。1954 年,苏联研制成功第一台 5 000 kW 核电机组。1973 年,法国试制成功 120 万 kW 核反应堆。1954 年,瑞典首先建立了 380 kV 线路,采用 2 分裂导线,距离 960 km,将北极圈内的哈斯普朗盖特(Harspranget)水电站电力送至瑞典南部。1954 年,苏联在奥布宁斯克建成第一座核电站。

1964 年,美国建成 500 kV 交流输电线路。苏联也于同年完成了 500 kV 输电系统。1965 年,加拿大建成 765 kV 交流线路。1965 年,苏联建成±400 kV 的 470 km 高压直流输电线路,送电 75 万 kW。1970 年,美国建成±400 kV 的 1 330 km 高压直流输电线路,送电 144 万 kW。1989 年,苏联建成一条世界上最高电压 1 150 kV 输电线路,长 1 900 km。

从 20 世纪开始,随着计算机、微电子、材料科学等新兴学科的出现,高电压与绝缘技术这门学科的内容也正日新月异地得到改造和更新。电压等级也越来越高,尤其是中国的特高压,引领了特高压输电的标准,中国将带动其他国家,构建全球能源互联网。

二、中国电力发展简史

中国的电力工业始于 1882 年(清光绪八年)上海南京路第一次装机发电,至今已有 140 多年的历史。中国电力工业披荆斩棘,完成了从亦步亦趋、奋力追赶,到并驾齐驱、部分领先的角色转换。

(一)中国电力的萌芽

1882 年 7 月 26 日傍晚 7 点,上海外滩 6.4 km 长的供电线路上串联的 15 盏弧光电灯亮起。路灯的电,来自中国第一家发电厂。这一天,中国的电力事业从上海起步。然而,这个在中国大地上诞生的第一个发电厂,属于英国人创办的上海电气公司。

1888 年,北京城的第一盏电灯在慈禧太后寝宫亮起。京城的官员、富户陆续用上电灯。到辛亥革命前,中国有 20 余座城市新建电灯厂,也相应地有了少量的供电线路。全国的发电装机总容量只有 2.7 万 kW。

1912 年,中国第一座水电站——云南昆明石龙坝水电站投产,这是中国水力发电事业的开端。

火电方面,伴随上海的发展,始建于 1908 年的杨树浦电厂(见图 2-6)不断增容,于 1923 年成为远东第一大电厂。

1921 年,长 32 km、电压等级 23 kV 的昆明石龙坝水电站送出线路建成,中国有了第一条万伏级输电线路。1930 年,国民政府颁布了《电气事业条例》,逐渐统一了频率和电压。

图 2-6　1908 年的杨树浦电厂

频率采用 50 Hz，用户电压为 380 V 与 220 V。这是中国电力工业最早的标准化，且沿用至今。

到 1949 年，历经战火与磨难的中国电力工业已经有 67 年的历史，却如同一个孱弱幼儿——电厂凋零、设备残旧，电网薄弱、运行维艰。这一年，美国的年发电量是中国的 60 多倍。

(二) 中国电力的初步发展

1949 年 10 月 1 日，毛主席在天安门城楼上按动电钮，天安门前第一面五星红旗由电力驱动冉冉升起。中华人民共和国诞生了，中国电力事业也获得新的生命力。

1953 年，中国启动第一个五年计划。作为主要基础设施，电力工业开始规模发展。1956 年，国产第一台 6 000 kW 火电机组（见图 2-7）在淮南电厂投运，我国终于可以自己制造火电设备了。

图 2-7　国产第一台 6 000 kW 火电机组

1955 年，我国自行设计和施工的第一条 110 kV 输电线路——京官线建成，配合官厅水电站电力送出。这比国外同等级迟了近 50 年。1954 年，中华人民共和国第一条 220 kV 线路——松东李线投运,满足丰满电厂水电外送需要,确保了辽南地区恢复和发展工业的用电。此时,世界上第一条 220 kV 线路已经问世 31 年。到 1958 年,全国初步形成了东北、京津唐、晋中、南(南京)锡(无锡)常(常州)、合肥、上海、鲁中、郑洛、赣南等地电网,陕甘川滇也围绕省会城市形成了电网。联网提高了供电可靠性,扩大了供电范围,也为完成“一五”计划做出了贡献。此后的十几年里,北京高井、辽宁朝阳、江苏望亭、河南姚孟,相继投运国产的 10 万 kW、20 万 kW、30 万 kW 火电机组。

1969 年,我国首座自行设计、施工、设备制造的百万千百级水电站——刘家峡水电站,在黄河上游投运。1972 年,刘家峡电厂水电外送的刘天关线投入运行。这是我国第一条 330 kV 输电线路,仍然比世界同等级输电工程晚了 20 年。20 世纪六七十年代,除西北电网外,中国电网逐步通过 220 kV 线路互联,以 220 kV 线路为主网架,以省域为主要供电范围的省级电网开始形成。

(三)中国电力的茁壮成长

20 世纪 80 年代,全国电力行业开始千方百计建电厂、多发电。一批大型水电站、坑口火电站以及核电站陆续兴建。

1988 年底,当时的万里长江第一坝——葛洲坝水利枢纽工程建成,装机容量 271. 5 万 kW。2009 年,三峡水利枢纽工程(见图 2-8)全部完工,总装机容量 2 250 万 kW,年发电量超过 1 000 亿 kW · h,至今仍然是世界上规模最大的发电站。

图 2-8 三峡水利枢纽工程

1991 年 12 月,中国自行设计建造的秦山 30 万 kW 核电站并网成功,实现中国内地核电零的突破。

1994 年,中国引进国外技术建成内地第二座核电站——大亚湾核电站。电源发展如此迅速,迫切需要更高电压等级、更加坚强的电网。1981 年 12 月 22 日,我国第一条 500 kV 超高压输电线路——河南平顶山至湖北武昌输变电工程竣工。湖北、河南两省联网加强,扩大了电网容量。中国成为世界上第 8 个拥有 500 kV 线路的国家。1990 年,葛洲坝—上海±500 kV 直流输电工程连起了华中、华东电网。

历时 10 年建设的三峡到江苏常州、广东、上海 3 条±500 kV 线路,将水电源源不断送入东部、华南的负荷中心。奔跑的脚步从不停歇,进入 21 世纪,中国电力工业厚积薄发。

2004 年,我国成为世界上水电装机容量最多的国家。2014 年,全国水电发电量首破 1 万亿 kW · h,约占全国总发电量的 1/5。截至 2015 年 10 月底,中国在建核电机组数达到世界第一,还拥有了自主知识产权、世界先进的三代核电技术。规模化的电源与先进的大电网相伴相生。

2009 年 1 月,晋东南—南阳—荆门 1 000 kV 特高压交流试验示范工程建成;2010 年 7 月,向家坝—上海±800 kV 特高压直流工程建成投产。中国电网全面进入特高压交直流混合电网时代;2011 年,青藏联网工程投运;2014 年 11 月,川藏联网工程投运。除台湾省外,中国各省电网全部实现交直流联网。2014 年,中国特高压技术走出国门。2015 年,中国核电技术走出国门。中国电力,在世界上成为一个响亮的名字。

不仅仅只是规模,中国电力生产、传输和消费都更为“绿色”。

2004 年底,中国风电装机容量仅有 74 万 kW,2011 年已达 6 236 万 kW,中国成为世界第一风电大国。到 2017 年,我国光伏发电装机总容量超过 1.3 亿 kW,新增装机容量已连续数年全球第一。光伏发电设备检修见图 2-9。

图 2-9　光伏发电设备检修

2017 年、2018 年,青海电网先后实现了连续 7 d、连续 9 d 全部使用清洁能源供电。这是一项新的世界纪录。电已然从百年前的“奢侈品”,成为我们生活中无处不在的伴侣,使我们的生活更清洁、更智慧、更美好。

三、中国电力的骄傲与奇迹

1949—2019 年,在这 70 年里,特别是改革开放以来,作为国民经济重要的基础产业,中国电力工业实现了很多世界第一,向世人见证了中国速度和电力奇迹。

(一)世界第一的发电装机容量

1949 年,中国发电装机容量 184.86 万 kW。2018 年底,中国发电装机容量 189 967 万 kW,增长 1 026.6 倍,位居世界第一。全国发电装机容量从 1949 年的微乎其微到 1987 年的 1 亿 kW,中国共用了 38 年时间。

从 1 亿 kW 发展到 2 亿 kW,用了 8 年时间;从 2 亿 kW 到 3 亿 kW,缩短到 5 年;从 3 亿 kW 到 4 亿 kW,又缩短为 4 年;从 4 亿 kW 到 5 亿 kW,则只用了 19 个月;从 5 亿 kW 到 6 亿

kW,从6亿kW到7亿kW,我们都分别用了不到12个月的时间！至此,中国发电装机容量开启了“开挂”的增长速度,2013年中国发电装机容量超越美国,开始跃居世界第一。

(二)世界第一的全国发电量

1949年,中国年发电量仅为43亿kW·h。2018年,达到71 117.7亿kW·h,增长1 653.9倍,年均增长11.3%,总量超过全球发电量(26 614.8 TW·h)的1/4。我国发电装机容量和发电量见图2-10。

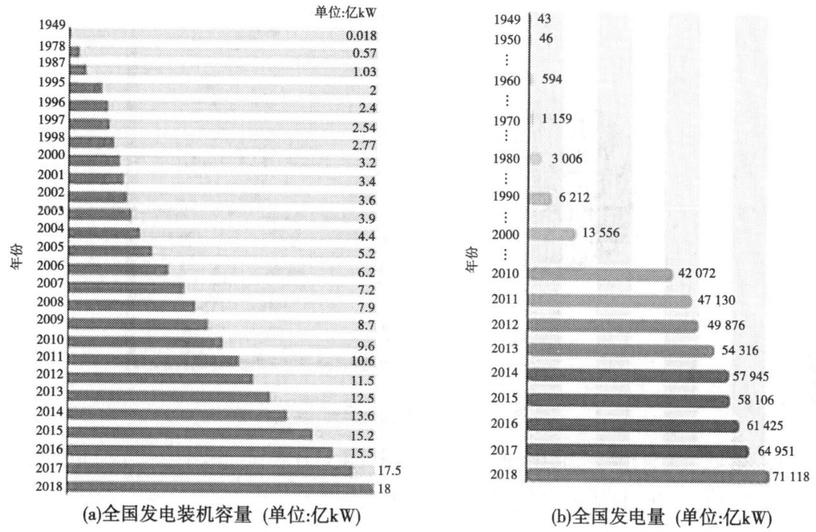

注:图中数据为方便标示四舍五入。

图2-10 我国发电装机容量和发电量(1949—2018年)

2011年,中国发电量登上了世界第一的宝座,中国成为世界第一电力大国。2016年,中国超越美国成为世界最大的可再生能源生产国。2018年,当全世界发电量增速为3.7%的时候,中国仍以接近10%的迅猛增速领跑全球。

目前,中国的发电量已经比美国多50%以上,大约是欧盟的2倍,相当于美国、日本、俄罗斯三国的总和。

(三)世界第一的全社会用电量

1949年,我国全年实际用电量仅34.6亿kW·h;2018年,全社会用电量68 449亿kW·h,同比增长8.5%,是1949年的1 978倍。2018年,美国终端用户的全年用电量为39 460亿kW·h,同比增长仅为2.1%。

目前,中国的工业用电差不多与全部OECD(世界经济合作与发展组织)国家的总和相当,是全球制造中心的最有力证明。

当然,用电量迅猛增长的同时,绿色电能替代也不甘落后。2018年,我国全社会电能替代电量和上一年相比增长了23%,其中每用10 kW·h电量就有3 kW·h来自清洁能源。

用电量增长的背后,还有更高质的供电保障。2018年,国家电网服务区内的供电可靠率又在99%的小数点后面增加了N位。

（四）世界第一的电网规模

1949 年，全中国的电力线路加起来只有 6 474 km；2009 年，中国电网规模排名跃居世界第一。2018 年，全国电网 35 kV 及以上输电线路回路长度 189 万 km，不算上更低的电压等级，已经是 1949 年的 292 倍，相当于绕赤道 47 圈，如图 2-11 所示。

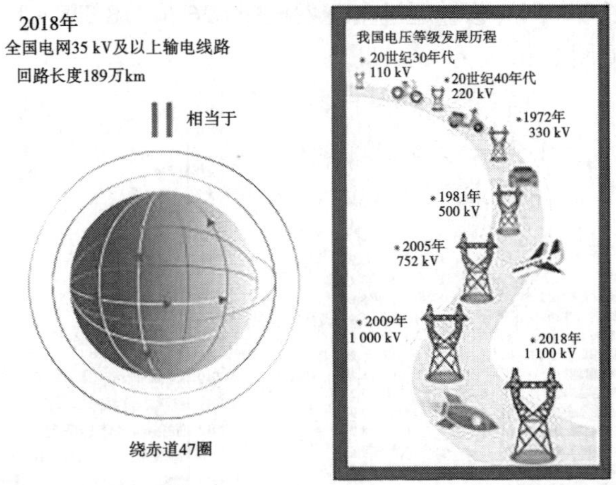

图 2-11　我国电网规模

截至 2018 年底，全国跨区输电能力达到 13 615 万 kW，其中交直流联网跨区输电能力 12 281 万 kW；跨区点对网送电能力 1 334 万 kW。

（五）世界第一的电压等级

1949 年，中国电网最高电压等级 220 kV。2018 年，中国电网最高电压等级 1 100 kV，已经是 1949 年的 5 倍，世界第一。

目前，国家电网已建成“10 交 11 直”特高压工程，数量世界第一。

中国电力从“摸着石头过河”，到关键技术和装备占领国际电工领域制高点，这里有着中国电力人坚持不懈的创新。如今，中国很多电力技术和设备都已经输出国外，早就实现了“中国创造”和“中国引领”！

看得见的是数据，看不见的是力量。每一份数据背后，都伴随着中国经济的腾飞。每一次腾飞背后，都有着中国人拼搏奋发的精神力量。看得见的是光芒，看不见的是能量。每一束光芒背后，都饱含了科技创新的希望。每一份希望背后，都折射着华夏五千年文明蕴含的能量。

四、“双达”战略下新型电力系统的发展趋势

依托新型电力系统建设，整合各类型能源资源，到碳中和阶段，新型电力系统将逐渐发展为更加柔性、更加开放、高度智能的能源互联网系统。加快构建以新能源为主体的新型电力系统，是实现“3060 双碳”目标的必然选择。现阶段，新型电力系统的主要特征是实现新能源高比例接入，加快信息技术与能量供给的深度融合，电力传输更加高效且富有韧性。

（一）新型电力系统是更加柔性和开放的能源互联网

新型电力系统能够高效集成各种分布式能源，通过多传感、大数据、智能管控等技术，

实现能源实体与现代信息技术的融合,优化能源生产、输送和使用;同时,继续担当分级分层能源设施的“神经”和“骨架”,加速实现系统智能调度及市场自由交易,促进分布式智慧能源计量结算场景落地,逐渐发展为柔性和开放的能源互联网。

(二)分布式微网成为大电网的重要互补项

新型电力系统丰富了原有的能源互联网概念并将其扩展为:既包括远距离、复杂庞大的能源传输系统,如全球、洲际或区域联网的能量传输共享;也能够实现区域能源就近交易,分布式微网成为大电网的重要互补项,电网将形成大量分散+集中的拓扑结构。

跨区送电是全局调配,区域供能是末端深挖,新型电力系统将部分跨区送电(特高压)转移到局域用能上,将更加注重能量的就地就近消纳。未来局域智能微网将成为重要的供能形式,和跨区送电方式相互补充、相互支撑。

(三)户用光伏将是重要的发展形式

截至2020年底,我国光伏发电累计装机容量2.5亿kW,其中集中式电站占比68.93%,分布式光伏占比31.07%。与集中式光伏发电相比,分布式光伏就地消纳的输电成本和损耗较低,加上受土地、环境等约束更少等特征,新型电力系统中,户用光伏将帮助实现地区可再生能源电量的高比例自给。

(四)区块链技术将在新型电力系统中得到应用

区块链被认为是继蒸汽机、电力、互联网之后真正具有变革潜力的颠覆性技术,助推能源互联网升华到2.0形态。与传统技术相比,区块链具有四大优势:①采用分布式核算和存储,系统效率大大提高;②通过智能合约共享资源,不依赖于中间机构的数据备份和信用背书;③公开透明、自动执行、强制履约;④不可篡改,信息添加至区块链即永久封存,无法在单个节点修改数据。

区块链的去中心化实现了电力生产者、售电部门和消费者的“直连”,将分散的新能源发电接入现有电网,实现不借助中心结算的点对点直接交易,资源利用更加集约高效。基于区块链技术的区域售电将成为智慧能源的重要突破口。对于电力/能源区块链技术的研究,目前世界各国基本处于同一起跑线,区块链与“互联网+”的结合将引发能源领域新一轮的技术革命。

(五)将形成新的智慧能源商业模式和生态

新型智慧能源商业模式特点:①用户和发电厂实现点对点的电力交易;②分散决策;③决策调度:未来电力调度的客体是大量的分布式能源以及智慧用电负荷,通过区块链生成调度决策;④实现市场竞争的帕累托最优,资源配置效率较高。

智慧用能还原了能源的商品属性,建立起竞争、开放、有序的供能和用能市场,对冷、热、电等资源进行优化配置,达到竞争性供需平衡的状态,大幅提高微网的用能效率和效益。智能控制+新型电力交易将为我国的碳交易、微电网、智慧能源等注入新的生机,推动智慧电力/能源生态形成和能源体制机制重建。

(六)用能更加智能、精确、经济

与传统能源、电力用能模式相比,区域电力互联网系统的电力生产商、配电运营商、传输运营商和供、用能单位,可以直接在各个层次上进行交易,电量结算不再依靠传统电力结算平台,个人或企业可以直接进行点对点交易,能源的商品属性和金融属性将进一步凸显。

基于分布式账本和智能化合约的新型电力交易，将在发电和用电间建立起一种智能连接，利用区块链计算技术，大幅降低交易成本，提升交易效率；实现用户与电源、电网的柔性互动，用户侧负荷参与需求侧响应；由集中式整体平衡向分散化决策、帕累托最优的局部微平衡发展，将极大提升能源消费供给的柔韧度和透明度，用能更加智能、精确、经济。

（七）终端用能将和移动互联、智能家居进一步融合

第四次工业革命建立在数字感知的基础上，智能传感器及控制设备将万物紧紧相连，能源商品市场化、供应多样化、系统分散化及电网智能化将成为越来越清晰的发展趋势。

未来通过移动互联设备的语音交互、体感交互、无线通信等手段，便可以控制家中用能设备，冷、热、电、气等能量通过能源路由器、竞争性交易平台进行分配重组，实现信息交互和匹配性用能。

（八）可再生能源渗透率更高

2030 年之前近十年时间，是各地新型电力系统、能源物联网发展、壮大的重要战略突破期，能源设施逐步实现互联互通，随着智能控制和储能的突破，能量可被存储也可随时调用，用能选择性将更广，光伏等可再生能源在家庭和企业用能中的占比将有所提高。区域新型电力系统中，可再生能源渗透率的相关指标都将进一步提高（包括 η_1 = 可再生能源发电装机容量/电网内峰值负荷，η_2 = 清洁能源发电量/总用电量等）。

（九）新型电力系统呼唤新型储能技术的突破

未来发电设备将逐渐呈现分散化的特征，电网拓扑结构也随之发生改变，电化学储能、氢能等新型储能作为产业链的重要环节，将进一步发挥削峰填谷作用。但目前储能产品成本还较高，用户侧储能盈利手段更多在于峰谷电价差套利，辅助服务市场的激励作用还没有体现出来。新型电力系统建设期待着储能技术的突破和发展。

【课后实践】

1. 请同学们课后查阅相关资料，了解什么是碳中和、碳达峰。
2. 请同学们课后思考，对于我国的“碳中和、碳达峰”战略，我们能做什么？

任务二　电力系统基础知识

学习目标

能力目标

1. 能说出发电厂及变电站中主要电气一次设备的作用和特点；
2. 了解当前智能变电站和智能电网技术的发展。

知识目标

1. 了解发电厂和变电站的类型、作用；
2. 理解电力系统和电力网的概念；
3. 了解电力负荷的分类；
4. 掌握电力系统中主要电气一次设备的作用和特点；
5. 了解智能变电站和智能电网。

素质目标

1. 树立民族自信心和自豪感；
2. 帮助学生思考自己的职业与民生的关系，建立职业使命感与责任感；
3. 培养学生科学严谨的工作态度和精益求精的工匠精神。

一、发电厂和变电站的类型

（一）发电厂的类型

发电厂是把其他形式的能量（如燃料的化学能、水流的位能和动能、原子核能、风能、海洋能、太阳能等）转换成电能的工厂。目前，我国电力系统中的发电厂按使用能源的不同可分为以下几种。

1. 火力发电厂

火力发电厂简称火电厂，是利用燃料所蕴藏的化学能转变为电能。燃料在锅炉中燃烧时释放出热能，将水加热成一定温度和压力的蒸汽，然后利用蒸汽推动汽轮机旋转，带动发电机发电。目前，我国电力系统中仍以火电厂为主，所占比例约为 70%。火电厂分为凝汽式电厂和热电厂两种，所用的燃料主要是煤、石油和天然气三种。

2. 水力发电厂

水力发电厂简称水电厂，是利用江河的水从上游流到下游时位能的变化，将水能变为电能。水电厂中发电机的原动机是水轮机，河水冲动水轮机旋转，带动发电机发电。水电厂的功率与水的流量和上下游水位落差的乘积成正比。按照取水方式，水电厂可分为以下几种：

（1）坝式水电厂。在河流上选择地质条件较好的适当位置，修建拦河坝，形成水库，抬高上游水位,使坝的上下游水位形成较大的集中落差,引水发电。我国水电厂多为坝式水电厂,如黄河上游的刘家峡水电站等。

(2)径流式水电厂。利用有高落差的急流河道建坝,但不形成水库,将水引入水轮机。这种水电厂只能按天然河水流量的多少来发电,如我国长江中游的葛洲坝水电站等。

(3)抽水蓄能电厂。它是一种特殊形式的水电厂,其建筑物情况与坝式水电厂相同,但其机组可按水轮机-发电机方式运行发电,也可按电动机-水泵方式运行抽水。当电力系统中负荷低时,机组按电动机-水泵方式运行,利用系统中的多余电力,将下游水库中的水抽到上游水库中去,储存起来。待电力系统中高峰负荷时,上游水库放水,机组按水轮机-发电机方式运行发电,供电力系统使用。我国已规划在一些地区兴建较多的抽水蓄能电厂,如广州抽水蓄能电厂等。

3. 核能发电厂

核能发电厂与一般火电厂的基本原理相同,发电设备仍为普通的汽轮机和发电机,不同的是在核电厂中用核反应堆和蒸汽发生器代替火电厂中的锅炉设备,核电厂可建成凝汽式电厂或热电厂。利用核能可大大减少燃料的开采、运输和存储的困难及费用,发电成本低,核电厂不释放 CO_2、SO_2 等气体,有利于环境保护。目前,我国已建成了多座核电厂,如大亚湾核电站、秦山核电站、田湾核电站等。

4. 风力发电厂

风力发电厂是将风能转换为电能。风能属于可再生能源,不能直接存储,而且具有随机性。在风能丰富的地区,按一定的排列方式成群安装风力发电机组,组成集群,其机组可多达几百上千台,是大规模开发利用风能的有效形式。目前,我国的新疆、内蒙古、宁夏等地都是风力发电厂比较集中的地区。

5. 海洋能发电厂

海洋能是蕴藏在海水中的可再生能源,如潮汐能、波浪能、海流能、海洋温差能、海洋盐差能等。潮汐能发电厂已实用化,小型波浪能发电装置正逐步商品化,其他三种海洋能发电处于试验研究阶段。

6. 地热发电站厂

利用地下蒸汽或热水等地球内部热能资源发电,称为地热发电。由于地热能是储存在地下的,因此不会受到任何天气状况的影响,并且地热资源同时具有其他可再生能源的所有特点,随时可以采用,不带有害物质。拉萨市郊羊八井热电厂是我国第一座地热发电厂。

7. 太阳能电站

太阳能电站利用从太阳向地球辐射的光能发电。其发电方式有太阳能热发电和光伏发电两种。太阳能发电系统主要包括太阳能电池组件、控制器、蓄电池、逆变器、负载等。其中,太阳能电池组件和蓄电池为电源系统,控制器和逆变器为控制保护系统,负载为系统终端。由于太阳能具有取之不尽、用之不竭、无污染等特点,太阳能电站已成为未来发展的又一趋势。

8. 生物质能发电厂

生物质能发电的原料主要有农作物秸秆、人畜粪便、有机垃圾及工业有机废水等,建成的发电厂有垃圾焚烧电厂、沼气发电厂、秸秆发电厂等。

(二)变电站的类型

变电站是电力系统中重要的中间环节,它的作用是变换电能电压,以及接收和分配电能。变电站根据在系统中的地位和作用可分为以下几类:

(1)枢纽变电站。一般为 500 kV 或 220~330 kV 特别重要的变电站,其在系统中处于枢纽地位,连接系统高压和中压的几个部分,汇集多个大电源和大容量联络线。其特点是电压等级高、变电容量大、出线数目多;全站停电后,将引起系统解列,造成大面积停电。

(2)中间变电站。一般设在高压和超高压主要环形线路或系统主要干线的接口处,其高压侧有系统功率穿越通过。此外,降压给附近地区供电,一般出线数目不多。

(3)地区变电站。主要给所属地区供电,是一个地区或中等城市的主要变电站,电压等级一般为 220 kV 及以下。

(4)终端变电站。多为 1~2 回线路接入,接线简单,位于负荷点附近,电压等级多为 35 kV 及以下。

随着电力系统的发展及高一级电压电力网的出现,变电站在系统中的地位和作用会发生变化,如过去的 220 kV 枢纽变电站,在今天会逐步下降为地区变电站。

二、电力负荷分类

(一)按照电力系统中负荷发生的不同部位分类

(1)发电负荷。指电力系统中发电厂的发电机向电网输出的电力。对电力系统来说是发电厂向电网的总供电负荷。

(2)供电负荷。指电力系统向电网输出的发电负荷扣除厂用电及发电厂变压器的损耗和线路损耗以后的负荷。

(3)线损负荷。指电力网在输送和分配电能的过程中,线路和变压器功率损耗的总和。

(4)用电负荷。指电力系统中用户实际消耗的负荷。一般供电负荷扣除线损负荷可计为用电负荷。

(二)按照电力系统中负荷发生的不同时间分类

(1)高峰负荷。又称最高负荷,是指电网或用户在 1 d 内所发生的最高负荷值。

(2)低谷负荷。又称最低负荷,是指电网中或某用户在一天 24 h 内发生的用量最少的一段时间的小时平均电量。

(3)平均负荷。指电网中或某用户在某一段确定时间阶段的平均小时用电量。

三、电能质量

(一)电能质量的指标

衡量电能质量的指标,主要有以下四个方面。

1. 电压

供电系统应保持额定的电压向用户供电,用户受电端电压的波幅不应超过:

(1)35 kV 及以上供电用户和对用电质量有特殊要求的用户为额定电压的±5%。

(2)10 kV 及以下高压供电户和低压电力用户为额定电压的±7%。

(3)低压照明用户受电端电压变动幅度为额定电压的±(5%~10%)。

2. 频率

供电系统应保持额定的频率运行,一个国家或地区电气设备的额定频率是统一的,当前世界上通用的频率为50 Hz和60 Hz,我国和世界上大多数国家的额定频率为50 Hz,美国、加拿大、朝鲜、日本等国采用的额定频率为60 Hz。

供电频率的偏差会对电感性、电容性的电气设备造成特别严重的不良影响。供电系统供电频率的允许偏差值为:

(1)电力网容量在300万kW及以上者,要求绝对值不大于0.2 Hz。

(2)电力网容量在300万kW以下者,要求绝对值不大于0.5 Hz。

3. 波形及三相电压的对称性

对供电质量的要求,目前已经将非正弦波和电压的不对称度列入指标之内。由于电力工业的发展,特别是可控硅设备的大量应用,在电力系统中产生了大量的谐波源,导致电压波形畸变。同时由于系统中接入了大功率的单相设备或系统中出现了不对称性故障,影响了系统的电压质量和三相电压的对称性。因此,供电部门应对用电负荷进行调查和加强管理。系统中三相电压的不对称度一般不应超过额定电压的5%。

(二)供电可靠性

供电可靠性指对用户不间断地供电,若重要负荷发生突然中断供电将会造成十分严重的后果。影响供电可靠性的因素有多种,如设计的合理性(双路或多路是否具有自备发电机)、电力网的结构、供电设备的质量、供电运行方式的科学性与自动化程度、维护检修是否及时、运值人员的基本素质和变配电系统的管理等。可靠性具体要求还与用户的负荷级别相关,因此必须从规划设计、设备维护、正确操作、加强运行管理、减少事故停电时间等方面着手,来提高供电的可靠性。供电可靠性是衡量供电质量的重要指标之一,一般以全年平均供电时间占全年时间的百分数来衡量供电可靠性。一般规定,35 kV及以上供电系统,年停电次数不超过1次;10 kV供电系统,年停电次数不超过3次;对于重要用户,应提前7 d通知。以停电时间与年运行小时数的比值作为是否超标的依据。

四、电力系统短路

(一)电力系统短路的基本概念

1. 短路的概念

电力系统中一切不正常的相与相之间或相与地之间发生通路的情况称作短路,短路是电力系统的严重故障。

2. 产生短路的原因

(1)电气设备绝缘受损、老化。

(2)气象条件恶化,如雷击过电压闪络、大风、覆冰等。

(3)违章操作,如带负荷拉刀闸、未拆地线合闸送电等。

(4)其他原因。

3. 三相系统中可能发生的短路类型

(1)对称短路:三相短路$k^{(3)}$。

(2)不对称短路:单相接地短路 $k^{(1)}$、两相短路 $k^{(2)}$、两相接地短路 $k^{(1,1)}$。

三相系统短路类型如表 2-1 所示。

表 2-1　三相系统短路类型

短路种类	示意图	代表符号
三相短路	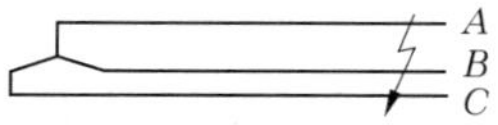	$k^{(3)}$
两相短路	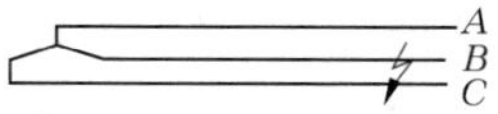	$k^{(2)}$
单相接地短路	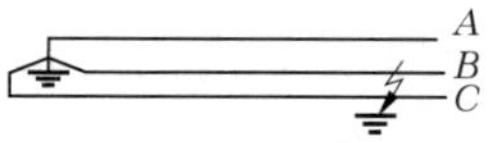	$k^{(1)}$
两相接地短路	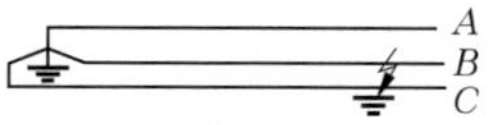	$k^{(1,1)}$

4. 短路的现象

短路电流比正常值大许多倍,系统电压严重下降。

5. 短路的后果

(1)短路电流所产生的电动力效应使电气设备受到严重的机械损坏。

(2)短路电流使设备发热而损坏。

(3)短路使系统电压大幅度下降,对用户影响很大,如电动机的运行。

(4)破坏系统稳定,造成大面积停电。

(5)对通信的干扰。

(二)电弧

1. 电弧的概念

当开关电器开断电路,电压和电流达到一定值时,触头刚刚分离后,触头之间就会产生强烈的白光,称为电弧。

2. 电弧的本质

电弧的本质是一种气体放电现象。

3. 电弧放电的特征

(1)电弧温度很高(表面 3 000~4 000 ℃,弧心可达 10 000 ℃)。

(2)电弧是一种自持放电现象(不依赖外界电离条件,仅由外施电压作用即可维持的一种气体放电现象)。

4. 电弧的危害

(1)电弧的存在延长了开关电器开断故障电路的时间,加重了电力系统短路故障的危害。

(2)电弧产生的高温,将使触头表面熔化和蒸发,烧坏绝缘材料。对充油电气设备还可能引起着火、爆炸等危险。

(3)由于在电动力、热力作用下能移动,容易造成飞弧短路和伤人,或引起事故的扩大。

五、电力变压器

变压器是运用电磁感应原理制作的,它具有变换电压、电流和阻抗参数的功能。在电力系统中,利用变压器可以实现经济地输送电能,方便地分配电能,安全地应用电能。发电机发出的电压一般是 10.5~20 kV,为了减少线损和电压损失,缩小导线截面,需要通过升压变压器将电压升高,以便经济合理、远距离地大量输送电能。而高压电能送到用电地区后不能直接应用,还需要用降压变压器逐级降压,将高电压变为用户需要的电压。

(一)变压器的结构

目前,油浸式变压器使用最广泛,中小型油浸式变压器的总体结构如下所述。

1. 油箱与冷却装置

油箱是变压器的外壳,由钢板焊成,以盛装器身(包括铁芯和绕组)和变压器油。为了加强冷却,一般在油箱四周装有散热器,以扩大变压器的散热面积。20 kVA 及以下变压器的油箱,一般不装散热片。

2. 器身

1)铁芯

铁芯是变压器的主要部件之一,用以构成变压器的主磁路。为降低变压器本体的电能损耗,变压器铁芯都采用导磁率高且涂有绝缘漆的硅钢片叠成。三相变压器的铁芯通常为三柱式,直立部分叫铁芯柱,横向部分叫铁轭,构成闭合的三相磁路。铁芯采用全斜接缝交叠方式叠装,斜接缝可降低铁芯柱到铁轭拐弯处的附加损耗。

2)绕组

绕组也是变压器的主要部件之一,用以构成变压器的电路。绕组置于铁芯柱之外,当铁芯柱内的磁通交变时便产生感应电动势。绕组是用具有高强度绝缘物的铜线或铝线绕成的,配电变压器的绕组多为圆筒形,按同心方式排列,低压绕组靠近铁芯柱,高压绕组套在低压绕组的外面。高、低压绕组之间以及低压绕组与铁芯柱之间都用绝缘套筒绝缘。为了便于散热,在绕组之间还留有油道。

3. 保护装置

1)油枕(储油柜)

油枕在油箱的顶端,其容积为油箱容积的 8%~10%,油枕和油箱之间有管子连通。油枕的作用是减少油和空气的接触,减少变压器油受潮和氧化的机会。变压器油的体积随温度变化而膨胀或缩小时,油枕起着储油和补油的作用,使油面的升降限在油枕内。油枕装有呼吸器,使油枕上部空间和大气相通。油枕的侧面装有油标,指示变压器在运行时油量是否充足,同时也能判别油色是否正常。

2)防爆管

防爆管又称安全气道。顶部的防爆膜为一定厚度的玻璃或酚醛纸板。当变压器内部发生严重故障时,油箱内油的压力骤增,可以冲破顶部的玻璃或酚醛纸板,使油和气体向外喷出,以防止油箱破裂。

3)温度计

温度计安装在油箱上盖的测温筒内,用来测量油箱内上层油温,监视变压器运行温度,保证变压器的安全运行。35 kV 电压等级的变压器,常用的是信号温度计和水银温度计。在容量较大的变压器上装有信号温度计。

4)气体继电器

气体继电器(俗称瓦斯继电器),装在油箱或油枕的连管中间,当变压器油面降低或有气体分解时,轻瓦斯保护动作,发出信号。当变压器内部发生严重故障时,重瓦斯保护动作,接通断路器的跳闸回路,切除电源。另外,利用气体继电器还可以观察故障时分解出的气体颜色及数量,以分析判断变压器内部故障的情况。

5)吸湿器

吸湿器又叫呼吸器,它的作用是使大气与油枕内连通,并排除进入油枕内的空气中的水分及杂质。吸湿器内装有硅胶,用以吸收进入油枕中空气的潮气。呼吸器下端有一个油封装置,空气不能直接进入油枕内,以减少变压器油的受潮和氧化。当硅胶吸潮后颜色由蓝(或白)色变为淡红色时,表明硅胶已失去吸潮能力,须及时更换新硅胶。变色后的硅胶在 140 ℃高温下烘焙 8 h 使水分蒸发,硅胶又会还原成蓝色(或白色),可重新使用。

6)净油器

净油器又称热虹吸过滤器,用以改善运行中变压器油的性能,防止油的迅速老化。其内装满吸附剂(硅胶),运行中的变压器油由于油箱内上、下有温差,可使变压器油从上向下经过装在变压器油箱一侧的净油器形成对流,油流过硅胶后,其中的水分、杂质、酸和氧化物就会被吸附剂吸收,从而使油净化,延长变压器油的运行周期。装置的投入或退出应根据油质化验结果确定,以防止油的过度净化。

4. 调压装置

变压器的调压一般是通过分接开关来实现的。调整分接开关挡位可改变绕组匝数,以达到调压的目的。调压方式分为无载调压和有载调压两类。

1)无载调压

无载调压是在变压器一、二次侧都脱离电源的情况下,变换高压侧分接头来改变其绕组匝数进行调压的。6~10 kV 双绕组电力变压器多用三相中性点调压方式。电压的调节范围为额定电压的±5%。

2)有载调压

有载调压是利用有载分接开关,在保证不切断负载电流的情况下,变换高压绕组分接头,来改变其匝数进行调压的。有载调压变压器的抽头较多,调压范围较广。有载调压还有利于提高供电质量,还可用于网络之间负载分配的合理调整。

5. 出线装置

为了将绕组的引出线从油箱内引到油箱外,使带电的引线穿过油箱时与接地的油箱之间保持一定的绝缘,常采用绝缘套管作为固定引线,并与外电路连接。

(二)变压器工作原理

变压器是根据电磁感应原理将某一等级的交流电压变换成同频率另一等级的交流电压的设备。图 2-12 是单相变压器结构原理图。在闭合铁芯回路的芯柱上绕有两个互相绝缘的绕组。与电源相连接的绕组叫一次侧绕组,其匝数为 N_1;与负载相连接的绕组叫二次侧绕组,其匝数为 N_2。

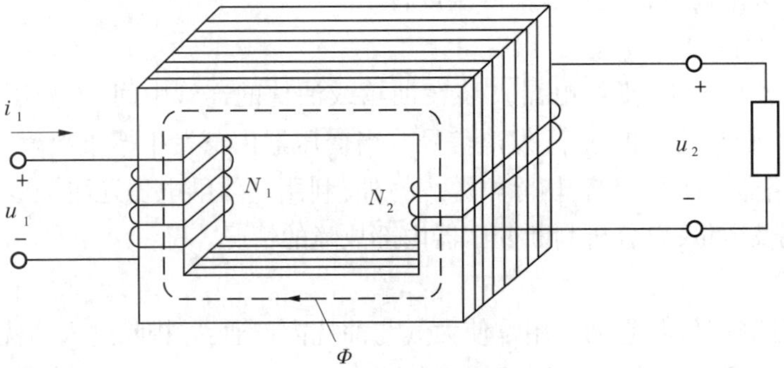

图 2-12　单相变压器结构原理图

1. 变压器二次侧开路

绕组匝数多的一侧电压高,匝数少的一侧电压低。由于变压器一、二次侧的绕组匝数不相等,故可起到变换电压的作用。当电源接至高压侧时,称该变压器为降压变压器;当电源接至低压侧时,称该变压器为升压变压器。

2. 变压器二次侧接负载

当变压器负载运行时,一、二次电流与一、二次侧绕组的匝数成反比,这是变压器能改变电流的道理。变压器一、二次侧绕组的功率基本相等(忽略损耗),这是变压器能够传递功率的道理。

三相变压器的工作原理与单相变压器的工作原理相同。对于三相变压器,高低压侧绕组匝数的比值 K 等于高压侧与低压侧相电压的比值,也等于低压侧与高压侧相电流的比值。高、低压侧的线电压、线电流应按具体接线方式推算。

六、电力线路

(一)电力线路概述

1. 电力线路的分类

电力线路是用于电力系统两点之间输电的导线、绝缘材料和各种附件组成的设施,是电力网的一部分,其作用是输送和分配电能。电力线路按功能可分为输电线路和配电线路。输电线路是指架设在发电厂升压变电所与地区变电所之间以及地区变电所之间的线路,是用于输送电能的。

配电线路是指从地区变电所到用户变电所或城乡电力变压器之间的线路,是用于分配电能的,有高压配电线路、中压配电线路和低压配电线路。电力线路按架设方式分为架空电力线路和电力电缆线路。

2. 电力线路在电力系统中涉及的范围

1) 输电线路

输电线路一般电压等级较高,磁场强度大,击穿空气(电弧)距离长。35 kV、110 kV、220 kV、330 kV(少数地区)、660 kV(少数地区)、DC/AC500 kV、DC800 kV,以及新建的上海 1 000 kV 都属于输电线路。它是把发电厂发出的电经过升压站升压之后,输送到各个变电站,再将各个变电站统一串、并联起来就形成了一个输电线路网,连接这个"网"上各个节点之间的"线"就是输电线路。

2) 配电线路

从降压变电站把电力送到配电变压器或将配电变压器的电力送到用电单位的线路称为配电线路。高压配电线路是指从降压变电站把电力送到配电变压器,或将配电变压器的电力送到用电单位,电压等级在 110 kV 及以上的线路。中压配电线路是指从降压变电站把电力送到配电变压器,或将配电变压器的电力送到用电单位,电压等级为 35 kV、10 kV、6 kV、3 kV 的线路。低压配电线路主要用于人工照明和电器使用,电压等级为 220 V、380 V。

3. 电力线路安全运行的重要性

电力系统从发电厂、变电站、输配电线路到电力用户,有成千上万的设备及其控制和保护装置,它们分布在各种不同的环境和地区,都可能发生不同类型的故障或事故,影响电力系统正常运行和对用户的正常供电。各种故障和事故造成的用户停电,会给工农业生产和人民生活造成不同程度的损失,一般来说,会造成产量下降、质量降低,严重时会造成设备损坏。供电可靠性是供电的重要指标。电力线路安全运行对提高供电的可靠性,对国民经济的发展,对人身和设备的安全都起着至关重要的作用。

(二)架空电力线路

1. 架空电力线路的构成及作用

架空电力线路的构成主要包括杆塔及其基础、导线、绝缘子、拉线、横担、金具、防雷设施及接地装置等。

1) 杆塔种类及使用特点

杆塔是架空电力线路的重要组成部分。其作用是支持导线、避雷线和其他附件。杆塔的形式和尺寸应能使导线与导线之间、导线与避雷线之间、导线与杆塔本身之间,以及导线对大地和交叉跨越物之间,有足够的电气安全距离。

(1)按材质分类。可分为木杆、水泥杆和金属杆三种。

(2)按在线路上的作用分类。可分为直线杆塔、耐张杆塔、转角杆塔、终端杆塔、特殊杆塔等。

2) 杆塔基础作用及分类

杆塔基础是指架空电力线路杆塔地面以下部分的设施。其作用是保证杆塔稳定,防止杆塔因承受导线、覆冰、风、断线张力等的垂直荷载、水平荷载和其他外力作用而产生上拔、下压或倾覆。杆塔基础一般分为混凝土电杆基础和铁塔基础。

2. 架空导线材料、结构与种类

架空导线是架空电力线路的主要组成部件,其作用是传输电流、输送电功率。

1)架空导线材料

架空导线的材料有铜、铝、钢、铝合金等。其中,铜的导电率高、机械强度高、抗氧化抗腐蚀能力强,是比较理想的导线材料,但由于铜的蕴藏量相对较少,且用途广泛,价格昂贵,故一般不采用铜导线。铝的导电率次于铜,密度小,也有一定的抗氧化和抗腐蚀能力,且价格也较低,故广泛应用于架空线路中。但由于铝的机械强度低,不适于大跨度架设,因此采用钢芯铝绞线或钢芯铝合金绞线,可以提高导线的机械强度。

2)架空导线结构

架空导线的结构可以分为三类:单股导线、多股绞线和复合材料多股绞线。单股导线由于制造工艺上的因素,当截面增加时,机械强度下降,因此单股导线截面一般都在 10 mm^2 以下,目前广为使用的最大到 6 mm^2。多股绞线由多股细导线绞合而成,其优点是机械强度较高、柔韧、适于弯曲,且由于多股线表面氧化电阻率增加,使电流沿股线流动,集肤效应较小,电阻较相同截面单股导线略有减小。复合材料多股绞线是指两种材料的多股绞线,常见的是钢芯铝绞线,其线芯部位由钢线绞合而成,外部再绞合铝线,综合了钢的机械性能和铝的电气性能,成为目前广泛应用的架空导线。钢芯铝绞线结构如图 2-13 所示。

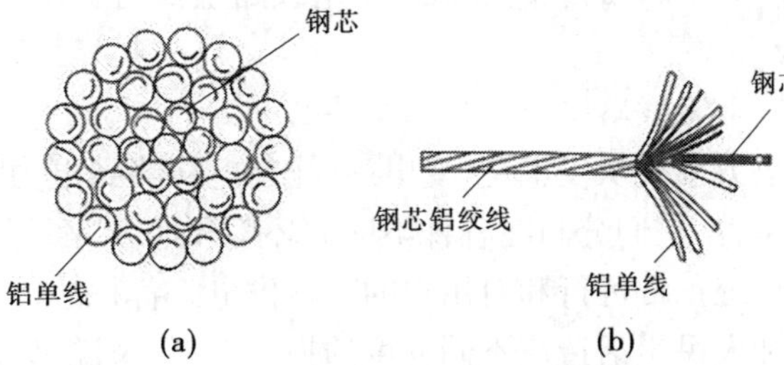

图 2-13 钢芯铝绞线结构

3)架空导线种类

a. 裸导线

(1)绞线(TJ):常用于人口稠密的城市配电网、军事设施及沿海易受海水潮气腐蚀的地区电网。

(2)绞线(LJ):常用于 35 kV 以下的配电线路,且常作分支线使用。

(3)钢芯铝绞线(LGJ):广泛应用于高压线路上。一种截面有多种钢芯可供选择,例如:LGJ-185/10、LGJ-185/25、LGJ-185/30、LGJ-185/45 等。

(4)铝合金绞线(LHJ):常用于 110 kV 及以上的输电线路上,抗腐蚀性能好。

(5)钢绞线(GJ):常用作架空地线、接地引下线及杆塔的拉线,有时大跨越也用钢绞线。

b. 绝缘导线

架空电力线路一般都采用多股裸导线,但近几年来城区 10 kV 架空配电线路逐步改用架空绝缘导线。

架空绝缘导线按电压等级可分为中压(10 kV)绝缘线和低压绝缘线;按绝缘材料可分为聚氯乙烯绝缘线、聚乙烯绝缘线和交链聚乙烯绝缘线。

(1)聚氯乙烯绝缘线(JV):有较好的阻燃性能和较高的机械强度,但介电性能差、耐热性能差。

(2)聚乙烯绝缘线(JY):有较好的介电性能,但耐热性能差、易延燃、易龟裂。

(3)交联聚乙烯绝缘线(JKYJ):是理想的绝缘材料,有优良的介电性能、耐热性好、机械强度高。

3. 绝缘子

绝缘子是一种隔电部件,其用途是使导线与导线之间以及导线与大地之间绝缘,支持悬吊导线,并固定于杆塔的横担之上,因此绝缘子应具有良好的电气性能和机械性能。此外,绝缘子长期暴露在大气中,因此对雨、雪、雾、风、冰、气温骤变以及大气中有害物质的侵蚀也应具有较强的抵御能力。绝缘子主要有针式绝缘子、柱式绝缘子、瓷横担绝缘子、悬式绝缘子、棒式绝缘子、蝶式绝缘子等。

4. 拉线

拉线的作用是在架设导线后能平衡杆塔所承受的导线张力和水平风力,以防止杆塔倾倒、影响安全正常供电。拉线与地面的夹角一般为45°,若受环境限制可适当增减,一般不超出30°~60°,拉线距杆上导线的距离应符合相关规程要求,穿越带电线路时应在上下两侧加装圆瓷套管,拉盘应垂直于拉线。

(三)电力电缆

电力电缆是用于传输和分配电能的电缆。常用于城市地下电网,发电站的引出线路,工矿企业的内部供电及过江、过海的水下输电线。在电力线路中,电力电缆线路所占的比例正逐渐增加。

1. 电力电缆的特点

1)优点

(1)不占用地上空间,不易受周围地理环境状况的影响,如树木、房屋等。

(2)供电可靠性高,不易发生事故,以及不易受自然、天气状况的影响。

(3)发生事故的可能性小,即使发生事故,只会造成跳闸,不会伤害人畜。

(4)分布电容较大。电缆的结构相当于一个电容器,无功输出非常大。

(5)运行维护工作量小,并节省运行费用。

2)缺点

(1)投资大。同样的导线截面面积,电缆的输送容量比架空线路小,但其综合投资为相同输送容量架空线路的几倍。

(2)引用分支线路比较困难。

(3)故障测寻比较困难(必须用专用仪器),事故检修周期长。

(4)电缆头制造工艺要求高。为保证电缆线路的绝缘强度和密度(主要为防止电缆终端头和中间接头受潮)的要求,电缆头制作工艺要求较高、费用高。

(5)电缆线路分布电容较大,空载时易造成线路末端电压偏高,发生单相接地故障时电流较大。

2. 电力电缆的结构

电力电缆是指外包绝缘的绞合导线,有的还包有金属外皮并加以接地。因为是三相交流输电,必须保证三相送电导体相互之间及对地的绝缘,须有绝缘层。为了保护绝缘和防止高电场对外产生辐射干扰通信等,又必须有金属防护层。为防止外力损坏还必须有铠装和护套等。

电力电缆的基本结构由线芯(导体)、绝缘层、屏蔽层和保护层四部分组成。

1)线芯

线芯是电缆的导电部分,用来输送电能,是电缆的主要部分。目前,电力电缆的线芯都采用铜和铝,铜比铝导电性能好、机械性能高,但铜比铝价高。线芯按数目可分为单芯、双芯、三芯和四芯。按截面形状又可分为圆形、半圆形和扇形。根据电缆品种与规格的不同,线芯可以制成实体,也可制成绞合线芯,绞合线芯由圆单线和成型单线绞合而成。目前我国的规格是10~35 kV的电缆有15种规格,110 kV及以上的电缆有7种规格。

2)绝缘层

绝缘层是将线芯与大地以及不同相的线芯间在电气上彼此隔离,保证电能输送,是电缆结构中不可缺少的组成部分。绝缘层材料要求选用耐压强度高、介质损耗低、耐电晕性能好、化学性能稳定、耐低温、耐热性能好、机械加工性能好、使用寿命长、价格便宜的材料。通常采用绝缘油、油浸纸、聚氯乙烯、交联聚乙烯等绝缘材料。

3)屏蔽层

屏蔽层分为内屏蔽层和外屏蔽层。内屏蔽层又称导体屏蔽层,作用是消除导体表面的不光滑(多股导线绞合产生的尖端)所引起导体表面电场强度的增加,使绝缘层和电缆导体有较好的接触。外屏蔽层又称绝缘屏蔽层,作用是使绝缘层和金属护套有较好的接触,一般采用半导电纸带。

6 kV及以上的电缆一般都有导体屏蔽层和绝缘屏蔽层。同样为了使绝缘层和金属护套有较好接触,一般在绝缘层外表面均包有外屏蔽层。油纸电缆的导体屏蔽材料一般用金属化纸带或半导电纸带。绝缘屏蔽层一般采用半导电纸带。塑料、橡皮绝缘电缆的导体或绝缘屏蔽材料分别为半导电塑料和半导电橡皮。对于无金属护套的塑料橡胶电缆,在绝缘屏蔽外还包有屏蔽铜带或铜丝。

4)保护层

保护层的作用是保护电缆免受外界杂质和水分的侵入,以及防止外力直接损坏电缆。保护层材料的密封性和防腐性必须良好,并且有一定机械强度。

七、变配电所电气一次设备

(一)高压断路器

高压断路器又叫高压开关,它配置有完整的灭弧装置和可靠的操作机构,具有足够的开断能力。高压断路器不仅可以投入和切除高压负载,而且当电力线路或设备有故障时,能够配合继电保护切除故障电流或故障电压,是发电站、变配电所中最重要、最复杂的高压开关设备。

1. 高压断路器的用途

高压断路器的主要用途如下:

(1)控制作用。在正常情况下高压断路器可通过操作控制开关接通和切除正常的空载电流和负载电流。

(2)保护作用。在供电线路或电气设备有故障时,高压断路器可配合继电保护切除故障电流或故障电压,缩小事故范围,从而起到保护供电线路和电气设备免受故障电流或电压的继续损害,确保系统安全运行。

(3)自投和重合闸作用。高压断路器在一定的条件下,与自动装置配合能够自动投入备用电源或实现一次自动重合闸,保证重要负荷不致因临时性故障而中断供电,确保重要负荷的持续供电。

2. 高压断路器的类型

断路器是根据它的灭弧介质来分类的,目前现场中使用的断路器多数为真空断路器(见图 2-14)和六氟化硫(SF_6)断路器(见图 2-15),早期使用的少油断路器和多油断路器基本上已被淘汰。

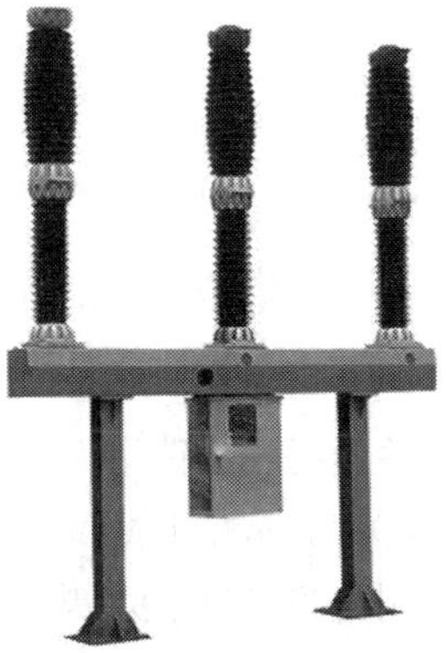

图 2-14　真空断路器

图 2-15　六氟化硫断路器

1)真空断路器

真空断路器的灭弧室(俗称真空泡)内是相对真空的。真空断路器是目前现场中 35 kV 及以下设备使用最广泛的高压断路器,随着中置柜的产生和综合自动化装置的迅猛发展,配弹簧操作机构的移动(手车)式真空断路器得到普及运用,并且因其体积较小,大大缩小了占地面积和空间,多数安装于户内。

2)六氟化硫断路器

六氟化硫断路器是用 SF_6 气体作为灭弧和绝缘介质的断路器。SF_6 气体是一种无色无味无毒的惰性气体,其具有优良的绝缘和灭弧性能。六氟化硫断路器的灭弧室中充满一定压力的 SF_6 气体,其压力应达到厂家说明书规定的要求(一般在 20 ℃时为 0.50 MPa 左右)。六氟化硫断路器有户内和户外之分,110 kV 及以上的单体六氟化硫断路器多数安装在户外。

(二)隔离开关

隔离开关是一种简单的高压开关,它分闸后有明显可见的断开点,没有专门的灭弧装置,不能用于切除负载电流和短路电流,在电力线路和变配电所中常与断路器配合使用。

1. 隔离开关的作用

隔离开关不允许带负荷操作,在电力系统中隔离开关的主要作用如下:

(1)起电隔离作用。因为其分闸后有明显可见的断开点,可用于将电气设备与带电设备隔开,满足无电区域内设备的检修和试验要求。

(2)改变运行方式。在多母线的电路中,可用隔离开关将设备或线路从一组母线切换到另一组母线上;在系统中的变压器中性线上装设隔离开关,也可利用隔离开关的合闸或分闸来改变系统运行方式(当中性点上装设有消弧线圈时,只有在电力系统没有接地故障时才可进行操作)。

(3)接通和切除小电流电路。

2. 隔离开关的类型

隔离开关的分类方式较多,主要有以下方式:

(1)按其操作时闸刀的运行方式可分为水平旋转式、垂直旋转式、插入式等。

(2)按其绝缘支柱的数目可分为单柱、双柱和三柱三种。

(3)按其极数可分为单极和三极两种。

(4)按其安装处所可分为户内型和户外型两种。

(5)按其操作机构可分为手动和电动等。

(三)高压负荷开关

1. 高压负荷开关的作用

负荷开关是一种介于断路器和隔离开关之间的高压开关设备,是带有专用灭弧触头、灭弧装置和弹簧断路装置的组合开关。从结构上看,负荷开关与隔离开关相似,在分闸时有明显可见的断口,可起到隔离开关的作用,同时可切除和闭合额定电流和规定的过载电流,与熔断器配合,可保护电力线路。

负荷开关只用于切断和接通正常情况下的电路,而不能用于断开短路故障电流。但是,要求它的结构能通过短路时间的故障电流而不致损坏。在实际应用中,容量不大、要求不高的配电系统,利用负荷开关与熔断器配合,可省略变配电系统中最复杂的继电保护配套装置,具有简单、实用、体积小和便于维护检修的优点。

2. 高压负荷开关的分类

高压负荷开关(见图 2-16)按其安装处所分为户内型和户外型,按其灭弧形式和灭弧介质分为压气式、产气式、真空式和六氟化硫式等几种。对于 10 kV 高压用户,老用户多用户内型压气式和产气式;新用户采用环网柜,多用六氟化硫式。

图 2-16　高压负荷开关

(四)高压熔断器

1. 高压熔断器的作用

(1)在高压线路中与负荷开关配合可起过载和短路保护作用。

(2)在配电变压器中起过载和短路保护作用。

(3)在电压互感器的高压侧中起短路保护作用,当电力线路出现高次谐波谐振过电压时,可起保护电压互感器绝缘的作用。

(4)跌开式高压熔断器可以带小负荷对空载线路和变压器进行分合闸操作。

2. 高压熔断器的分类

户内式高压限流熔断器(见图 2-17)一般与负荷开关配合使用,可用于配电变压器保护。额定电压为 10 kV 的户外跌落式熔断器(见图 2-18),只用于保护容量在 750 kVA 以下的变压器;额定电压为 35 kV 的户外跌落式熔断器,用来保护容量不大于 320 kVA 的变压器。

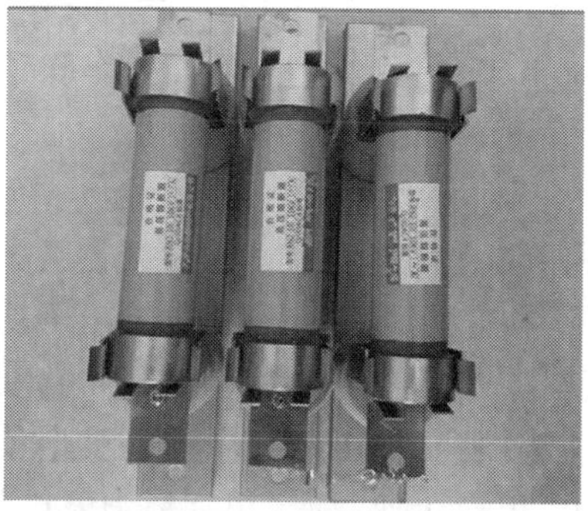

图 2-17　户内式高压限流熔断器

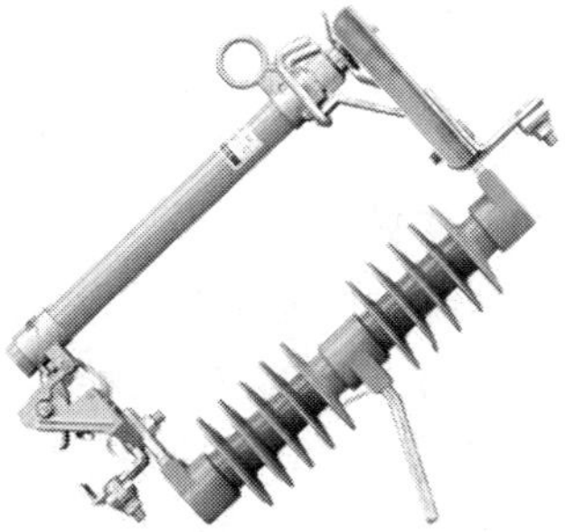

图 2-18　户外跌落式熔断器

(五)高压成套配电装置

高压成套配电装置亦称高压开关柜,是以开关为主的成套电器。目前,10 kV 及 35 kV 的真空断路器,大部分采用成套配电装置。常用的高压开关柜如图 2-19、图 2-20 所示。

图 2-19　GGD 型高压开关柜

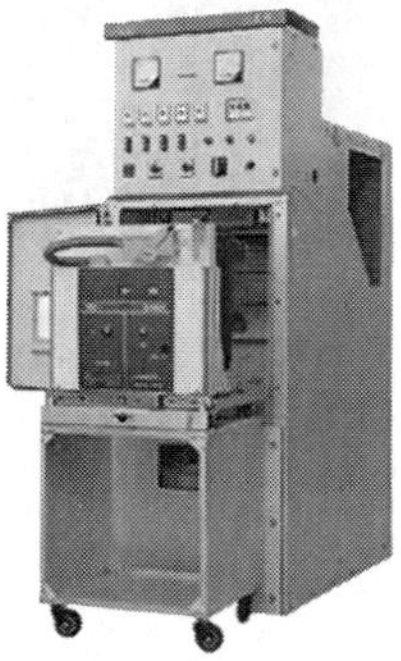

图 2-20　KYN28 型高压开关柜

1. 固定式高压成套配电装置

固定式高压成套配电装置的结构由柜体构成断路器及电流互感器区,隔离开关区,仪表、继电器和端子排区。由于高压开关柜内的所有设备都是配套固定安装的，所以称为固定成套配电装置。

固定成套配电装置中的断路器和隔离开关之间一般装设有机械或电气联锁装置，防止带负荷操作隔离开关，保证人身和设备安全。

2. 移动(手车)式高压成套配电装置

KYN28 型高压开关柜(见图 2-20)，是目前现场中使用最广泛的高压开关柜。这种可移动手车式高压设备在柜内有 2 个定位位置，手车共有 3 个定位位置，即柜内的工作位置、试验位置和柜外的检修位置。对于断路器柜，在定位位置时可以对断路器进行分、合闸操作。断路器在合闸位置时，不管是在工作位置还是在试验位置，手车都被定位，不能摇动推进机构的手把移动手车。而移动状态是手车的一种暂时状态，在这种状态下，断路器应在分闸状态，断路器也不能操作合闸，推进机构的手把可以使手车在工作、试验 2 个定位位置之间推入或摇出；当需要从试验位置与检修位置之间移动手车时，应借助手车底座的手车定位解锁，手把解锁后才能移动。

移动式高压开关柜是目前现场中普遍使用的高压成套装置，它的各种操作联锁的设置是为了满足倒闸操作“五防”的需要，保证不带负荷断开和闭合隔离触头等。

(六)箱式变电站

箱式变电站是一种高压开关设备配电变压器和低压配电装置按一定接线方案排成一体的工厂预制户内、户外紧凑式配电设备，即将高压受电、变压器降压、低压配电等功能有机地组合在一起，安装在一个防潮、防锈、防尘、防鼠、防火、防盗、隔热、全封闭可移动的钢结构箱体内，机电一体化，全封闭运行，特别适用于城网建设与改造，是继土建变电站之后崛起的一种崭新的变电站。箱式变电站适用于矿山、工厂企业、油气田和风力发电站，它替代了原有的土建配电房、配电站，成为新型的成套变配电装置。

箱式变电站(见图 2-21)主要由多回路高压开关系统、铠装母线变电站综合自动化系统通信、远动、计量、电容补偿及直流电源等电气单元组合而成，主要有以下特点。

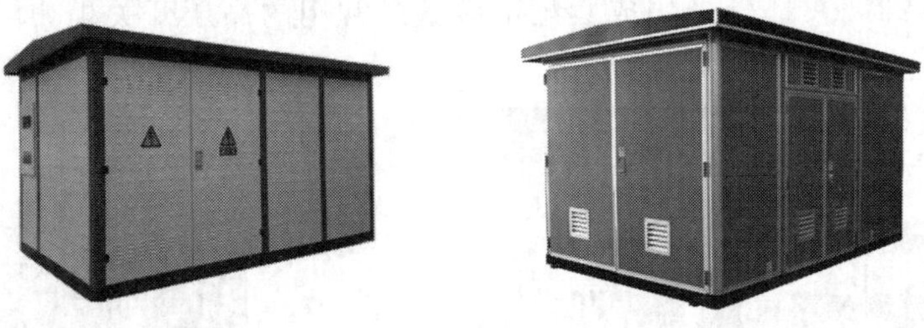

图 2-21　箱式变电站

(1)技术先进，安全可靠。

箱体部分采用目前国内领先技术及工艺；外壳一般采用镀铝锌钢板；框架采用标准集装箱材料及制作工艺，有良好的防腐性能，保证 20 年不锈蚀；内封板采用铝合金扣板，夹层采用防火保温材料。箱体内安装空调及除湿装置，设备运行不受自然气候环境及外界污染影响，可保证在 -40 ~ +40 ℃的恶劣环境下正常运行。箱体内一次设备采用全封闭高压开关柜、干式变压器、干式互感器、真空断路器、弹簧操作机构、旋转隔离开关等国内技术领先设备，产品无裸露带电部分，为全封闭、全绝缘结构，完全能达到零触电事故。全站可实现无油化运行，安全性高，二次采用微机综合自动化系统，可实现无人值守。

(2)自动化程度高。

全站智能化设计，保护系统采用变电站微机综合自动化装置，分散安装，可实现"四遥"(遥测、遥信、遥控、遥调)，每个单元均具有独立运行功能，继电保护功能齐全，可对运行参数进行远方设置，对箱体内湿度、温度进行控制和远方烟雾报警，满足无人值守的要求；根据需要还可实现图像远程监控。

(3)工厂预制化。

设计时，只要设计人员根据变电站的实际要求，做出一次主接线图和箱外设备的设计，就可以选择由厂家提供的箱变规格和型号，所有设备在工厂一次安装、调试合格，真正实现变电站建设工厂化，缩短了设计制造周期；现场安装仅需箱体定位、箱体间电缆连接、出线电缆连接、保护定值校验、传动试验及其他需调试的工作，整个变电站从安装到投运只需 5~8 d 的时间，大大缩短了建设工期。

(4)组合方式灵活。

箱式变电站由于结构比较紧凑，每个箱均构成一个独立系统，这就使得组合方式灵活多变。一方面，可以全部采用箱式，也就是说，35 kV 及 10 kV 设备全部箱内安装，组成全箱式变电站；也可以仅用 10 kV 开关箱，35 kV 设备室外安装，10 kV 设备及控保系统箱内安装。这种组合方式特别适用于农网改造中的旧站改造，即原有 35 kV 设备不动，仅安装一个 10 kV 开关箱即可达到无人值守的要求。总之，箱式变电站没有固定的组合模式，使用单位可根据实际情况自由组合，以满足安全运行的需要。

(5)投资省、见效快。

箱式变电站较同规模常规变电所减少投资 40%~50%。以 35 kV 单主变 4 000 kVA 规模变电所计算，土建工程(包括征地费用)箱式变电站要比常规变电所节约 100 余万元；若从竣工投产角度分析，保守估计按每站提前 4 个月投运计算，若平均负荷 2 000 kW 售电利润 10 元/(kW·h)，则可增加净利润 60 余万元；从运行角度分析，在箱式变电站中，由于先进设备的选用，特别是无油设备运行，从根本上解决了常规变电所中的设备渗漏问题，变电站可实行状态检修，减少维护工作量，每年可节约运行维护费用 10 万元左右，整体经济效益十分可观。

(6)占地面积小。

以 4 000 kVA 单主变规模变电所为例，建设一座常规 35 kV 变电所大约需占地 3 000 m^2，而且需要进行大规模的土建工程；而选用箱式变电站，主变箱和开关箱两箱体占地面积最小可为 100 m^2，包括 35 kV 其他设备总占地面积最大为 300 m^2，仅为同规模变电所占地面积的 1/10，利用街心、广场及工厂角落即可安装投产，符合国家节约土地的政策。

(7)外形美观。

箱体外壳采用镀铝锌钢板及集装箱制造技术，外形设计美观，在保证供电可靠的前提下通过选择箱式变电站的外壳颜色，从而极易与周围环境协调一致，特别适用于城市建设中城市居民住宅小区、车站、港口、机场、公园、绿化带等人口密集地区，它既可作为固定式变电所，也可作为移动式变电所，具有点缀和美化环境的作用。

八、智能变电站与智能电网

(一)我国智能变电站发展的基本情况

随着社会经济的不断发展,世界各国对电力的需求与发展提出的要求也在不断增加,发电机组容量不断扩大、清洁能源的迅速发展使电网的复杂度越来越高,未来电网的设想与规划成为全世界电力行业的热点问题。2000 年,美国电磁科学院最早提出"Intelli-grid"的未来电网发展的概念;2005 年,"智能电网欧洲技术论坛"正式成立,并提出智能电网的概念。1999 年,清华大学提出"数字电力系统"的理念,揭开了中国数字电网研究的序幕。

2009 年 5 月,国家电网公司提出了立足自主创新,以统一规划、统一标准、统一建设为原则,建设以特高压电网为骨干网架,各级电网协调发展,具有信息化、自动化、互动化特征的统一坚强智能电网的发展目标。智能变电站作为统一坚强智能电网的重要基础和节点支撑,是必不可少的建设内容。随着计算机技术和网络通信技术的飞速发展,特别是智能化开关、光电式互感器等机电一体化智能设备的出现,变电站内的控制、测量、网络通信等技术与电网自动化系统逐渐融为一体,实现信息和技术的共享,使得变电站自动化领域中的一、二次设备正在朝着数字化、智能化的方向发展,变电站自动化已经进入智能化时代。智能变电站的核心技术是一次设备的智能化和二次设备的网络化,以及在过程层、间隔层及站控层上,按照国际标准 IEC61850 通信规范,实现变电站内部以及变电站与集控站间的信息共享和互操作过程。

2009 年 12 月 25 日,国家电网公司发布并实施国家电网公司企业标准《智能变电站技术导则(Technical guide for smart substation)》(Q/GDW383—2009)(简称《导则》)。《导则》规范了智能变电站的相关术语和定义,明确智能变电站的技术原则、系统结构和功能,且对智能变电站的设计、调试验收、运行维护、检测评估等环节提出了技术要求,成为智能变电站相关标准规范编制的依据。《导则》根据智能变电站以设备智能化和高级智能应用为重要特征基础,确定了数字化变电站技术是智能变电站的一部分,对智能变电站做出了明确的定义:智能变电站(smart substation)是采用先进、可靠、集成、低碳、环保的智能设备,以全站信息数字化、通信平台网络化、信息共享标准化为基本要求,自动完成信息采集、测量、控制、保护、计量和监测等基本功能,并可根据需要支持电网实时自动控制、智能调节、在线分析决策、协同互动等高级功能的变电站。同时,对智能变电站涉及的主要术语,如智能组件、智能电子装置、监测功能组、全景数据、顺序控制、站域控制等概念都给出了明确定义。《导则》和相关规范的制定对今后智能变电站的建设起到了重要的指导作用。

(二)智能变电站

1. 智能变电站的构成

智能变电站是采用先进、可靠、集成、低碳、环保的智能设备,以全站信息数字化、通信平台网络化、信息共享标准化为基本要求,自动完成信息采集、测量、控制、保护、计量和监测等基本功能,并可根据需要支持电网实时自动控制、智能调节、在线分析决策、协同互动等高级功能的变电站,具体如图 2-22 所示。

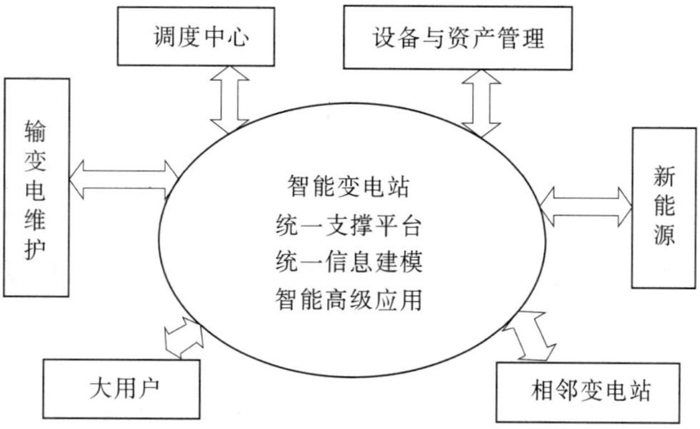

图 2-22 智能变电站概念示意图

智能变电站的构成包括：智能高压一次设备、电子式互感器、合并单元、智能终端、数字化保护测控设备、数字化计量仪表同步时钟系统、工业级网络交换机、光纤以太网及IEC61850 通信标准所组成的全智能化分层分布式的变电站。

2. 智能变电站的应用

1）一次高压设备的智能化

智能化的一次高压设备主要包括智能断路器、隔离开关、智能变压器，以及其他电气辅助设备。一次设备被检测的信号和被控制的操作驱动回路采用微处理器和光电技术设计。简化了常规机电式继电器及控制回路的结构，数字程控器及数字公共信号网络取代传统的导线连接。换言之，变电站二次回路中常规的继电器及逻辑回路被可编程序代替，常规的强电模拟信号和控制电缆被光电数字和光纤代替。

电子式互感器技术的发展，也是智能变电站出现的重要因素之一。传统互感器设备笨重、绝缘要求高、有铁芯饱和现象、暂态传变特性差、有开路和短路危险等诸多问题，而电子式互感器具有不受电磁干扰（或影响很小）、不饱和、测量范围大、频带宽、体积小、重量轻等特点。电子式互感器本身就是利用光电技术的数字化设备，可直接与数字化的保护和测控设备接口。

2）以太网通信在变电站自动化系统中的广泛应用

变电站内的二次设备，如继电保护装置、防误闭锁装置、测量控制装置、远动装置、故障录波装置、电压无功控制、同期操作装置以及正在发展中的在线状态检测装置等全部可基于标准化、模块化的微处理器设计制造，设备之间的连接也可全部采用高速的网络通信，而不再出现常规功能装置重复的 I/O 现场接口，通过网络真正实现数据共享。常规的功能装置在这里变成了逻辑的功能模块。

变电站内二次设备之间的互连经历过硬接线、低速但可靠性差的串行通信、中速可靠性有保障的现场总线等阶段。随着计算机技术和网络通信技术的飞速发展，目前 1 000 Mbps 甚至 10 000 Mbps 的以太网技术已经成为网络通信的主流。在变电站自动化领域，基于实时的高可靠工业以太网技术的通信网络也已获得广泛应用。

3）国际标准 IEC61850 的发布和推广应用

IEC61850 标准是国际电工委员会为了适应电力行业高速发展所带来的高效、共享互操作、工程集成等要求而制定的针对变电站内智能电子设备的网络通信的国际标准,2004年全部标准发布完毕。IEC61850标准共包含14个部分,内容涉及变电站自动化的功能规范、硬件指标、信息模型、通信映射、工程描述等,是实施变电站自动化系统的唯一的指导性国际标准。

变电站内的设备之间的信息交互采用基于IEC61850标准的统一信息模型,极大地提高了信息传递的效率和有效性,所有需要与外部智能装置交互的信息用以太网机制实现信息的有效发布,所有智能设备均按统一的标准建立信息模型和通信接口,设备间可实现无缝连接。

4)多功能的集成智能电子设备的不断发展

智能电子设备(IED)是一个代表某个物理设备的实体单位,这个物理设备可以是一个保护设备,也可以是一个完成人机会话功能的微机。这些实体在一定范围内及接口限定的条件下,能够完成一个或多个指定逻辑节点任务。一些实时性要求严格的功能,差不多独立地在一个IED中完成,其他功能则分布到多个IED中完成。

总而言之,智能变电站建设的目的是最优化资源配置,提高资源使用率,实现智能电网满足大范围资源优化配置和服务资源节约型、环境友好型社会建设的目标,是智能电网建设中一个不可缺少的内容,也是智能电网的重要组成部分。

(三)智能电网

1. 智能电网的概念

智能电网是建立在集成的高速双向通信网络基础上的,通过先进的传感和测量技术、先进的设备技术、先进的控制方法及先进的决策支持系统技术的应用,实现电网的可靠、安全、经济、高效、环境友好和使用安全的目标。与现代电网相比,智能电网体现出电力流、信息流和业务流高度融合的显著特点。

2. 智能电网的特征

一是平稳。在电网发生大扰动和故障时,仍能保持对用户的供电能力,而不发生大面积停电事故;在自然灾害、极端气候条件或外力破坏下仍能保证电网的安全运行,具有确保电力信息安全的能力。二是自愈。具有实时、在线和连续的安全评估和分析能力,强大的预警和预防控制能力,以及自动故障诊断、故障隔离和系统自我恢复的能力。三是兼容。支持清洁能源、可再生能源的有序合理接入,适应分布式电源和微电网的接入。四是经济。支持电力市场运营和电力交易的有效开展,实现资源的优化配置,降低电网损耗,提高能源利用效率。五是易管理。能实现电网信息的高度集成和共享,采用统一的平台和模型,实现标准化、规范化和精益化管理。

【课后实践】

1. 请同学们课后查阅相关资料,了解当前有关电气设备的新技术、新标准、新规范及新工艺。

2. 请同学们课后思考智能变电站与传统变电站的区别。

任务三　电力安全文化

学习目标

能力目标

1. 能正确地安全用电；
2. 会正确使用电气安全用具和安全标志。

知识目标

1. 了解电力安全生产与安全发展的意义；
2. 了解安全用电宣传与电力从业人员的管理；
3. 掌握电气安全的基础知识；
4. 掌握几种电气安全用具的正确使用方法。

素质目标

1. 帮助学生树立“生命至上,安全第一”的观念；
2. 培养学生严谨的工作作风；
3. 养成正确使用国家标准和行业标准的良好职业素养；
4. 培养规范操作的意识。

一、电力安全生产与安全发展

码 2-1　微课-电力安全生产与安全发展

(一)电力安全生产的意义

如何正确把握发展与安全的辩证关系,是电力企业一直在思考和践行的主要命题之一。“生产必须安全,安全促进生产”,电力企业的安全形势依然严峻,维护电网安全的任务依然繁重。虽然管理措施比较完善,但人的不安全行为、物的不安全状态、环境的不安全因素三个方面的诱因长期存在,加上管理措施和技术手段方面的不足,电力系统时常发生一些安全生产事故,影响正常的电力生产和供应,给国家、人民和企业带来损失。

(二)安全用电的重要性

所谓安全用电,是指电气工作人员、生产人员及其他用电人员,在既定环境条件下采取必要的措施和手段,在保证人身及设备安全的前提下正确使用电力。

电在造福人类的同时,也有很大的潜在危险性。如果没有恰当的措施和正确的技术,不能做到安全用电,便会给人民的财产造成不可估量的损失。为了实现电气安全,对电网本身的安全进行保护的同时,更要重视用电的安全问题。因此,学习安全用电基本知识,掌握常规触电防护技术,是保证用电安全的有效途径。人们只有掌握了用电的基本规律,懂得用电的基本知识，才能按操作规程办事。同时，做好安全用电的宣传，提高安全用电意识，落实保证安全工作的技术措施和组织措施，切实防止各种用电设备和人身触电事故的发生。

（三）安全用电宣传和竞赛

1. 安全用电宣传

安全用电宣传需注意以下几点：

（1）宣传触电的危险性和安全用电的重要性。

（2）宣传安全用电的基本知识。

（3）介绍安全用电方面的专业技术及规章制度。

（4）宣传安全用电的好经验、好办法和用电事故的教训及防止事故的措施等。

码 2-2 微课-安全用电宣传与从业人员管理

安全用电宣传的形式和组织可多样化，包括标语、简报、图片、壁画、书、广播、电视、微信微博推文、抖音小视频、讲座和组织安全用电知识竞赛、参观、经验交流等方式。用电监察机构中要设立专职宣传人员，负责收集、整理、积累和编印宣传资料，及时和有针对性地开展安全用电的宣传工作。搞好安全用电的宣传，还要取得有关部门的支持和配合（如当地工会、报社、广播电台、电视台等），将会收到良好效果。

2. 组织安全用电竞赛

组织安全用电竞赛，是在局部地区小范围内以确保其深入具体地进行安全用电宣传的一种有效形式。通过竞赛可以把用电单位广大电气从业人员组织发动起来，不断改进和提高安全用电工作水平，以达到保证安全的目的。

组织竞赛一般可由电力部门和竞赛单位的上级主管部门联合组织，并由参加竞赛单位协商竞赛办法与条件，签订竞赛合同，开展竞赛。竞赛合同的内容应包括竞赛条件、组织办法、评比方法、交流与互相检查办法、奖励和表彰等。竞赛活动的领导由竞赛单位的主管部门或竞赛单位轮流担任。

安全用电竞赛的组成，一般以同行业、同类型的企业为好，这样有可比性，也便于考核，更有利于交流、推广先进经验；还可按用电单位的用电设备相似、用电规模相近或电压等级相同等条件，分地区组织开展竞赛；或者是就各行各业中的某一个共同的单项（如值班人员），组织同工种的安全用电竞赛等。

安全用电竞赛范围：

（1）提高高压设备完好率。检查一类设备占全部设备的百分率是上升还是下降，三类设备占全部设备的百分率是上升还是下降。

（2）加强电气工作人员的安全技术、业务培训和考核。比较各单位进行技术、业务培训活动的时间、内容及考核成绩，比较工作现场的安全规程考核、反事故演习等的数量和质量。

（3）降低电气事故率。比较降低电力系统停电及损坏高压电气设备的事故次数。

二、从业要求

（一）电气从业人员管理

电气从业人员是电气设备的主人，这支队伍的建设是安全用电工作中最基础的工作。

各地区用电事故的教训表明,有相当一部分事故是直接由从业人员的过失造成的,这使我们认识到电气从业人员的思想和技术水平对安全用电有着重大的关系。为保证安全用电,必须坚决禁止非电气从业人员进行电气操作。

(二)电气工作人员的职责

电气工作人员的职责就是运用自己掌握的专业知识和职业技能,防止、避免和减少电气事故的发生,保障电气线路和电气设备的运行安全及用电者的人身安全,不断提高供电设备水平和安全用电水平。

(三)电气工作人员的从业条件

凡从事电气工作的人员,无论他们是从事发电、变配电工作,还是从事供用电设备、线路的运行或维修,都必须具备从事这一职业的基本条件。具体如下:

(1)电气工作人员具有的精神素质,具体体现在工作上就是坚持岗位的责任制,工作中头脑清醒,对不安全的因素时刻保持警惕。

(2)对电气工作人员要每隔两年进行一次体检,经医生鉴定身体健康、无妨碍电气工作的病症者,方可继续工作。凡有高血压、心脏病、气喘、癫痫、神经病、精神病,以及耳聋、失明、色盲、高度近视(裸眼视力:一眼低于0.7,另一眼低于0.4)和肢体残缺者,都不宜从事电气工作。对一时身体不适、情绪欠佳、精神不振、思想不良的电工,亦应临时停止其参加重要的电气工作。

(3)电气工作人员应具备必要的电工理论知识和专业技能及其相关的知识和技能,熟悉本部门电气设备和线路的运行方式、装设位置、编号、名称、各主要设备的运行维修缺陷、事故记录。

(4)熟悉《电工安全技术操作规程》及相应的现场规程的有关内容,经考试合格,持特种电工操作证上岗。

(5)电气工作人员必须掌握触电急救知识,首先学会人工呼吸法和胸外心脏按压法。一旦有人发生触电事故,能够快速、正确地实施救护。

(6)熟悉电力安全生产法及有关用电的规章、条例和制度,能主动配合开展好安全用电、计划用电、节约用电工作。

(四)对电气从业人员的培训工作

用电单位对其电气从业人员应进行安全技术培训,并应有计划、深入定期开展。电力部门应给予技术上的支持和配合。对不具备自行开展技术培训工作条件的小型企业或社会人员(个体劳动者),电力部门应根据需要,配合安全生产主管部门及有关用电单位联合组织电气从业人员培训。用电单位对电气从业人员进行安全技术方面的培训,一般应包括以下内容:

(1)电工基础理论知识。

(2)电气设备的特性及其维护管理所需要的技术知识。

(3)电气装置的安装、运行、检修的有关规程及技术标准。

(4)用电管理方面的有关规定。

(5)触电急救法。

(五)电气从业人员登记、发证工作

对本地区用电单位的电气从业人员及经工商管理部门批准经营电气承装、承修的集体或个体工商户的电气从业人员,均应进行登记、考核、发证,以加强管理。电气从业人员的登记、考核、发证工作,应由地方安全生产管理部门、电力部门联合组织实施。

三、电气安全基础知识

(一)安全用电常识

码 2-3 微课-安全用电常识

人们在用电的同时,会遇到各种各样的安全问题。电能是由一次能源转化得来的二次能源,在应用这种能源时,如果处理不当,在其传递控制、驱动等过程中将会遇到障碍,甚至发生事故,严重的事故将导致生命安全伤害或重大经济损失。因此,在用电的同时,必须充分考虑安全问题。此外,在一些非用电场所或电路正常的情况下,由于电能的释放也会造成灾害。例如,雷电、静电、电磁场危害等也是不容忽视的。总之,灾害是由能量造成的,由电流的能量或静电荷的能量造成的事故均属于电气事故。

1. 电流对人体的效应

码 2-4 微课-电流对人体效应与电流对人体伤害程度的影响因素

当接触带电部位或接近高压带电体时,因人体有电流通过而引起受伤或死亡的现象称为触电。人体组织中有 60%以上是由含有导电物质的水分组成的,因此人体是导体,当人体接触设备的带电部分并形成电流通路的时候,就会有电流流过人体,从而造成触电。

电对人体的伤害,主要来自电流。电流流过人体时,电流的热效应会引起肌体烧伤、炭化或在某些器官上产生损坏其正常功能的高温,肌体内的体液或其他组织会发生分解作用,从而使各种组织的结构和成分遭到严重破坏,肌体的神经组织或其他组织因受到损伤,会产生不同程度的刺麻、酸疼、打击感,并伴随不自主的肌肉收缩、心慌、惊恐等症状,伤害严重时会出现心律不齐、昏迷、心跳呼吸停止甚至死亡的严重后果。电流对人体的伤害可以分为两种类型,即电伤和电击。

1) 电伤

电伤(见图 2-23)是指由于电流的热效应、化学效应和机械效应对人体的外表造成的局部伤害,如电灼伤、电烙印、皮肤金属化等。

图 2-23 电伤

(1)电灼伤。也称电弧烧伤,一般分为接触灼伤和电弧灼伤两种。电灼伤是最常见也是最严重的一种电伤,多由电流的热效应引起,具体症状是皮肤发红、起泡,甚至皮肉组织被破坏或烧焦,一般需要治疗的时间较长。通常发生在低压系统带负荷拉开裸露的刀闸开关时电弧烧伤人的手和面部,线路发生短路或误操作引起短路,高压系统因误操作产生强烈电弧导致严重烧伤,人体与带电体之间的距离小于安全距离而放电。

（2）电烙印。当载流导体较长时间接触人体时，因电流的化学效应和机械效应作用，接触部分的皮肤会变硬并形成圆形或椭圆形的肿块痕迹，如同烙印一般。电烙印边缘明显，颜色呈灰黄色，有时在电击后，电烙印并不立即出现，而在相隔一段时间后才出现。

（3）皮肤金属化。是由于高温电弧使周围金属熔化、蒸发并飞溅渗透到皮肤表面形成的伤害。皮肤金属化以后，表面粗糙、坚硬，金属化后的皮肤经过一段时间后方能自行脱离，对身体机能不会造成不良的后果。

2）电击

电击是指电流流过人体内部，造成人体内部器官的伤害。它会破坏人的心脏、呼吸及神经系统的正常工作，甚至危及生命。在低压系统通电电流不大且时间不长的情况下，电流引起人的心室颤动，是电击致死的主要原因；在通过电流虽较小，但时间较长的情况下，电流会造成人体窒息而导致死亡。被电击过的人体常会留下较明显的特征：电标、电纹、电流斑。电标是在电流出入口处所产生的革状或炭化标记；电纹是电流通过皮肤表面，在其出入口间产生的树枝状不规则发红线条；电流斑则是指电流在皮肤表面出入口处所产生的大小溃疡。电击是最危险的触电伤害，绝大部分触电死亡事故都是由电击造成的，日常所说的触电事故，多指电击。

2. 电流对人体伤害程度的因素

电流对人体伤害的程度与电流强度大小及持续时间、人体电阻、人体电压、通过途径、电流种类及频率和触电者本身的情况有关。

1）伤害程度与电流强度大小的关系

通过人体的电流越大，人体的生理反应就越明显，感觉就越强烈；引起心室颤动所需的时间越短，致命的危险性就越大。对于工频交流电，按照通过人体电流的大小，人体所呈现的不同状态，大致可以分为下列三种：

（1）感知电流。引起人体感觉的最小电流，称为感知电流，感知电流通过人体时，人体有麻酥、灼热感。试验表明，成年男性的平均感知电流约为 1.1 mA，成年女性的平均感知电流约为 0.7 mA。

（2）摆脱电流。人触电后能够自主摆脱电源的最大电流称为摆脱电流，摆脱电流通过人体时，人体除麻酥、灼热感外，主要是疼痛、心律障碍感。试验表明，成年男性的平均摆脱电流约为 16 mA，成年女性的平均摆脱电流约为 10 mA。

（3）致命电流。在较短的时间内，危及生命的最小电流，也就是说，能够引起心室颤动的电流称为致命电流。引起心室颤动的电流与通过的时间有关。试验表明，当触电电流通过的时间超过心脏搏动周期时，引起心室颤动的电流，一般是 10 mA 以上。当通过的电流达数百毫安时，心脏会停止跳动，可能导致死亡。

2）伤害程度与电流持续时间的关系

电流对人体的伤害与流过人体电流的持续时间有着密切的关系。电流持续时间越长，电流对人体的危害越严重。另外，人的心脏每收缩、舒张一次，中间约有 0.1 s 的间隙，在这 0.1 s 的时间内，心脏对电流最敏感，若电流在这一瞬间通过心脏，即使电流很小（几十毫安），也会引起心室颤动。显然，电流持续时间越长，重合这段危险期的概率越大，危险性也越大。一般认为，工频电流 30 mA 以下及直流 50 mA 以下，对人体是安全的，但如果持续时间很长，即使电流小到 8~10 mA，也可能致命。

3）伤害程度与人体电阻的关系

人体的不同部分（如皮肤、血液、肌肉及关节等）对电流呈现出一定的阻抗，即人体电阻。其大小不是固定不变的，它取决于许多因素，如接触电压、电流途径、持续时间、接触面积、温度、压力、皮肤厚薄及完好程度、潮湿程度、脏污程度等。人体阻抗不是纯电阻，主要由人体电阻决定。人体电阻也不是一个固定的数值。

人体受到电击时，流过人体电流在接触电压一定时由人体的电阻决定，人体电阻愈小，流过的电流则愈大，人体所遭受的伤害也愈大，具体如表 2-2 所示。

表 2-2 不同条件下的人体电阻

加于人体的电压/V	人体电阻/Ω			
	皮肤干燥	皮肤潮湿	皮肤湿润	皮肤浸入水中
10	7 000	3 500	1 200	600
25	5 000	2 500	1 000	500
50	4 000	2 000	875	440
100	3 000	1 500	770	375
250	2 000	1 000	650	325

注：1. 本表数值的前提：电流为基本通路，接触面积较大。
2. 皮肤潮湿相当于有水或汗痕。
3. 皮肤湿润相当于有水蒸气或特别潮湿的场合。
4. 皮肤浸入水中相当于人处于游泳池内或浴池中，人体电阻基本上是体内电阻。
5. 此表数值为大多数人的平均值。

4）伤害程度与作用于人体电压的关系

作用于人体的电压，对流过人体电流的大小有直接的影响。当人体电阻一定时，作用于人体的电压越高，则流过人体的电流越大，其危险性也越大。随着作用于人体电压的升高，人体电阻下降，导致流过人体的电流迅速增加，对人体的伤害也就更加严重。

5）伤害程度与电流通过途径的关系

电流通过人体的路径不同，使人体出现生理反应及对人体的伤害程度是不同的。当电流通过人体心脏时，其电击伤害程度最大。电流路径与流经心脏的电流比例关系见表 2-3。左手至脚的电流路径，心脏直接处于电流通路内，因而是最危险的；右手至脚的电流路径的危险性相对较小。电流从左脚至右脚这一电流路径，危险性小，但人体可能因痉挛而摔倒，导致电流通过全身或发生二次事故而产生严重后果。电流通过肌体的途径见图 2-24。

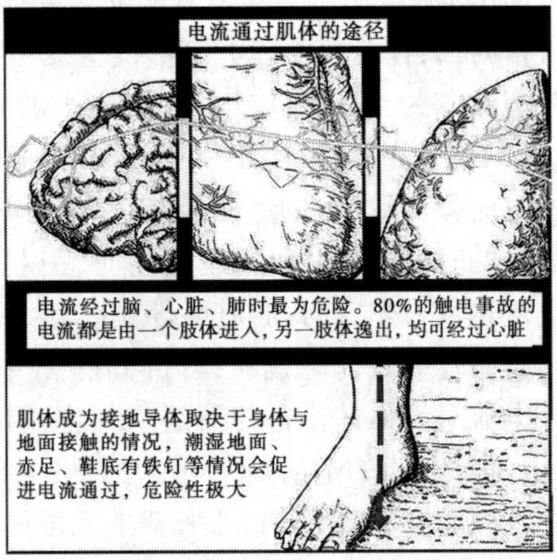

图 2-24 电流通过肌体的途径

表 2-3 电流路径与通过人体心脏电流的比例关系

电流路径	左手至脚	右手至脚	左手至右手	左脚至右脚
流经心脏的电流与通过人体总电流的比例/%	6.4	3.7	3.3	0.4

6) 伤害程度与电流种类及频率的关系

电流种类不同,对人体的伤害程度不一样。当电压为250~300 V时,触及频率50 Hz的交流电,比触及相同电压的直流电的危险性大3~4倍。通常,50~60 Hz的交流电,对人体危险性最大,如图2-25所示。低于或高于此频率的电流对人体的伤害程度要显著减轻。但高频率的电流通常以电弧的形式出现,因此有灼伤人体的危险。不同频率的交流电流对人体的影响也不相同,如表2-4所示。

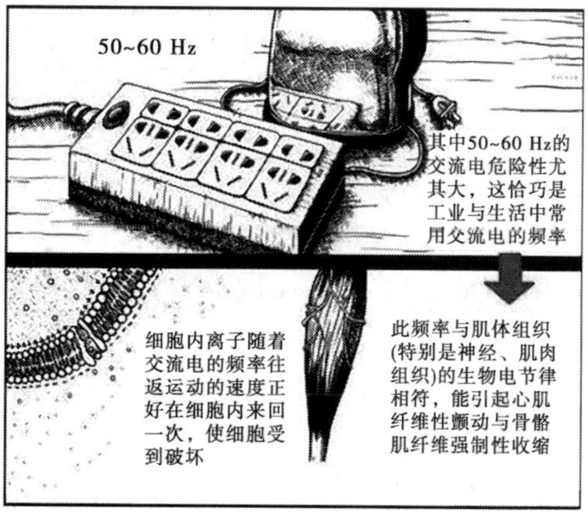

图 2-25 频率影响

表 2-4 各种频率的死亡率

频率/Hz	10	25	50	60	80	100	120	200	500	1 000
死亡率/%	21	70	95	91	43	34	31	22	14	11

7) 伤害程度与触电者本身的情况的影响

电流对人体的作用与人的年龄、性别、身体及精神状态有很大关系。一般情况下,女性比男性对电流敏感,小孩比成人敏感。在同等电击情况下,妇女和小孩更容易受到伤害。此外,患有心脏病、精神病、结核病、内分泌器官疾病或醉酒的人,因电击造成的伤害都将比正常人严重;相反,一个身体健康、经常从事体力劳动和体育锻炼的人,由电击引起的后果相对会轻一些。

(二) 触电事故的规律与原因

1. 2014—2018年电力安全事故总量统计与分析

电力行业因涉及生产、技改与建设多环节,是安全生产事故易发行业,所以一直以来都是安全生产监管的重点。本任务对国家能源局公布的2014—2018年发生的较大及以上电力人身伤亡事故进行了统计分析,详细梳理了历次安全事故发生的重点领域,并分析了引发事故的主要原因。

码 2-5 微课-触电事故的规律与原因

1)事故总量分析

2014—2018年,全国电力行业累计发生人身伤亡事故238起,其中较大及以上事故16起。按发生的领域分类统计如图2-26所示。

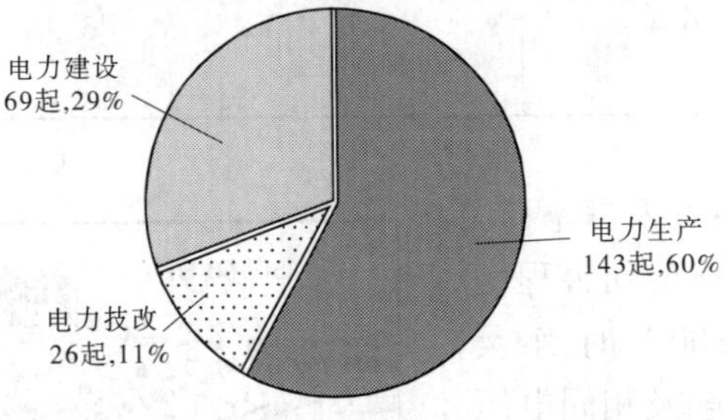

图2-26 2014—2018年全国电力行业人身伤亡事故发生领域分类统计

由图2-26可以看出,全国电力人身伤亡事故主要集中于电力生产领域,但较大及以上人身伤亡事故则主要集中于电力建设领域。由此可见,电力建设过程中的事故危害往往更为严重,安全监管责任风险应该高于其他领域。

2)事故原因分析

按照引发事故的原因分类,统计数据如下:

(1)产品质量(含工程的主辅设备、原材料、施工机械设备)引发的事故:共计13起,占事故总数的5.46%。其中,较大及以上事故2起,在较大及以上事故中占比12.50%。

(2)违规违章操作引发的事故:共计183起,占事故总数的76.89%。其中,较大及以上事故9起,在较大及以上事故中占比56.25%。

(3)自然因素引发的事故:共计9起,占事故总数的3.78%。其中,较大及以上事故4起,在较大及以上事故中占比25.00%。

(4)工程建设质量不合格引发的事故:0起。

(5)其他因素(含意外)引发的事故33起,占事故总数的13.87%。其中,较大及以上事故1起,在较大及以上事故中占比6.25%。

从以上数据可以看出,违规违章操作是引发电力事故的最主要原因,占比达到事故总数的76.89%。由此可见,及时发现和纠正违规违章操作应该作为电力安全管理的重点。

其中,按照工程建设死亡事故为例,电力建设人身伤亡事故分析如图2-27所示。

从以上数据可以看出,在工程建设领域,因违规违章操作引起的人身伤亡事故数量,占比73.68%,明显高于其他事故原因,其次是自然因素和其他(含意外)原因,因施工机械原因引发的事故也不容忽视。由此可见,违规违章操作同样是工程建设领域引发事故的主要原因,对施工机械设备的维护和管理也需要加强关注。

2.触电事故的成因及其规律

触电事故往往发生得很突然,且常是在刹那间就可能造成严重后果。但是触电事故也有一定的原因,掌握这些原因并从中发现规律,对如何适时而恰当地实施相关安全技术措施,防止触电事故的发生,以及安排正常生产等具有很大意义。

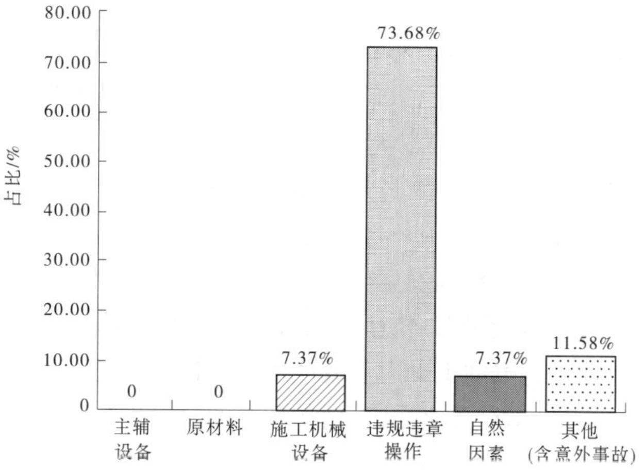

图 2-27 电力建设人身伤亡事故分析图

1)常见触电事故的原因

下面对实践中发生触电事故的原因进行归纳分析。常见触电事故的原因主要有:

(1)缺乏电气安全知识。高压线附近放风筝,爬上杆塔掏鸟窝,架空线断落后误碰,用手触摸破损的胶盖刀闸、导线,儿童触摸灯头、插座或拉线等。

(2)违反操作规程。高压方面带电拉隔离开关,工作时不验电、不挂接地线、不戴绝缘手套,巡视设备时不穿绝缘鞋,修剪树木时碰触带电导线等;低压方面带电接临时线,带电修理电动工具、搬动用电设备,火线与中性线接反,湿手去接触带电设备等。

(3)设备不合格。高压导线与建筑物之间的距离不符合规程要求,高压线和附近树木距离太近,电力线与广播线、通信线等同杆架设且距离不够,低压用电设备进出线未包扎或未包好而裸露在外,台灯、洗衣机、电饭煲等家用电器外壳没有接地,漏电后碰壳,低压接户线、进户线高度不够等。

(4)维修管理不及时。大风刮断导线或洪水冲倒电杆后未及时处理,刀闸胶盖破损长期未更换,瓷瓶破裂后漏电接地,相线与拉线相碰,电动机绝缘或接线破损使外壳带电,低压接户线、进户线破损漏电等。

【案例 2-1】 2019 年 6 月 12 日,内蒙古某电业局发生人身伤亡事故,1 人死亡。分包单位乌兰察布市某电力工程有限公司在内蒙古某(集团)有限责任公司某电业局商都供电分局配网 10 kV 线路工程施工中,作业人员在跨越省际通道独立档跨路架线施工时,牵引线触碰附近 10 kV 带电线路,致作业人员触电,造成 1 人死亡。

2)触电事故的一般规律

(1)触电事故与季节有关。通常在每年二、三季度,特别是 6—9 月事故最为集中,主要是因为夏、秋两季天气潮湿、多雨,降低了电气设备的绝缘性能;人体多汗,皮肤电阻降低,容易导电;天气炎热,电扇用电或临时线路增多,且操作人员往往不穿戴工作服和绝缘护具;正值农忙季节,农村用电量和用电场所增加,触电概率增多。

(2)低压触电事故多于高压。低压线路和设备应用最广,生产及生活中与人接触最多,且线路简单、管理不严,加之人们对低压电警惕性不够,有麻痹思想,导致低压触电事故的发生率较高。高压线路则相反,人们接触少,从业人员素质较高,管理严格,发生触电情况相对较少。

(3)单相触电事故多。触电事故多为线路及设备绝缘低劣引起漏电所致,多相漏电会引起保护装置动作,而单相故障则不会引起跳闸从而使人触电。

(4)触电事故在电气连接部位发生较多。在导线接头、导线与设备连接点、插座、灯头等连接处因机械强度及绝缘强度不足,人员接触多而引发较多的触电事故。

(5)使用移动式及手持电动工具时易发生触电。因与人体直接接触,设备需要经常移动,使用环境恶劣,电源线常受拉受磨,设备及电源线易发生漏电,防护不当时会导致触电。

(6)触电事故与环境有关。在油田生产一线(如井场)、建筑工地等露天作业情况下,因用电环境恶劣、线路安装不规范、现场复杂不便管理等原因引发触电事故较多。农村触电事故多于城市,主要是由于农村用电条件差、设备简陋、技术水平低、管理不严。

(7)青年人和中年人触电多。一方面是因为多数主要操作者是青年人和中年人,另一方面因这些人多数已有几年工龄,不再如初学时那么小心谨慎,因违反操作规程导致触电者居多。

(三)常见的触电方式

触电方式包括直接接触触电和间接接触触电。

码 2-6 微课-常见的触电方式

1. 人体与带电体的直接接触触电

人体与带电体的直接接触触电可分为单相触电和两相触电。

1)单相触电

当人在地面或接地导体上时,人体的某一部位仅触及一相电压的触电事故,称为单相触电。触电事故中大多属于单相触电。单相触电的危险程度与电网运行方式有关。一般情况下,接地系统的单相触电比不接地系统的危险性大。

(1)中性点直接接地系统的单相触电。

以380/220 V的低压配电系统为例。人体触及某一相导体时,相电压作用于人体,电流经过人体、大地、系统中性点接地装置、中性线形成闭合回路,如图2-28所示。由于中性点接地装置的电阻比人体电阻小得多,则相电压几乎全部加在人体上。设人体电阻为1 000 Ω,电源相电压为220 V,则通过人体的电流约为220 mA,足以使人致命。一般情况下,人脚上穿有鞋子,有一定的限流作用;人体与带电体之间以及站立点与地之间也有接触电阻,所以实际电流会比220 mA要小,人体遭到电击后,30 mA以下电流可以摆脱。

(2)中性点不接地电网中的单相触电。

若线路对地绝缘,即中性点不接地,如图2-29所示。因中性点不接地,故有两个回路的电流通过人体:一个是从W相导线出发,经过人体、大地、线路对地阻抗到U相导线;另一个是同样路径到 V 相导线。通过人体的电流值取决于线电压、人体电阻和线路对地阻抗。

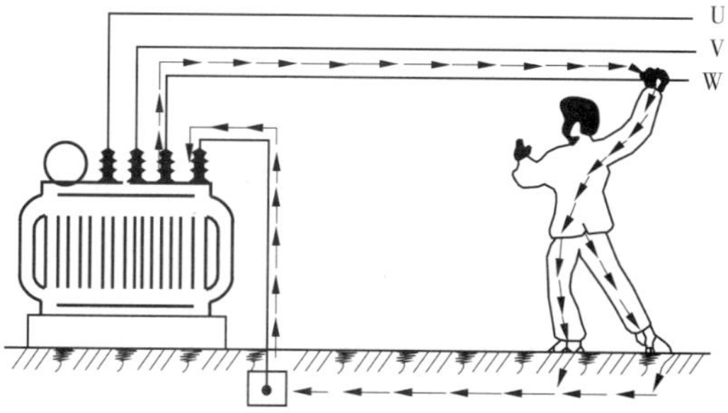

图 2-28 中性点直接接地系统的单相触电

图 2-29 中性点不接地系统的单相触电

2)两相触电

当人体同时接触带电设备或者线路中的两相导体时,电流从一相导体经人体流入另一相导体,构成闭合回路,这种电击方式称为两相触电,如图 2-30 所示。

图 2-30 两相触电

此时,加在人体上的电压为线电压,它是相电压的$\sqrt{3}$倍。通过人体的电流与系统中性点的运行方式无关,其大小只取决于人体电阻和人体与相接触的两相导体的接触电阻之和。因此,它比单相触电的危险性更大。电气工作中两相触电多在带电作业时发生,由于相间距离小,安全措施不周全,使人体直接或通过作业工具同时触及两相导体,造成两相触电事故。

2. 间接接触触电

间接接触触电是由于电气设备绝缘损坏发生接地故障,设备金属外壳及接地点周围出现对地电压引起的。它包括跨步电压触电、接触电压触电和雷击触电三种。

1)跨步电压触电

当电气设备发生接地故障或高压线路断裂落地时,在故障点 20 m 以内形成由中心向外电位逐渐减弱的电场,当人进入该区域时,因两脚之间存在电位差(跨步电压)而引起触电,这种触电方式称为跨步电压触电,如图 2-31 所示。高压故障接地处或有大电流流过的接地装置附近,也可能出现较高的跨步电压。一般,在距离接地故障点 8~10 m 以内,电位分布的变化率较大,人在此区域内行走,跨步电压高,就有电击的危险;在离接地故障点 8~10 m 以外,电位分布变化率较小,人的一步之间的电位差较小,跨步电压电击的危险性明显降低,具体如图 2-32 所示。

图 2-31　跨步电压触电

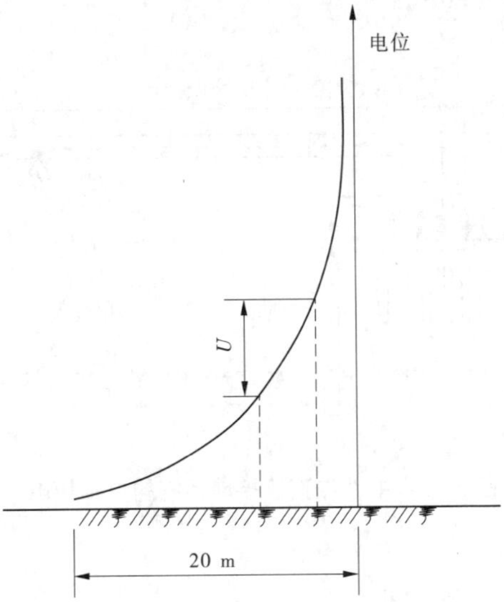

图 2-32　跨步电压分布

人在受到跨步电压的作用时,电流将从一只脚经另一脚与大地构成回路,虽然电流没有通过人体,但当跨步电压较高时,触电者脚发麻、抽筋,跌倒在地,跌倒后,电流可能会改变路径(如从手至脚)流经人体的重要器官而致命。此时应尽快将双脚并拢或者单脚着地跳出危险区。

因此,发生高压设备、导线接地故障时,室内不得接近接地故障点 4 m 以内(因室内狭窄,地面较干燥,离开 4 m 之外一般不会遭到跨步电压的伤害),室外不得接近故障点 8 m 以内。如果要进入此范围内工作,为防止跨步电压电击,进入人员应穿绝缘鞋。

2)接触电压触电

正常情况下,电气设备的金属外壳是不带电的,由于绝缘损坏,设备漏电,设备的金属外壳带电。接触电压是指人触及漏电设备的外壳,加于手与脚之间的电位差(在地面上到设备水平距离为 1.0 m 处与设备外壳、架构或墙壁离地面的垂直距离 2.0 m 处两点间的电位差),由接触电压引起的电击称为接触电压触电。若设备的外壳不接地,在此接触电压下的电击情况与单相电击情况相同;若设备外壳接地,则接触电压为设备外壳对地电位与人站立点的对地电位之差。

3)雷击触电

雷电时发生的触电现象称为雷击触电。它是一种特殊的触电方式。雷击感应电压高达几十至几百万伏,其能量可把建筑物摧毁,使可燃物燃烧,把电力线、用电设备击穿、烧毁,造成人身伤亡,危害性极大。

(四)电气安全用具和安全标志

为了保护电气操作、维修人员的安全,避免触电、灼伤、砸伤、高空坠落等事故的发生,在工作中需要使用各种安全用具。根据其功能,安全用具分为绝缘安全用具和一般防护安全用具。

1. 绝缘安全用具

绝缘安全用具(见图 2-33)是用来防止电气工作人员直接触电的安全用具,分为基本安全用具和辅助安全用具两种。

基本安全用具是指那些绝缘强度大、能长时间承受电气设备的工作电压,能直接用来操作带电设备或接触带电体的用具。例如:绝缘棒、高压验电器、绝缘夹钳等。

码 2-7 微课-绝缘安全用具

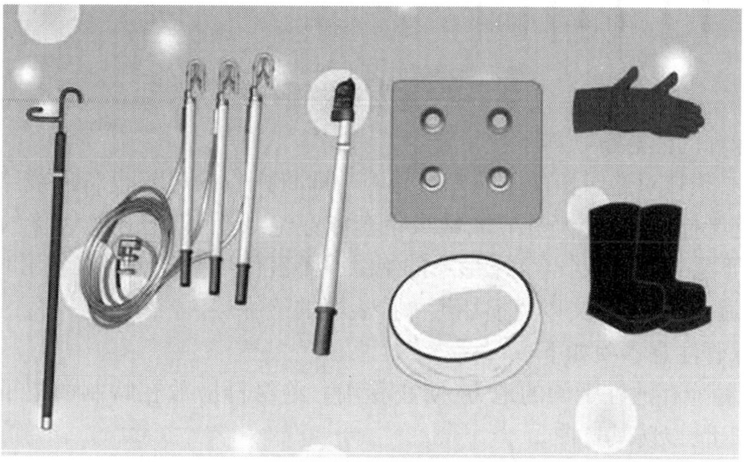

图 2-33 常见的绝缘安全用具

辅助安全用具是指那些绝缘强度不足以承受电气设备或线路的工作电压,而只能加强基本安全用具的保护作用,用来防止接触电压、跨步电压、电弧灼伤对操作人员伤害的用具。例如:绝缘手套、绝缘靴(鞋)、绝缘垫、绝缘站台等。在低压带电设备上,辅助安全用具可作为基本安全用具使用。

1) 基本电气安全用具

电气工作中常见的基本电气安全用具有下列几种。

a. 绝缘杆

绝缘杆又叫绝缘棒、操作杆。主要用来拉开或闭合带电的高压隔离开关和跌落式开关;另外,在安装和拆除临时接地线,以及进行测量和试验时也会使用它。

绝缘杆一般用电木、胶木、环氧玻璃棒或环氧玻璃布管制成。在结构上,绝缘杆由工作部分、绝缘部分和握手部分三部分组成,工作部分一般用金属制成,也可用玻璃钢等机械强度较高的绝缘材料制成。按其工作的需要,工作部分不宜太长,一般 5~8 cm,以免操作时造成相间短路或者接地短路。绝缘杆的绝缘部分用硬塑料、胶木或者玻璃钢制成,有的用浸过绝缘漆的木料制成。其长度可按电压等级及使用场合而定。绝缘杆握手部分,材料与绝缘部分相同。握手部分与绝缘部分之间有由护环构成的明显的分界线。常见的绝缘杆如图 2-34 所示。

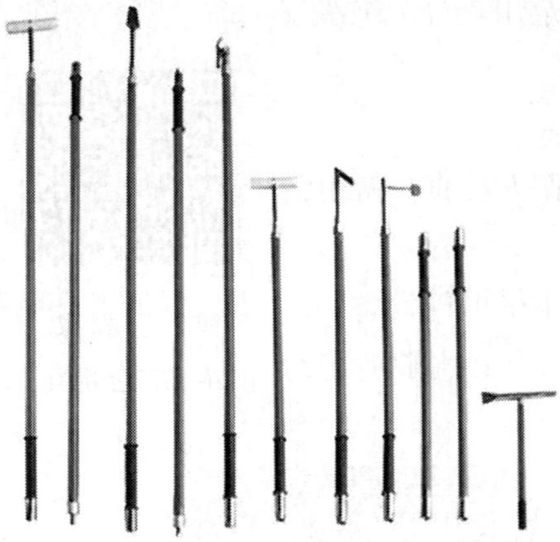

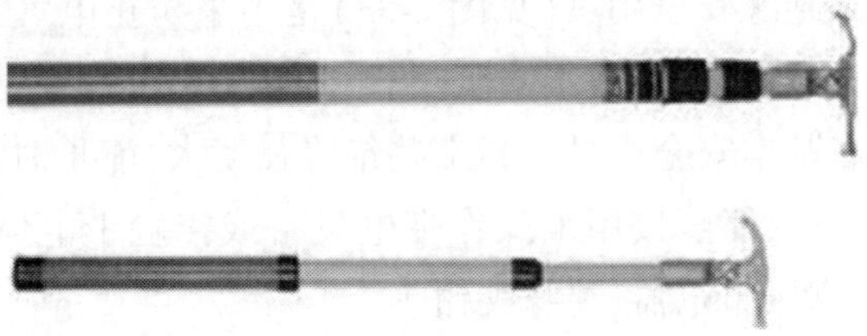

图 2-34 常见的绝缘杆种类

使用绝缘杆的注意事项如下：

使用前，必须核对绝缘棒的电压等级是否与即将操作的电气设备或线路的电压等级相同。使用绝缘棒时，工作人员应戴绝缘手套和穿绝缘靴，以增强绝缘棒的安全保护作用。在下雨、下雪或潮湿天气，无伞形罩的绝缘棒不宜使用。绝缘棒在使用时要注意防止碰撞，不得与墙或地面接触，以免损坏绝缘棒表面的绝缘层。

绝缘杆保管注意事项如下：

(1)绝缘杆应存放在干燥的地方，防止受潮。绝缘杆应放在特制的架子上或垂直悬挂在专用挂架上，以防其弯曲。

(2)绝缘杆应定期进行绝缘试验。一般每年试验一次，用作测量的绝缘杆每半年试验一次。绝缘杆一般每 3 个月检查一次，检查有无裂纹、机械损伤、绝缘层破坏等。

b. 绝缘夹钳

绝缘夹钳是用来安装和拆卸高压熔断器或执行其他类似工作的工具，主要用于 35 kV 及以下的电力系统。

绝缘夹钳主要由工作钳口、绝缘部分和握手部分三部分组成。各部分都用绝缘材料制成，所用材料与绝缘杆相同，只是它的工作部分是一个坚固的夹钳，并有一个或两个管形的开口，用以夹紧熔断器。常见的绝缘夹钳如图 2-35 所示。

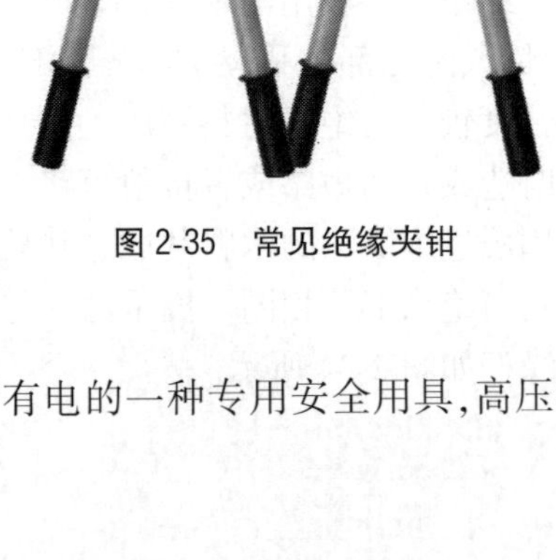

图 2-35 常见绝缘夹钳

绝缘夹钳使用及保管注意事项如下：使用时绝缘夹钳不允许装接地线；在潮湿天气只能使用专用的防雨绝缘夹钳；绝缘夹钳应保存在特制的箱子内，以防受潮；绝缘夹钳应定期进行试验，试验周期为一年。

c. 验电器

(1)高压验电器。

高压验电器是检验正常情况带高电压的部位是否有电的一种专用安全用具，高压验电器经过多年的发展,主要以回转验电器和具有声光信号的验电器为主,现在已普遍在现场使用,与过去的验电棒、氖灯验电器相比具有携带方便、灵敏度高、选择性强、信号指示鲜明、操作方便等优点,广泛用于高压交流系统验电。

高压验电器按照适用电压等级可分为0.1~10 kV、6 kV、10 kV、35 kV、66 kV、110 kV、220 kV、500 kV;按照型号可分为GDY声光型、GD声光型、GSY声光型、YD语言型、GDY-F防雨型、GDY-C风车式、GDY-S绳式。常见普通高压验电器如图2-36所示。

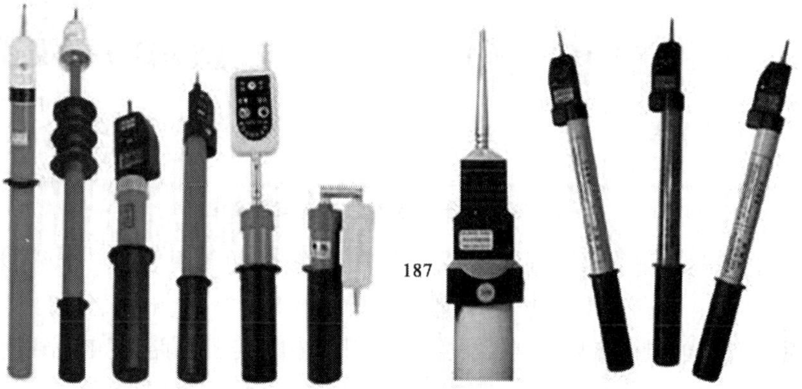

图2-36 普通高压验电器

(2)高压验电器的使用与维护。

①在使用前必须进行自检,方法是用手指按动自检按钮。指示灯应有间断闪光,发出间断报警声,说明该仪器正常。

②进行10 kV以上验电作业时,必须执行《电业安全工作规程》,工作人员戴绝缘手套、穿绝缘鞋并保证对带电设备的安全距离。

③必须使用电压与被验电设备电压等级一致的验电器。工作人员在使用时,要手握绝缘杆最下边部分,以确保绝缘杆的有效长度,并根据《电业安全工作规程》的规定,先在有电设施上进行检验,验证验电器确实性能完好,方能使用。验电时,验电器应逐渐靠近带电部分,直到氖灯发亮,验电器不要立即直接触及带电部分。

④验电器应定期做绝缘耐压试验、启动试验,高压验电器每半年试验一次,潮湿地方3个月试验一次,如发现该产品不可靠应停止使用。雨天、雾天不得使用,验电器应存放在干燥、通风、无腐蚀气体的场所。

⑤验电时,验电器不应装接地线,除非在木梯、木杆上验电,不接地不能指示时,才可装接地线。注意被测试部位各方向的邻近带电体电场的影响,防止误判断。

(3)低压验电器。

低压验电器又称试电笔或验电笔,是一种用氖灯指示是否带电的基本安全用具,为便于携带,多制成类似钢笔或螺丝刀的形状。这是一种检验低压电气设备、电器或线路是否带电的一种用具,也可以用它区分火(相)线和地(中性)线。试验时氖管灯泡发亮的即为火线。低压验电器的结构与种类如图2-37所示。

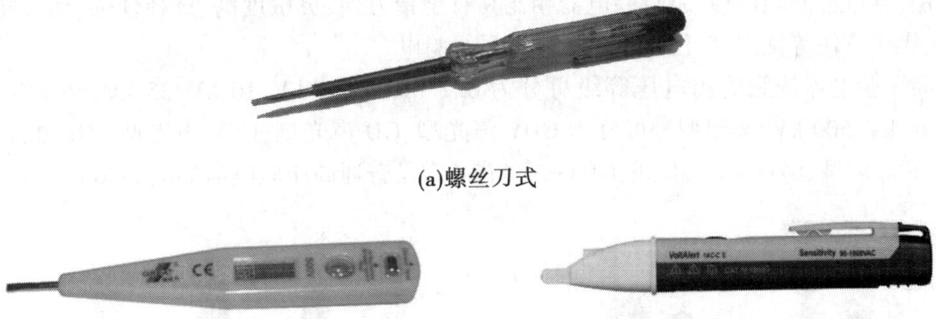

(a)螺丝刀式

(b)电子式

(c)钢笔式

图 2-37　低压验电器的结构与种类

在制作时，笔身用绝缘材料制成，笔尖用铜或铁做成，笔管里装有一个圆形的碳素高电阻（安全电阻）、一个氖灯和一个金属弹簧。弹簧用来使笔尖、电阻、氖灯、笔尾保持接触。笔钩一方面便于挂在衣袋里携带，另一方面用于构成电流通路，使电流通向人体流入大地。

①使用时，手拿验电笔，用一个手指触及金属笔卡，金属笔尖顶端接触被检查的带电部分，看氖管灯泡是否发亮，如果发亮，则说明被检查的部分是带电的，并且灯泡愈亮，说明电压愈高。

②低压验电笔在使用前、后也要在确知有电的设备或线路上试验一下，以证明其是良好的。

③低压验电笔并无高压验电器的绝缘部分，故绝不允许在高压电气设备或者线路上进行试验，以免发生触电事故，只能在 100~500 V 范围内使用。

④低压验电器的主用用途有：在三相四线制系统中（380/220 V）可检查系统故障或三相负载不平衡，检查相线接地，检查设备外壳漏电，检查接触不良，区分直流、交流及直流电的正负极。

2）辅助安全用具

辅助安全用具包括绝缘手套、绝缘靴（鞋）、绝缘垫、绝缘站台（绝缘凳）和绝缘毯等。

a. 绝缘手套

绝缘手套是高压电气设备上进行操作时使用的辅助安全用具。在低压带电设备上工作时，把它作为基本安全用具使用，即使用绝缘手套可直接在低压设备上进行带电作业。绝缘手套可使人的两手与带电物绝缘，是防止同时触及不同极性带电体而触电的安全用具，如图 2-38 所示。

b. 绝缘靴（鞋）

绝缘靴（鞋）的作用是使人体与地面绝缘。绝缘靴是在进行高压操作时用来与地保持绝缘的辅助安全用具，而绝缘鞋用于低压系统中，两者都可作为防护跨步电压的基本安全用具。绝缘靴（鞋）也是由特种橡胶制成的，如图 2-39 所示。

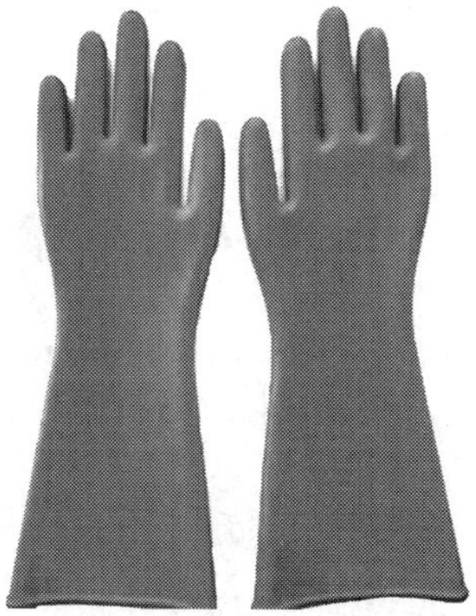
图 2-38 绝缘手套

图 2-39 绝缘靴(鞋)

使用和保存绝缘手套和绝缘靴(鞋)时,应注意下列事项:

(1)每次使用前应进行外部检查,查看表面有无损伤、磨损或破漏、划痕等。检查方法是,将手套朝手指方向卷曲,当卷到一定程度时,内部空气因体积减小、压力增大,手指鼓起,不漏气者即为良好。

(2)使用绝缘手套时,最好先戴上一双棉纱手套,夏天可防止出汗动作不方便,冬天可以保暖;操作时出现弧光短路接地,可防止橡胶熔化灼烫手指。使用后应擦净、晾干,并在绝缘手套上撒上一些滑石粉,以免粘连。

(3)绝缘靴(鞋)不得当作雨鞋或作他用,其他非绝缘靴(鞋)也不能代替绝缘靴(鞋)使用。绝缘靴(鞋)在每次使用前应进行外部检查。

(4)绝缘手套和绝缘靴(鞋)应放在通风、阴凉的专用柜子里。一般温度在 5~20 ℃、湿度在 50%~70%最合适。而且每 6 个月要定期试验,试验合格应有明显标志和试验日期。

c. 绝缘垫

绝缘垫由特种橡胶制成,表面有防滑槽纹。绝缘垫可以增强操作人员对地绝缘,避免或减轻发生单相短路或电气设备绝缘损坏时,接触电压与跨步电压对人体的伤害;在低压配电室地面上铺绝缘垫,可代替绝缘鞋,起到绝缘作用,因此在 1 kV 以下时,绝缘垫可作为基本安全用具,而在 1 kV 以上时,仅作辅助安全用具。绝缘垫定期每两年试验一次,试验标准按规程进行。

d. 绝缘站台(绝缘凳)

绝缘站台用干燥木板或木条制成,如图 2-40 所示,可以代替绝缘垫或绝缘靴,是辅助安全用具。用木条制成的绝缘站台,木条间距不大于 2. 5 cm,以免靴跟陷入,同时便于观察绝缘瓷瓶是否有损坏。绝缘台面的最小尺寸是 0. 8 m×0. 8 m,为便于移动、清扫和检查,台面不要做得太大,一般不超过 1. 5 m×1. 0 m,台面边缘不超出绝缘瓷瓶以外。绝缘瓷瓶高度不小于 10 cm。绝缘站台可用于室内外的一切电气设备。室外使用时,应放在坚硬的地面上,防止绝缘瓷瓶陷入泥中或草中,降低绝缘性能。

绝缘凳(见图 2-41)以玻璃钢为原材料,采用高温聚合拉挤工艺,通常耐受 25 kV/m 的工频电压,是目前电力系统常用的安全登高工具。凳面铺有防滑绝缘胶板,不易疲劳,安全程度高。为了工作人员使用方便,还设计了可移动式的绝缘凳,省时省力。

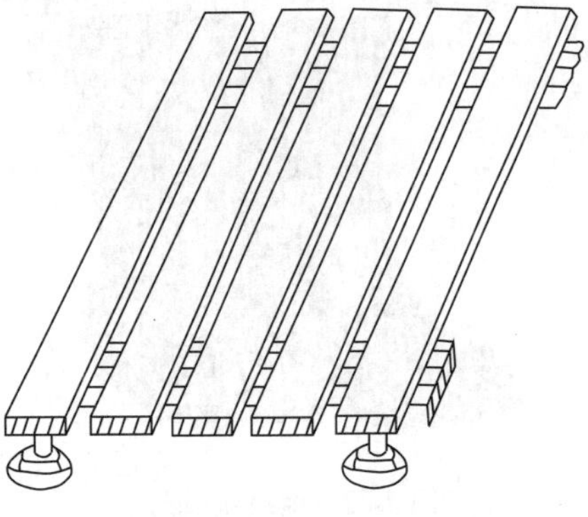

图 2-40 绝缘站台

图 2-41 绝缘凳

2. 一般防护安全用具

为了保证电力工作人员的安全和健康,除上述基本和辅助安全用具外,还应使用一般性防护安全用具。如携带型接地线、遮栏、标示牌、安全提示牌、近电报警器,以及安全带、安全帽、脚扣、工作服、护目镜、安全照明灯具等。

码 2-8 微课-一般防护安全用具

1) 携带型接地线

携带型接地线(见图 2-42)由绝缘操作杆、导线夹组成。导线夹采用优质铝合金压铸,强度高,再经表面处理使线夹表面不易氧化。操作杆用环氧树脂精制成彩色管,绝缘性能好,强度高、重量轻、色彩鲜明、外表光滑。接地线是用于防止设备、线路突然来电,消除感应电压,放尽剩余电荷的临时接地装置,是一根生命线。当高压设备停电检修或进行其他工作时,为了防止停电检修设备突然来电(如误操作合闸送电)和邻近高压带电设备所产生的感应电压对人体的危害,需要将停电设备用携带型接地线三相短路接地,是生产现场防止人身电击必须采取的安全措施。

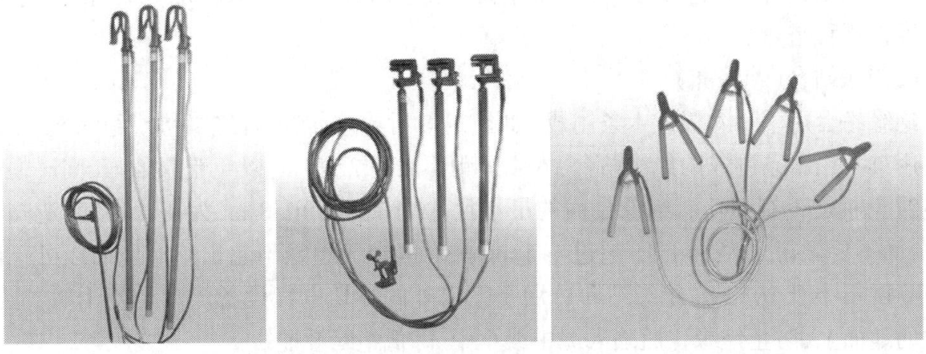

图 2-42 携带型接地线

(1)携带型接地线各组成部分的作用。

①线夹:起到接地线与设备的连接作用,根据接地点载流部分的外型不同,也有多种专用线夹供选择。

②多股软铜线:应承受工作地点通过的最大短路电流,同时应有一定的机械强度,因此规定短路接地线所用的多股软铜线截面不得小于 25 mm^2,多股软铜线截面的选择应按接地线所用的系统短路容量而定,系统越大,短路电流越大,所选择的接地线截面也越大。多股软铜线套有绝缘塑料外套起保护作用。

③接地端:起接地线与接地网的连接作用,一般是用螺丝紧固的。

(2)装拆顺序。

装拆接地线有严格的安全使用操作顺序,装设接地线必须先装接地端,后挂导体端,且必须接触良好,拆接地线必须先拆导体端,后拆接地端。

(3)使用和保管注意事项如下:

①接地线的线卡或线夹应能与导体接触良好,并有足够的夹紧力,以防通过短路电流时,由于接触不良而熔断或因电动力的作用而脱落。

②检查接地铜线和三根短铜线的连接是否牢固。

③装拆接地线必须由两人进行,装接地线之前必须验电,操作人要戴绝缘手套和使用绝缘杆。当雷雨天或接地网接地电阻不合格时,应穿绝缘靴操作。

④接地线每次使用前应进行详细检查,检查螺丝是否松脱、铜线有无断股、线夹是否好用等,损坏的接地线应及时修理或更换,不合格的接地线禁止使用。

⑤接地线必须使用专用线夹固定在导线上,严禁用缠绕的方法进行接地或短路。

⑥每组接地线均应编号,并存放在固定地点,存放位置也应编号,接地线号码与存放位置号码必须一致,以免发生误拆或漏拆接地线造成事故。

⑦接地点和工作设备之间不允许连接刀闸或熔断器,以防它们断开时,工作地点失去接地,威胁检修人员的安全。

⑧接地线在通过一次短路电流后,一般应予报废。

2)遮栏

高压电气设备部分停电检修时,为防止检修人员走错位置误入带电间隔及过分接近带电部分,一般采用遮栏进行防护。此外,遮栏也用作检修安全距离不够时的安全隔离装置。遮栏分为栅遮栏、绝缘挡板和绝缘罩三种。

遮栏(见图 2-43)用干燥的绝缘材料制成,不能用金属材料制作,遮栏高度不得低于 1.7 m,下部边缘离地不应超过 10 cm。

3)标示牌

标示牌的作用是用来警告工作人员不得接近带电部分,指示工作人员正确的工作地点,提醒工作人员采取安全措施以及禁止向某设备送电等。

标示牌按用途可分为禁止、允许和警告 3 类,共计 6 种,如图 2-44 所示。

图 2-43　遮栏

图 2-44　标示牌

(1)禁止类标示牌有:"禁止合闸,有人工作""禁止合闸,线路有人工作",这类标示牌挂在已停电断路器和隔离开关的操作把手上,防止运行人员误合断路器和隔离开关。大的挂在隔离开关操作把手上,小的挂在断路器操作把手上,标示牌背景用白色,文字用红色。

(2)允许类标示牌有:"在此工作""从此上下"。"在此工作"标示牌用来挂在指定工作的设备上或该设备周围所装设的临时遮栏入口处。"从此上下"标示牌用来挂在允许工作人员上、下的铁钩或梯子上。此类标示牌的规格为 250 mm×250 mm,在绿色的底板上绘上一个直径为 210 mm 的白色圆圈,在圆圈中用黑色标志"在此工作"或"从此上下"的安全用语。

(3)警告类标示牌有:"止步,高压危险""禁止攀登,高压危险"。这类标示牌背景用白色,边框用红色,文字用黑色。"止步,高压危险"标示牌用来挂在施工地点附近带电设备的遮栏上、室外工作地点的围栏上、禁止通行的过道上、高压试验地点以及室内构架和工作地点临近带电设备的横梁上。"禁止攀登,高压危险"标示牌用来挂在与工作人员上、下的邻近有带电设备的铁钩架上和运行中变压器的梯子上。

4)安全提示牌

安全色用来表达安全信息含义的颜色 ,有红、蓝、黄、绿四种颜色。

红色——表示禁止、停止,也表示防火。

蓝色——表示指令、必须遵守的规定。

黄色——表示警告、注意。

绿色——表示安全、通行。

为了使安全色更加醒目,安全色一般不单独使用,往往要增加对比色加以反衬,用作对比色的反衬色有黑色、白色两种,白色用于与红色、蓝色、绿色对比,黑色用于与黄色对比。安全提示牌如图 2-45 所示。

(a)禁止类安全提示牌

(b)警告类安全提示牌

(c)提示类安全提示牌

图 2-45 安全提示牌

5)近电报警器

近电报警器是一种新型安全防护用具,它适合在有电击危险环境里进行巡查、作业时使用。在高低压供电线路或设备维护、检修,或巡视检查设备时,若工作人员接近带电设备危险距离,近电报警器会自动报警,提醒工作人员保持安全距离,避免电击事故发生。同时,近电报警器还具有非接触性检测高低线路是否带电或断电,判别火线、零线,判断电器设备是否带电、漏电等多功能,如图 2-46 所示。

6）安全带

在发电厂进行检修时或在架空线路杆塔上和变电所户外构架上进行安装、检修、施工时，为防止作业人员从高空摔跌，必须使用安全带予以防护，否则就可能出现事故。安全带如图 2-47 所示。

7）安全帽

安全帽是用来保护使用者头部或减缓外来物体冲击伤害的个人防护用品，广泛应用于电力系统生产、基建修造等工作场所，预防从高处坠落物体（器材、工具等）对人体头部的伤害。无论高处作业人员及地面上配合人员都应戴安全帽。

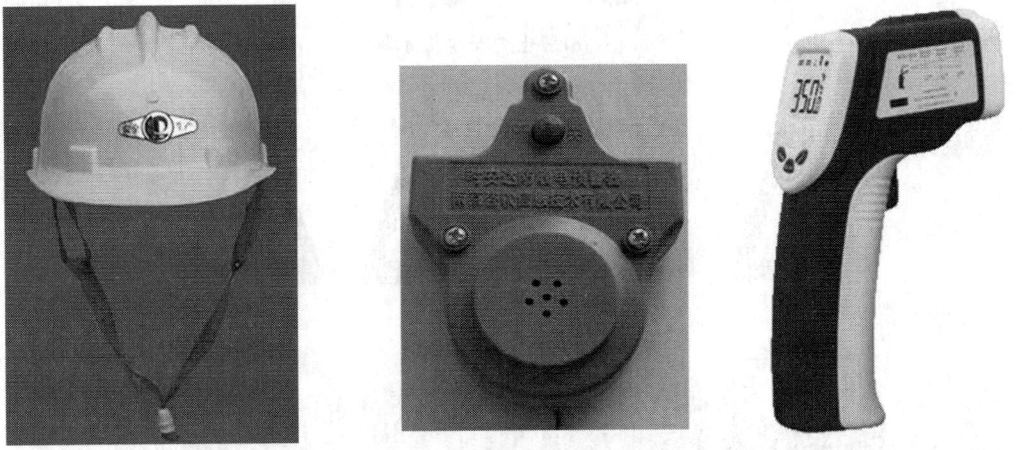

(a)近电报警安全帽　(b)安全帽近电报警器　(c)仪表近电报警器

图 2-46　近电报警器

图 2-47　安全带

8）脚扣

脚扣是攀登电杆的主要工具（见图 2-48），分为木杆用脚扣和水泥杆用脚扣两种。木杆用脚扣的半圆环和根部均有凸起的小齿，以便登杆时刺入杆中达到防滑的作用；水泥杆用脚扣的半圆环和根部装有橡胶套或橡胶垫来防滑。

(a)脚扣

(b)升降板

图 2-48　脚扣与升降板实物图

【案例 2-2】　安全带未扣牢,未检查,高坠重伤事故。

2016 年 4 月 30 日,重庆某建设开发集团公司在国家电投所属某电力有限公司落水洞水电工地进行 3 号溢流坝段闸墩拆模作业时,1 名作业人员因安全带挂钩未就位,门机吊钩旋转时,模板将其从高处带下坠落至地面,经抢救无效死亡。

【案例 2-3】　作业人员不正确佩戴安全帽,登高(2 m)造成高坠死亡事故。

多年前,某供电局客户中心营业管理所副所长按工作计划,分配陈某(工作负责人)、徐某、杨某 3 人前往某市古城路 267 号安装新表,3 人到达工作现场后,徐某在墙壁上固定表板,陈某分配杨某准备登杆接线,约 9 时 10 分,陈某将铝合金梯子靠在屋檐雨披上,并向上攀登,当陈某登至约 2 m 高度时,梯子忽然滑落,陈某随梯子后仰坠地,因安全帽系不牢靠,造成安全帽飞出,陈某后脑壳碰地并有少量出血,经抢救无效死亡。

【课后实践】

1. 请同学们课后归纳总结在不同场合作业下,需要做好哪些安全措施。

2. 请同学们查阅相关资料,了解各种安全器具的正确使用方法和注意事项。

【课后练习】

请扫描二维码,做课后练习。

项目二　课后练习

第三部分　专业融入水电基础知识

【水电科学家】

不断超越的水电人生——张超然

他全身投入水电事业50余年，淡泊名利，潜心科研攻关，为三峡工程倾注大量心血。

他身上体现的是"科学民主、求实创新、团结协作、勇于担当、追求卓越"的三峡精神和鲜明的时代意识、责任意识。

他的事迹是激励人们砥砺前行，追寻"三峡梦"的精神动力。

他就是中国长江三峡集团公司科学技术委员会顾问、中国电建集团成都勘测设计研究院专家委员会高级顾问、中国工程院院士——张超然。

世纪工程的"技术总长"

1996年，张超然出任中国长江三峡工程开发总公司（2009年9月更名为中国长江三峡集团公司）总工程师，成为了这个世纪工程的"技术总长"。

到任伊始，张超然便埋头于三峡工程几十年来的技术资料。那时，张超然几乎足不出户，花了近一个月时间，把浩如烟海的三峡工程资料初步整理出头绪。张超然心里明白："三峡工程集中反映了我国50年来水电科研成果，不了解这些背景资料，就当不好总工程师。"

书写出"三峡精神"的"超燃"笔记本

张超然的办公桌上放着一摞笔记本，密密麻麻地记满了数字，他称为"大数据"作业本。"我非常注重数据分析。40多年坚持下来，积累了近200本。"

这是一种什么样的"大数据"？

翻开本子，会看到令人动容的记录：在不同年份、不同时段，对大江大河的水情、流量等数据进行对比，可以分析发现相关趋势和问题；坝址两岸山体变形，会对坝体尤其是拱坝受力状态产生影响，这也需要数据分析；向家坝升船机下游引航道出口水力学条件是否达到设计要求，也要靠数据说话……

几十年来，张超然高度关心三峡、向家坝、溪洛渡、白鹤滩、乌东德等5座水电站的建设和运行情况，每天都要将相关部门发布的水情、工程原型监测等关键数据，以及主持和参加相关专题技术会议等的资料抄下来，日积月累，形成了海量"大数据"，成为他深入分析研究并随时掌控大坝建设和运行情况最宝贵的第一手资料。

他为什么要锲而不舍地记录，并分析这些大数据？

在张超然的工作笔记本首页上，可以找到答案——“三峡精神：科学民主、求实创新、团结协作、勇于担当、追求卓越”。

“三峡工程是全体三峡建设者在三峡精神的鼓舞下，无私奉献、实干苦干、努力拼搏干出来的。”张超然说。

如今，三峡工程发挥着巨大综合效益，但张超然总是“忘了”自己的作用，记得他人的付出：“三峡工程的成功建设和取得的重大成绩，首先应归功于党中央和国务院的英明决策和正确领导，归功于全国人民的大力支持和库区百万移民的无私奉献。”

即便2003年成功当选中国工程院院士，他也始终低调如一：“我是一个普通三峡建设者，是三峡工程的一名工程技术人员。我不认为当选院士就高人一等，也根本没想过待遇问题。我今后仍会努力把工作做好，发扬技术上的民主，发挥好大家的整体力量，齐心协力把三峡工程干好。”

在奉献中保持谦逊，在谦逊中涵养精神。正是对张超然将一生奉献给水电事业的最好诠释。

来源：新华网、清华校友总会、中国工程院院士馆

项目三　水利与电力的融合发展——抽水蓄能

项目概述

认识抽水蓄能

能源安全对国家繁荣发展、人民生活改善和社会长治久安至关重要。在“双碳”目标的驱动下，电源侧的清洁化和用户侧的电气化正在加速演进，电力系统发展面临新的机遇和挑战。抽水蓄能电站是促进新能源开发利用和构建以新能源为主体的新型电力系统的关键支撑，对电网运行的稳定性、安全性具有重要作用。

进入新时代，国民经济和社会发展“十四五”规划和2035年远景目标、应对全球气候变化实施“碳达峰、碳中和”战略，以及构建新型电力系统的新的发展要求，催生了新一轮抽水蓄能中长期规划的加速提出和雄心勃勃的“十四五”建设计划。

2021年9月，国家能源局发布了《抽水蓄能中长期发展规划(2021—2035年)》，紧接着国家一系列配套政策出台，产业投资热情瞬间点爆，成为行业风口。

截至2021年，我国抽水蓄能电站建成投产规模仅3 639万kW。“十四五”期间，要在此基础上，核准开工1.6亿kW，到2025年，投产总规模达6 200万kW，较“十三五”翻一番；“十五五”期间，新增核准开工8 000万kW，到2030年，投产总规模达1.2亿kW，再翻一番。

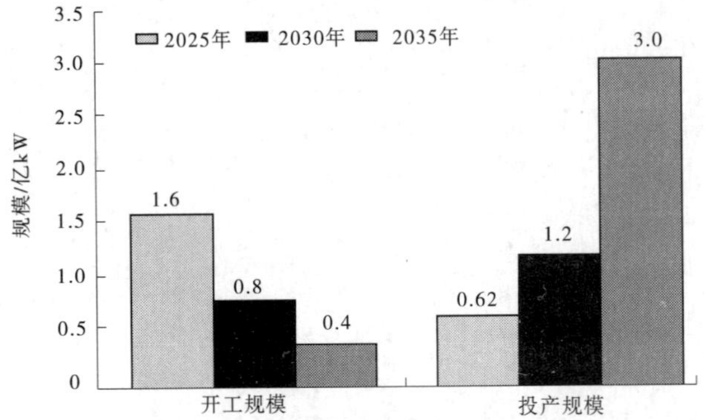

抽水蓄能规划

可见，未来10年，抽水蓄能市场新增投资将超万亿元，毫无疑问，抽水蓄能产业将成为各建筑类企业、勘测设计企业和装备制造企业一条新的竞争赛道。随着工程建设领域体制机制改革创新，一些新的投资主体的深度介入，未来抽水蓄能投资开发和工程建设管理在体制机制创新方面必将取得新的更大进步。本项目将带领我们学习什么是抽水蓄能电站,抽水蓄能电站的工作原理是什么,抽水蓄能电站的组成及站址选择和水利建设等。

知识结构

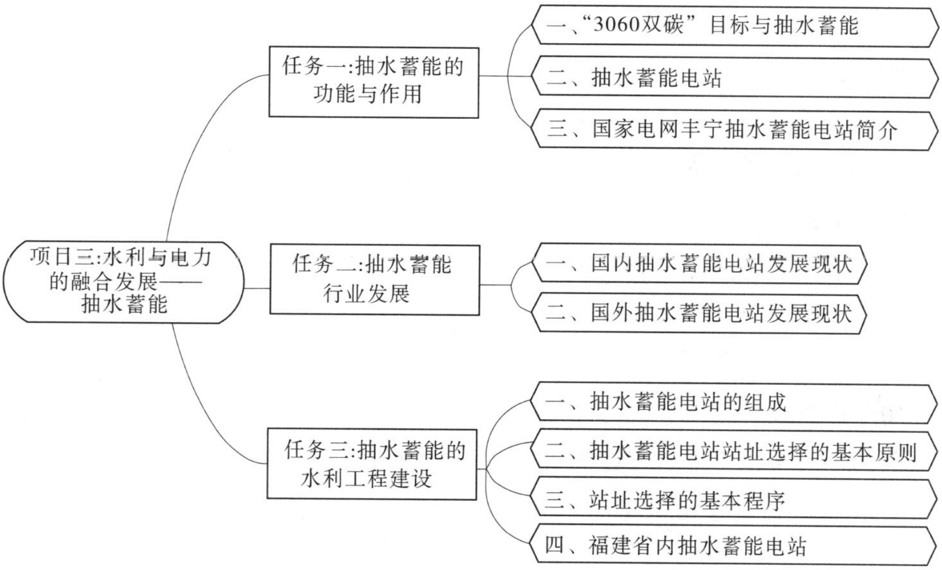

任务一　抽水蓄能的功能与作用

学习目标

能力目标

1. 熟悉抽水蓄能电站的工作特点；
2. 熟知抽水蓄能电站的建设过程。

知识目标

1. 掌握抽水蓄能电站的基本概念；
2. 了解抽水蓄能电站的站址选择；
3. 掌握抽水蓄能电站的分类及作用。

素质目标

通过介绍大型抽水蓄能工程增强民族自信心。

一、"3060 双碳"目标与抽水蓄能

随着全球气候变暖,"碳中和"的理念逐渐开始深入人心,为了减少碳排放,就不得不开拓新的能源方式,抽水蓄能作为一种全新的能源存储方式也得到越来越多国家的认可。

(一)"3060 双碳"目标

2020 年 9 月 22 日,习近平总书记在第 75 届联合国大会一般性辩论上发表的重要讲话中指出:应对气候变化《巴黎协定》代表了全球绿色低碳转型的大方向,是保护地球家园需要采取的最低限度行动,各国必须迈出决定性步伐。中国将提高国家自主贡献力度,采取更加有力的政策和措施,二氧化碳排放力争于 2030 年前达到峰值,努力争取 2060 年前实现"碳中和"。各国要树立"创新、协调、绿色、开放、共享"的新发展理念,抓住新一轮科技革命和产业变革的历史性机遇,推动疫情后世界经济"绿色复苏",汇聚起可持续发展的强大合力。

(二)发展抽水蓄能的必要性

实现"碳达峰、碳中和"目标,构建以新能源为主体的新型电力系统,是党中央、国务院做出的重大决策部署。风、光等新能源的大规模开发及其发电的波动性、间歇性特点,决定电力系统需建设大量调节电源。结合我国能源资源的禀赋条件等综合研判:抽水蓄能是当前技术最成熟、经济性最优、最具大规模开发条件的电力系统绿色低碳清洁灵活调节电源,与风电、太阳能发电、核电、火电等配合效果较好。当前及未来一段时期,我国电力系统需要建设大规模的抽水蓄能电站。加快发展抽水蓄能是构建以新能源为主体的新

型电力系统的迫切要求，是保障电力系统安全稳定运行的重要支撑，是可再生能源大规模发展的重要保障。

二、抽水蓄能电站

(一)抽水蓄能电站的定义及分类

抽水蓄能电站是利用电力系统剩余电力抽水到高处储存，在电力系统电力不足时放水发电的水电站。与常规水电站不同，抽水蓄能电站既是发电厂，又是用电户。抽水蓄能电站通常由上水库、下水库、输水道、厂房及开关站等部分组成。按开发方式不同，抽水蓄能电站可以分为纯抽水蓄能电站和混合式抽水蓄能电站。

1. 纯抽水蓄能电站

其上水库没有(或几乎没有)天然径流来源，其发电量全部来自抽水蓄存的水能，发电的水量等于抽水蓄存的水量，仅需少量天然径流补充蒸发和渗透损失。补充水量主要来源于上下水库的天然径流。我国大部分已建和在建的抽水蓄能电站均属于该类型，如广州抽水蓄能电站、天荒坪抽水蓄能电站等。

2. 混合式抽水蓄能电站

厂内既设有抽水蓄能机组，也设有常规水轮发电机组。上水库有天然径流来源，既可利用天然径流发电，也可从下水库抽水到上水库后再根据需要发电。其上水库一般建于河流上，下水库可设在现有梯级电站或另择址建设。如 1993 年建成的潘家口抽水蓄能电站，装有 1 台 15 万 kW 的常规机组和 3 台单机容量 9 万 kW 的可逆式抽水蓄能机组；2006 年建成投产的吉林白山抽水蓄能电站，利用下游梯级红石水库做下库，白山水库做上库，安装了 2 台 15 万 kW 抽水蓄能机组。

(二)抽水蓄能电站功能

抽水蓄能电站具有调峰填谷、调频、调相、储能、事故备用、黑启动等多种功能，是保障电力系统安全、可靠、稳定、经济运行的有效途径。

1. 功能一：调峰填谷

电力负荷在一天之内是波动的，抽水蓄能电站在用电高峰期间发电，在用电低谷期间抽水填谷，可以改善燃煤火电机组和核电机组的运行条件，减少弃风弃光量，保证电网稳定运行，提高电网综合效益。

在十三陵抽水蓄能电站运行中，由于担当调峰发电、抽水填谷等任务，降低了电网的峰谷差率，减轻了燃煤火电调峰机组的调峰任务，不但为电力系统节约了固定运行费用和燃料费用，而且对电网的稳定运行起到了十分重要的作用。

2. 功能二：调频

电网频率要求控制在(50±0.2)Hz，为此，电网所选择的调频机组必须快速灵敏，以便随电网负荷瞬时变化而调整出力。由于抽水蓄能机组具有迅速而灵敏的开、停机性能，特别适宜于调整出力，能很好地满足电网负荷急剧变化的要求。京津唐电网在兴建潘家口抽水蓄能电站后，其调频任务由原来的燃煤火电机组承担改为由抽水蓄能电站机组承担，目前电网第一、第二调频厂分别为十三陵电站、潘家口抽水蓄能电站,电网周波合格率年均接近 100%,对电网调频发挥了很大的作用。

3. 功能三:调相

电力系统无功电力不足,会造成电力系统电压下降,影响电力系统的供电质量和安全可靠运行。抽水蓄能电站可通过发电工况和抽水工况进行快速调相,能很好地服务于电力系统无功平衡,保障电力系统安全稳定。广州抽水蓄能电站自投产运行以来,1994—1997 年共发无功 21 878 万 kvar · h,吸收无功 72 928 万 kvar · h。从 1998 年至今,特别是 2002 年底南方电网公司成立以来,调相运行需求进一步加大,在 2003 年春节期间广州抽水蓄能电站共启动调相 69 次,运行时间 1 116 h,为广东电网平衡无功、稳定电压发挥了重要作用。

4. 功能四:储能

抽水蓄能电站就像一个"用水做成的巨型充电宝",当电力系统中各类电源总发电出力大于负荷需求时,抽水蓄能电站通过从下水库抽水至上水库的方式,将电能转化为水的势能储存起来,在负荷高峰时再将水能转化为电能。特别在风电、光伏等新能源装机占比较大的新型电力系统中,由于风、光资源不可控的特点更需要"巨型充电宝"配合运行,减少弃风弃光,提高清洁可再生能源利用效率。

河北丰宁抽水蓄能电站,装机容量 360 万 kW,有世界最大"充电宝"之称,项目投产后可将京津冀地区不稳定的光伏、风电等清洁能源输出的电能,转变成稳定的绿色电能,可满足 260 万户家庭一年的用电,对实现北京冬奥会承诺的 100%清洁能源供电具有显著意义。

5. 功能五:黑启动

在电网发生故障或负荷快速增长时,要求有快速响应电源能承担紧急事故备用和负荷调整功能,抽水蓄能电站因其快速灵活的运行特点,是承担紧急事故备用的首要选择。华东电网是我国的受端电网之一,主要接受西部电力和三峡电力,而输电通道发生事故在所难免,这就对受端电网产生巨大冲击。自从天荒坪抽水蓄能电站首台机组投产以来,已经快速启动多次,保证了电网的安全、稳定运行。如 2003 年 4—5 月三峡龙政直流先后三次跳闸,需紧急启动事故备用,由于天荒坪电站机组的快速启动投入,电网频率在短时间内迅速恢复到正常范围内,避免了较大事故的发生。

三、国家电网丰宁抽水蓄能电站简介

2021 年 12 月 30 日,服务北京绿色冬奥的国家电网河北丰宁抽水蓄能电站投产发电。此次投产的是电站 1 号、10 号两台机组,装机容量共 60 万 kW。丰宁抽水蓄能电站位于河北省承德市丰宁县,规划安装 12 台单机容量 30 万 kW 机组,总装机容量 360 万 kW,总投资 192 亿元。电站创造了四项世界第一,即装机容量世界第一、储能能力世界第一、地下厂房规模世界第一、地下洞室群规模世界第一。

工程还首次实现抽水蓄能电站接入柔性直流电网,首次在国内采用大型变速抽水蓄能机组技术，首次系统性攻克复杂地质条件下超大型地下洞室群建造关键技术，为抽水蓄能高质量发展提供了工程示范。

丰宁抽水蓄能电站紧邻京津冀负荷中心和冀北千万千瓦级新能源基地。电站总装机容量 360 万 kW，年设计发电量 66.12 亿 kW · h，年抽水电量 87.16 亿 kW · h。这个超级工程不一般，创造了四项“第一”，实现了三个“首次”。

（一）世界最大“充电宝”

如果用一个字形容丰宁抽水蓄能电站（见图 3-1），那就是——大。

图 3-1 丰宁抽水蓄能电站

丰宁抽水蓄能电站上、下水库，装机容量世界第一，可提供 1/3 个三峡水电站的调节出力。丰宁抽水蓄能电站全部机组投产后，其双倍调节能力高达 720 万 kW。得益于庞大的库容，电站一次蓄满可储存新能源电量近 4 000 万 kW · h，储能能力世界第一，全年可以消纳新能源 87 亿 kW · h，是世界最大的“超级充电宝”。丰宁抽水蓄能电站效益见图 3-2。

12 台机组满发利用小时数达到 10.8 h。电站可以以周为周期进行调节——周一至周五用电高峰时发电，周末两天用电低谷时抽水补库容。它也是华北地区唯一具有周调节性能的抽水蓄能电站。

（二）地下厂房规模世界第一

这个世界最大规模的抽水蓄能电站地下厂房单体总长度 414 m、高度 54.5 m、跨度 25 m，12 台机组呈“一”字形排开。这个高度，相当于 17 层楼高；这个长度，跑个来回就可以出 800 m 体测成绩了。

（三）地下洞室群规模世界第一

地下挖出一条“北京三环路”，丰宁抽水蓄能电站一共开挖大大小小 190 条洞室，总长度 50.14 km，规模为世界之最。这长度比北京三环路一圈还长。

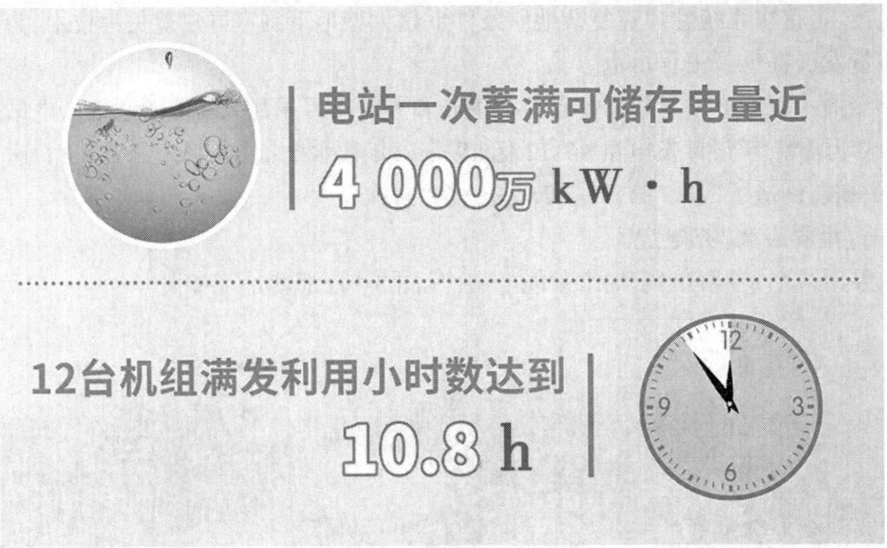

图 3-2　丰宁抽水蓄能电站效益

在建设这一世界级抽水蓄能电站的过程中,国网新源公司也总结出多项施工经验,并首次系统性攻克复杂地质条件下超大型地下洞室群建造关键技术。

(四)助力“双碳”目标实现

丰宁抽水蓄能电站是服务北京冬奥场馆实现100%绿电供应的重点工程,也是助力实现“双碳”目标、推动能源转型与绿色发展、构建新型电力系统取得的又一重要成果。对于电力系统来说,抽水蓄能的本领大,能够提高电力系统安全可靠性。随着我国能源绿色低碳转型加快推进,以及风电、太阳能等新能源快速发展,保障电力系统安全稳定运行需要抽水蓄能。这也是抽水蓄能电站首次接入柔性直流电网。丰宁抽水蓄能电站是直接接在新能源近区的“超级充电宝”,可以从源头上降低新能源发电的波动性。有了它的调节,“任性的”绿电可以更稳定地接入电网了。这不但开创了抽水蓄能发展史上的“先河”,也为破解新能源大规模开发利用难题提供了宝贵的“中国方案”。

【课后实践】

1. 抽水蓄能电站具有调峰填谷、调频、调相、储能、事故备用、黑启动等多种功能,是保障电力系统安全、可靠、稳定、经济运行的有效途径。请以国内某个抽水蓄能电站为例,说明该电站在运行过程中发挥的作用。

2. 储能即是将电能转化为其他形式的能量储存起来。储能的基本方法是先将电力转化为其他形式的能量存放在储能装置中,并在需要时释放;根据能量转化的特点可以将电能转化为动能、势能和化学能等。储能的目的主要是实现电力在供应端、输送端以及用户端的稳定运行。目前,市场上主要的储能类型包括物理储能和电化学储能。试分析物理储能和电化学储能的种类和优缺点,并进一步说明抽水蓄能为什么被称为大型充电宝,是解决电网调峰问题最好的储能方案。

任务二 抽水蓄能行业发展

学习目标

能力目标

通过剖析抽水蓄能电站的现状来分析抽水蓄能电站未来发展趋势。

知识目标

1. 掌握抽水蓄能电站发展的必然性;
2. 了解国内外抽水蓄能电站的现状;
3. 掌握抽水蓄能电站的中长期发展规划。

素质目标

塑造行业素养,增强民族自信心。

一、国内抽水蓄能电站发展现状

与欧美、日本等发达地区和国家相比,中国抽水蓄能起步较晚,国内第一座抽水蓄能电站河北岗南水电站于1968年建成投产。经历50多年的发展,中国已经建成潘家口、十三陵、天荒坪、泰安、宜兴等一批大型抽水蓄能电站,这些大型抽水蓄能电站采用的高水头、高转速、大容量可逆式机组,达到世界先进水平。截至2020年底,我国抽水蓄能装机容量在3 100万kW左右。

为推进抽水蓄能快速发展,适应新型电力系统建设和大规模高比例新能源发展需要,助力实现"碳达峰、碳中和"目标,国家能源局发布《抽水蓄能中长期发展规划(2021—2035年)》(简称《规划》)。

《规划》指出,当前我国正处于能源绿色低碳转型发展的关键时期,风电、光伏发电等新能源大规模高比例发展,对调节电源的需求更加迫切,构建以新能源为主体的新型电力系统对抽水蓄能发展提出更高要求。

《规划》提出了坚持生态优先、和谐共存,区域协调、合理布局,成熟先行、超前储备,因地制宜、创新发展的基本原则。在全国范围内普查筛选抽水蓄能资源站点的基础上,建立了抽水蓄能中长期发展项目库。对满足规划阶段深度要求、条件成熟、不涉及生态保护红线等环境制约因素的项目,按照应纳尽纳的原则,作为重点实施项目,纳入重点实施项目库,此类项目总装机规模4.21亿kW;对满足规划阶段深度要求,但可能涉及生态保护红线等环境制约因素的项目,作为储备项目,纳入储备项目库,这些项目待落实相关条件、做好与生态保护红线等环境制约因素避让和衔接后,可滚动调整进入重点实施项目库,此类项目总装机规模3.05亿kW。

《规划》要求加快抽水蓄能电站核准建设,各省(区、市)能源主管部门根据中长期规划,结合本地区实际情况,统筹电力系统需求、新能源发展等,按照能核尽核、能开尽开的原则,在规划重点实施项目库内核准建设抽水蓄能电站。到2025年,抽水蓄能投产总规模较“十三五”翻一番,达到6 200万kW以上;到2030年,抽水蓄能投产总规模较“十四五”再翻一番,达到1.2亿kW左右;到2035年,形成满足新能源高比例大规模发展需求的,技术先进、管理优质、国际竞争力强的抽水蓄能现代化产业,培育形成一批抽水蓄能大型骨干企业。

《规划》提出了抽水蓄能发展主要任务。一是做好资源站点保护,为抽水蓄能预留发展空间;二是加强规划站点储备和管理,滚动开展抽水蓄能站点资源普查和项目储备工作;三是积极推进项目建设,加强项目优化布局和工程建设管理;四是因地制宜开展中小型抽水蓄能建设,探索推进水电梯级融合改造,加强科技和装备创新;五是建立行业监测体系,按年度发布抽水蓄能发展报告。

《规划》提出了落实好本轮规划的要求。一是建立滚动调整机制。对储备项目库中的项目,在落实相关条件、做好与生态保护红线等环境制约因素避让和衔接后,可调整进入重点实施项目库。此外,各省(区、市)也可根据需要在不同5年计划中前后调整项目。二是促进市场化发展。《规划》提出研究简化储能新技术示范项目审批程序,稳妥推进以招标、市场竞价等方式确定抽水蓄能电站项目投资主体,鼓励社会资本投资建设抽水蓄能。

未来,我国抽水蓄能产业的发展将坚持四个基本原则:生态优先、和谐共存;合理布局、重点突出;成熟先行、超前储备;因地制宜、创新发展。其中,在“因地制宜、创新发展”方面,要重点研究混合式抽水蓄能,研究废弃矿坑的利用,以及中小和微小抽水蓄能的创新。

【案例3-1】 世界水电看中国,中国水电看电建。

抽水蓄能,正是构建以新能源为主体的新型电力系统中的重要一环。截至2021年9月,我国已投产抽水蓄能电站总规模3 249万kW,在建抽水蓄能电站总规模5 513万kW,投运和在建规模均居世界第一。而中国电建作为最早从事抽蓄电站设计和建设的“国家队”,参与了其中90%以上的工程建设,可谓“十成抽蓄,九成电建”。

数字的背后,是中国电建建设清洁能源、营造绿色环境、服务智慧城市的生动实践。中国电建集成在抽水蓄能领域勘测设计、建设施工、运维管理全产业链一体化优势,建成和正在建设着一批抽水蓄能电站工程,发挥着保障大电网安全、促进新能源消纳、提升全系统性能的重要作用。

踏准并领军中国抽蓄发展的大势,是因为中国电建自20世纪60年代,即与抽水蓄能结下了深厚的历史渊源。

早在20世纪60年代初,中国电建北京院就成功地设计建成了我国第一座抽水蓄能电站——河北岗南混合式抽水蓄能电站,填补了国内抽水蓄能电站建设的空白。

随后的几十年间,中国电建所属水电水利规划设计总院、华东勘测设计研究院、成都勘测设计研究院、昆明勘测设计研究院、西北勘测设计研究院、中南勘测设计研究院等设计企业,结合我国水资源分布状况,相继开展了河北、山西、内蒙古、吉林、辽宁、黑龙江、山东、江苏、浙江、广东等省(区)的抽水蓄能电站选点规划、勘测设计、施工监理等工作,掌握了抽水蓄能规划、设计及总承包等一大批关键核心技术,建立了一整套技术标准体系,培养了一大批专业技术骨干人才。

中国电建所属16家水电施工局,积极参与抽水蓄能电站建设,施工范围涵盖抽水蓄能电站项目所有业务,积累了系统全面的一流技术和管理经验,成为国内全面掌握大型抽水蓄能电站关键施工技术的企业之一,铸造了一座座精品工程,奠定了在抽水蓄能电站建设领域的"领军者"地位。

深耕抽蓄多年,中国电建已形成了抽水蓄能选点规划、勘测设计、工程建设管理以及工程总承包等一整套成熟的技术和管理体系,培养了一大批抽水蓄能电站设计技术、总承包人才,编制了一系列行业规范,在抽水蓄能电站特有的水库防渗、复杂地质条件下的成库与筑坝技术、高压水道设计、混流式水泵水轮机、数字化电站等方面掌握了核心技术,抽水蓄能已成为中国电建重要的核心技术和知名品牌,达到国际领先水平。

中国电建一路足迹留痕。国内第一座上水库采用钢筋混凝土全库盆防渗的十三陵抽水蓄能电站,国内首次在岩溶地区修建非全库盆防渗上水库的琅琊山抽蓄电站,国内首次采用沥青混凝土复式断面进行上水库全库盆衬砌的张河湾抽水蓄能电站,国内首座在严寒地区采用改性沥青混凝土面板全库盆防渗的西龙池抽蓄电站,国内首座700 m级超高水头、大容量、高转速的国产化机组敦化抽蓄电站,国内抽水蓄能行业首批采用集设计、采购、施工于一体的EPC总承包建设模式的阜康、清原抽蓄电站,国内首次成功应用TBM隧洞掘进技术的文登抽蓄电站,以EPC合同模式承建的第一座海外抽蓄电站——以色列克卡夫·哈亚邓抽水蓄能电站……

一路走来,中国电建脚步铿锵,宏伟蓝图逐步落实,抽蓄版图不断刷新:从大江南北,从国内海外,从单一规划选点到勘测设计到施工监理再到产业链集群……中国电建以雄厚实力开启了抽水蓄能业务领域和产业规模的快进模式,交出一张张沉甸甸的成绩单,为新时代能源建设注入源源不断的能量。

强大的水电施工能力,是中国电建抽蓄业绩骄人的底气。在多年的实践中,中国电建各水电施工局全面掌握了抽水蓄能工程施工核心技术,形成了从土建到机电安装覆盖所有专业施工的雄厚力量。江苏溧阳抽水蓄能电站(见图3-3)是当时国内第四大、江苏最大的抽水蓄能电站,中国水利水电第三、五、十二工程局等推行绿色环保施工,推广"五新"技术应用,首创"堆饼"法控制大坝填筑层厚,边坡开挖应用双聚能预裂爆破技术,工程获国家优质工程金奖、国家优质投资项目奖。

北京十三陵抽水蓄能电站(见图3-4)地处首都,担负着北京地区调峰和紧急事故备用电源的作用。由中国电建所属北京勘测设计研究院设计,中国水利水电第一、五、六工程局承建,在北京举办的多次重大国际、国内活动中都起到了保驾护航的作用。

阳蓄电站是国家和广东省的重点建设工程,也是目前国内核准建设的单机容量最大、净水头最高、埋深最大的抽水蓄能电站。由中国电建所属中国水利水电第七、八、十四工程局承建,中南勘测设计研究院监理,创新采用非开挖导向钻机施工技术等,成功攻克十余项重大关键技术,总结出了一大批新技术、新工艺,实现了工程高标准建设,为国内后续大规模建设同类电站奠定了坚实的技术基础。

琼中抽水蓄能电站是中国首个海岛绿色抽水蓄能电站,由中国电建所属中南勘测设计研究院勘测设计,中国水利水电第七、十二、十四工程局承建,仅用20个月的时间完成

图 3-3　江苏溧阳抽水蓄能电站(总装机容量 150 万 kW)

图 3-4　北京十三陵抽水蓄能电站(国内第一座上水库采用钢筋混凝土全库盆防渗的抽水蓄能电站)

了常规 27 个月工期的建设任务,创造了同类抽水蓄能电站机电安装国内最快纪录。

在广东梅州抽水蓄能电站,中国电建中南勘测设计研究院及中国水利水电第八、十四、十六工程局等充分发挥规划、设计和施工全产业链一体化优势和品牌优势,攻克了输水发电系统厂房大跨度、高边墙洞室开挖、高岭地层地下水发育难题,实现了在竖井井壁渗水影响下滑模施工进度每天最快掘进 9.9 m 同类工程施工最好成绩,首台机组调试时间仅用 1 个月,成功实现了上水库蓄水、下水库蓄水、接入系统充电、水道充水、机组安装调试五个"一次成功"。

深圳抽水蓄能电站(见图 3-5),是全国首座在超大型城市中建设的抽水蓄能电站,为"西电东送"落点和粤港电网连接点,具备强大的调峰能力,被誉为粤港澳大湾区超级"充电宝"。中国水利水电第八工程局用 3 年时间,高质高效完成深蓄上库工程建设,9 个分部工程质量优良率100%,主要技术经济指标达到国内同类工程领先水平,荣获国家优质工程奖。

图3-5 深圳抽水蓄能电站(总装机容量120万kW,全国首座在超大型城市中建设的抽水蓄能电站)

山东泰安抽水蓄能电站(见图3-6)是山东省第一座大型抽水蓄能电站和第一个水电工程。中国水利水电第一、四工程局不仅创造了一年4台机组相继投产的佳绩,而且创造了在全国首次以SFC方式启动机组的行业典范,为我国乃至世界抽水蓄能机组启动方式增加了全新的选择,同时为我国修改抽水蓄能机组启动方式提供了理论和实践依据。

图3-6 山东泰安抽水蓄能电站(总装机容量100万kW,山东省第一座大型抽水蓄能电站)

吉林敦化抽水蓄能电站是我国首座完全自主设计、制造、安装、调试、运行管理的700 m级抽蓄电站,在建设中创造了多项纪录:国内首次实现了700 m级超高水头、高转速、大容量抽水蓄能机组的完全自主研发、设计和制造;国内首次制造与应用单根长度达到 1 500 m 的 500 kV 交联聚乙烯高压电缆的高压引出线；4 条 400 m 级斜井和 1 条接近 400 m 深的竖井，均为国内最长；压力钢管及钢岔管设计 HD 值为国内最大。

浙江天荒坪抽水蓄能电站（见图 3-7）建成后，20 余年来，这块绿色“蓄电池”不仅每年带来上亿元的发电效益，而且为保障华东电网的安全运行和提高电能质量发挥了无可替代的作用，多次圆满完成 G20 峰会等国家重要保电、抗台、抗旱任务，为电网的安全稳定运行及社会和谐做出卓越贡献。

图 3-7　浙江天荒坪抽水蓄能电站（总装机容量 180 万 kW，位于浙江省安吉县，成为践行“绿水青山就是金山银山”理念的美丽名片）

值得一提的是，在前期规划设计中，由于电站上水库处在千米山巅之上，取名“江南天池”。依托“江南天池”的旅游开发，天荒坪这个曾经藏于深山名不见经传的贫困小山村，彻底摆脱了靠开矿、造纸等以破坏环境为代价的经济发展模式，变成现代桃花源，真正将绿水青山变成了金山银山，走上了“人与自然和谐、经济与社会和谐”的绿色发展道路，成为践行“绿水青山就是金山银山”理念的美丽名片，也为国家生态文明建设提供了鲜活的样板。

不负青山，方得金山。这种“人与自然和谐发展”的双赢模式，在中国电建建设的抽蓄电站中，天荒坪电站可不是个例。

河南宝泉抽水蓄能电站（见图 3-8）建成后，极大地提升了宝泉对外交通，电站上下水库，犹如镶嵌在峡谷中的两颗珍珠，通过整体旅游规划，宝泉景区已被评为国家 4A 级景区；山东泰安抽水蓄能电站，位于世界自然和文化双遗产——泰山风景区南麓，为确保工程建设与泰山整体风貌的和谐统一，中国电建将原设计位于泰山的主渣场改至下水库坝后，节约土地 110 亩，并建成了天平湖湿地生态公园，为泰山景区增添了一道亮丽景观，带动了地方经济社会发展。

在河北、辽宁、陕西、湖南、重庆、新疆、黑龙江……同样的故事还正在全国各地中国电建建设的抽蓄电站不断上演。

图 3-8 河南宝泉抽水蓄能电站(总装机容量 120 万 kW,通过整体旅游规划,宝泉景区已被评为国家 4A 级景区)

河北丰宁抽水蓄能电站,世界装机容量最大、华北电网调节器、“超级充电宝”,这些加注丰宁的标签,既是荣耀,更是责任。电站建成后,每年可消纳过剩电能约 87 亿 kW·h,年发电量约 66 亿 kW·h,可满足 260 万户家庭一年的用电需求,年节约标准煤 48 万 t,可减少碳排放 120 万 t,相当于造林 24 万余亩。作为 2022 年北京冬奥会配套绿色能源重点工程,丰宁抽水蓄能电站也将积极服务冬奥电力供应,为绿电冬奥提供“抽蓄”力量。

新疆阜康、辽宁清原抽水蓄能电站,是国内首批设计、采购和施工全产业链一体化的抽水蓄能总承包项目。阜康抽水蓄能电站建成后可改善新疆和西北电网电源结构,缓解电网调峰、调频、调相压力;与此同时,电站毗邻天山天池风景区,建成后与天山天池呼应,可形成“大小天池”奇特景观,能更好地带动旅游业的发展。清原抽水蓄能电站作为东北电网安全稳定运行的“守护神”,建成后每年能够吸纳风电、核电、光伏发电等 40 亿 kW·h,将电网用电低谷时的“富余电”存储起来;在电网用电高峰时,机组开动运行,每年可以发电 30 亿 kW·h,向辽宁电网输送宝贵的“黄金电”,解决用电高峰时的“电荒”问题,有效支撑辽宁电网安全稳定运行,给千家万户送去光明。

湖南平江抽水蓄能电站,为湖南省最大抽水蓄能电站,建成后,每年可节省标煤 8.2 万 t,减少二氧化碳排放 15 万 t,可拉动湖南 GDP 增长超过 110 亿元;同时,有助于调节地方能源结构、支撑新能源开发和电力系统安全稳定运行,让绿水青山激活绿色动能,助力“碳达峰、碳中和”目标实现。

2021 年 9 月,国家能源局发布《抽水蓄能中长期发展规划(2021—2035 年)》,提出到 2025 年抽水蓄能投产总规模较“十三五”翻一番,达到 6 200 万 kW 以上;到 2030 年抽水蓄能投产总规模较“十四五”再翻一番,达到 1.2 亿 kW 左右;到 2035 年,抽水蓄能投产总规模要达到 3 亿 kW,形成满足新能源高比例大规模发展需求的,技术先进、管理优质、国际竞争力强的抽水蓄能现代化产业。

二、国外抽水蓄能电站发展现状

总体来看,目前国外在运行的抽水蓄能电站中,欧美 80%以上是在 20 世纪 60 年代到

90 年代之间投产的,主要功能是配合核电运行。21 世纪以来,欧洲抽水蓄能的发展略有增长,主要为应对 20 世纪 90 年代和 21 世纪初能源需求的增加,以及风电、光伏等波动性电源的高速发展。

(一)日本

日本作为一个岛国,几乎没有与国际互联的电网,而且其电力体制改革的步伐和进度晚于欧美国家。在日本,电网充分利用抽水蓄能机组实现调峰填谷,抽水蓄能电站的调峰填谷、调频、紧急事故备用以及经济性蓄水等性能都得到了较好的发挥。截至 2019 年底,日本抽水蓄能装机规模为 27.6 GW,位居世界第二。目前,日本抽水蓄能电站装机容量占其国内发电总装机容量的 8%以上。

(二)英国

在英国的能源结构中,抽水蓄能发电已有 100 多年的历史,其技术成熟、经济且发电量大,是目前英国普遍应用的储能技术。英国燃气电站容量大,是电网的主力调峰手段。抽水蓄能电站相对于燃气电站容量较小,主要承担尖峰负荷、容量备用等任务。目前,英国已经形成发、售电市场全面竞争体制,已建成较为成熟的电力交易市场,因此其抽水蓄能电站无须被动接受电网公司调度指令,可以自由参与市场交易竞争。

苏格兰的地形条件十分适合开发抽水蓄能项目,且负面影响很小,所以英国水电主要集中在苏格兰地区,但容量有限。随着对可再生能源依赖性的日益增强,为确保电力供应安全,英国对大容量储能技术的需求也愈加迫切。

(三)美国

美国大部分抽水蓄能电站建设于 1960—1990 年,仍在运行的抽水蓄能电站中近一半建于 20 世纪 70 年代。截至 2019 年,全美 43 座抽水蓄能电站总装机容量超过 20 GW,储能容量为 553 GW · h,占公用事业规模储能容量的 93%,占电能储存的 99%以上。

近几年间,美国对抽水蓄能建设的步伐显著增长。2020 年 1 月,美国为 3 个 2 GW 的新抽水蓄能项目发放了许可证,另有 22 GW 的项目获得了初步许可。此外,美国抽水蓄能电站的地域范围也在不断扩大,宾夕法尼亚州、弗吉尼亚州、怀俄明州、俄克拉荷马州、俄亥俄州、纽约州都在探索新项目。美国能源部一项研究显示,到 21 世纪中叶,美国新增抽水蓄能容量有望突破 36 GW。

【课后实践】

1. 新型电力系统正在向“源-网-荷-储”的模式转型,储能贯穿于新型电力系统转型的发电、输配电、用电三个环节,应用广泛。风光发电装机规模持续增长,大容量高比例间歇性可再生能源并网将对电网稳定性造成冲击。为了有效解决风电、太阳能等新能源的输出不稳定特性,提高电网运行的稳定性和安全性,提高新能源的消纳水平,就必须配套大规模的储能电源作为应对手段。结合站点资源、蓄能循环使用时间、成本、效果等多个角度分析为什么说抽水蓄能是当前最经济的新能源产业“护航员”。

2. 中国水力发电居世界之首,因此大于 1 000 MW 抽水蓄能电站的运行数和在建数均居世界第一,其次是日本和美国。根据国家能源局和水电水利规划设计总院,截至 2021 年,我国已投产的抽水蓄能电站总规模达 3 639 万 kW,主要分布在华北、华东、华中和南方电网经营区域,在建抽水蓄能电站总规模 5 513 万 kW。截至 2021 年底,我国抽水蓄能电站在运项目40座,在建项目48座,此外还有超过2亿kW的抽水蓄能电站在开展前期勘测设计工作。请问截至目前,世界最大的抽水蓄能电站有哪些?其中哪些电站在中国?装机容量分别是多少?

任务三　抽水蓄能的水利工程建设

学习目标

能力目标

1. 掌握抽水蓄能中水利类专业参与的主要环节;
2. 掌握其坝址选择方法。

知识目标

掌握抽水蓄能电站的组成及抽水蓄能电站坝址选择。

素质目标

培养精益求精的工匠精神和"上善若水"的水利精神。

一、抽水蓄能电站的组成

任一抽水蓄能电站的组成都包括上水库、下水库和厂房,至于输水系统的具体组成建筑物则因条件不同有较大的差异。一般来讲,抽水蓄能电站的主要组成建筑物由上游开始依次是:①上水库;②进(出)水口;③引水道和调压室;④压力管道;⑤厂房;⑥尾水道和调压室;⑦出(进)水口;⑧下水库。

(一)上水库、下水库

混合式抽水蓄能电站的上水库一般为已建成的水库,下水库可能是下一级电站的水库或为用堤坝修建起来的新水库。纯抽水蓄能电站多数是利用现有水库为下水库,而在高地上或山间筑坝建成上水库。人工修筑的水库,其容量除应满足全天发电所需的水量外,另有一定的备用库容,以抵消蒸发量和渗漏量。上水库的修筑工程量巨大,库容宝贵,库底及边壁都应有防渗保护措施,国内外广泛使用沥青混凝土全面覆盖或混凝土板防护。

(二)引水系统(高压部分)

与常规水电站一样,抽水蓄能电站引水系统的高压部分包括上水库及下水库的进水口、引水隧洞、压力管道和调压室。上水库的进水口在发电时是进水口,但在抽水时是出水口,故称为进出水口。为满足双向水流的要求,进出水口应按两种工况的最不利条件设计。常规水电站在进水口都装有拦污栅。

(三)引水系统(低压部分)

地下电站的尾水部分(低压部分)是有压的,通常也做成圆断面的隧洞,如隧洞较长,一般需在机组下游修建尾水调压井。因为引水系统高压部分的造价一般比低压部分高,故现在趋向于将厂房向上游移动，也就是尾水隧洞将会更长，产生负压的可能性也就更大。

（四）电站厂房

中低水头抽水蓄能电站的厂房为坝后式或为引水式，更多使用地面厂房。高水头抽水蓄能电站几乎没有例外地都采用地下厂房，多数的地下电站都将变压器安装在地下，故需专门开挖一个洞室放置变压器。如电站需要修建尾水调压井，则常常将几台机组的尾水闸门连通，形成第三个洞室。

二、抽水蓄能电站站址选择的基本原则

（一）站址布局合理

抽水蓄能电站的布局要因地制宜，一般而言，在一个大电网内应适当集中，尽可能修建高水头、大容量的抽水蓄能电站，以降低单位千瓦造价和加强电网统一调度。适当分散布置站址，以满足地区电网调峰的要求，尽可能做到就地平衡，避免大范围内大进大出的电力交流；同时容易发挥地方的积极性，有利于早日集资兴建。

（二）地形条件好

对于抽水蓄能电站的站址，地形条件好是首要条件。衡量地形条件好坏的一个主要指标是距高比，即 L/H。L 是指上水库、下水库的水平距离，习惯上常以输水道的总长度来表示；H 是指上水库、下水库的高差，习惯上常以电站水头表示。距高比 L/H 小的站址，是经济合理的站址。这是因为一方面 H 越高，单位水体所能转换的能量越大，在蓄能总量相同条件下，上水库、下水库间循环流量就越小，因而水库规模、输水道直径、厂房和机组尺寸都小；另一方面，L 越小，输水道长度越短。这两方面因素组合在一起，会使抽水蓄能电站投资大大下降，根据统计资料，多数抽水蓄能电站的距高比 L/H 为 4~10。我国现阶段宜建高水头、大容量的抽水蓄能电站，应以水头 H 为 300~600 m 和 $L<3.5$ km 为宜。水头太高，就得选用多级可逆式蓄能机组，技术较复杂，对承担调峰也不利。水头低于 100 m 的抽水蓄能电站除电网特别需要外最好不建。

良好的地形条件还在于：在所选站址区内，有已建人工水库或天然湖泊可作为未来新设计抽水蓄能电站的上水库或下水库，以节省工程投资；或者有宽阔的河谷、凹地可以用来兴建上水库、下水库，以较小的工程投资取得较大的库容。

（三）地质条件好

抽水蓄能电站站址地质条件的重要性在于它直接影响水库防渗措施、隧洞、地下厂房的结构形式与施工条件。

库区基岩要完整，无集中渗漏通道，水库蓄水后不会引起严重渗漏，这对上水库尤为重要，因为抽水蓄能电站上水库的每立方米水，都是消耗电能提升上来的，水库渗漏不仅造成水量损失，还带来能量损失。

抽水蓄能电站水头一般都较高，因而机组装置高程都较低，为了解决布置上的困难，厂房和输水道一般都位于地下。若这些建筑物处在新鲜而完整的岩石之中，就可减少衬砌或不用衬砌，施工临时支护省、进度快，因而良好的地质条件可节约大量投资。

(四)地理位置好

抽水蓄能电站的站址,一般应选择在距负荷中心近或靠近受电电源点(提供抽水电能的基荷电站)的地区,这样不仅减少输电线路的投资,而且减少电站在送电和受电时的线路电能损失。大城市负荷中心附近或已有主要输电干线附近是抽水蓄能电站理想的地理位置。

(五)水源应有保证

抽水蓄能电站本身虽不消耗水量,但需要一定的水量作为能量的载体进行能量转换,同时需要一定的水源以补充蒸发、渗漏等损失,所以抽水蓄能电站的站址应选在河流、湖泊或现有人工水库的附近,以便有足够的水量来进行首次蓄水和以后运行期间长期的水量补充。

(六)廉价的抽水电源

抽水蓄能电站在深夜负荷低谷时抽水,消耗大量电能。巨型火电站和核电站,电能生产成本低,能给抽水蓄能电站提供廉价的电能,而抽水蓄能电站的投入,又改善了火电站和核电站的运行条件,所以抽水蓄能电站常与核电站甚至巨型火电站配套建设。

(七)交通便利

所选站址要靠近现有公路、铁路,或有良好的水运条件,可加快前期工作进度,减少施工准备工程量,同时方便物资运输和人员往来。

应该指出的是,要同时符合以上 7 个条件的站址是比较少的,有时为了满足某一条件,不得不放弃另一条件。例如,有少数抽水蓄能电站的距高比 $L/H>10$ 多半是为了利用已有人工水库或天然湖泊之故。在这种情况下,上水库、下水库的距离和高差已经给定,但如果上水库、下水库的投资节约足以补偿输水道较长而增加的投资,则在经济上仍然是合算的。所以,当选择抽水蓄能电站的站址时,不能孤立地考虑每个条件,而应综合分析论证,力求总体评价最佳。

三、站址选择的基本程序

抽水蓄能电站站址的选择,大致可分为以下几个步骤。

(一)室内作业

室内作业主要是在 1:50 000 或 1:10 000 的地图上找出地形较好、落差较大、工程部署较集中,并有一定水源条件的可能开发的站点,在图上量测其库容、水头等主要指标,进而估算可能的装机容量,经定性分析和初步筛选后,留下较好的站点作为现场调查的对象。

在室内作业中,应充分利用航天和航空遥感资料进行选点定位工作,使外业调查对象更明确、更具体。

(二)外业调查

外业调查主要是对已选定的较好的站点收集或实测地质、地形、地势地貌、水文、交通,以及社会经济、环境等各方面必要的原始资料与数据。在外业调查过程中,特别要注意查明那些对站点具有颠覆性的因素,如地质条件差、区域地质不稳定、地震烈度高、坐落在自然保护区内等。具有这些不良因素的站点,在现场即可加以排除,没有必要再做深一步的调查与研究。各工程部位在规划阶段的查勘重点如下：

(1)库区。上水库的查勘重点是水库蓄水后的可能渗漏情况及由于渗漏可能引起的库岸和山体的失稳、输水道和厂房等地下建筑物外水压力的提高,已有建筑物的失事和低凹地区的浸没等对生态环境的影响。下水库的查勘重点是水库蓄水后可能引起的库岸坍滑、淹没、淤积和生态等问题。

(2)坝址。查勘重点是初步查明坝址区的覆盖情况和地质构造、建坝蓄水后坝基和坝肩的渗漏及稳定等问题。

(3)地下厂房和输水道。对初步拟定的厂房和输水道等地下洞室群的工程地质条件做一般性的了解,初步查明洞室的覆盖厚度、地质构造、地下水动态、施工中可能遇到的问题(如塌方、岩爆、断层、溶洞、地应力、地下水等)、洞室轴线的合理方向等。

(三)规划选点

在普查的基础上,经筛选保留下来较好的站点,可以初步拟定工程布置方案,初估工程量、投资和工期,重新计算各主要参数和主要指标,其中包括装机容量,年发电量,年抽水耗电量,上水库、下水库正常蓄水位,死水位和蓄能库容,发电水头,抽水扬程等,并对各站点的主要优、缺点加以评述,以备进一步比选。其具体内容如下：

(1)确定抽水蓄能电站的总装机容量。

抽水蓄能电站的装机容量根据设计负荷水平年的日负荷图用能量平衡法确定。如抽水蓄能电站同时具有周调节和季调节的功能,则须考虑周负荷图和年负荷图。抽水蓄能电站总装机容量的大小取决于系统负荷的大小、负荷图的形状和系统中是否有可调节的水电站等因素。

由于在一个抽发循环中有能量损失(总效率约为0.7),抽水所吸收的电能总是大于发电时所提供的电能。抽水所需的装机容量与发电所需的装机容量之比(抽发比)还与负荷图的形状有关,但一般均大于1.0。由于抽水工况只承担抽水蓄能的功能,而发电工况除向系统提供电能外,还能担负事故备用和调频等任务,故水泵工况装机容量选得过大是不经济的。近代的抽水蓄能电站多采用可逆式机组,抽水工况的装机容量与发电工况的装机容量之比基本上都接近1.0。

(2)初步选择抽水蓄能电站站址。

根据上述的抽水蓄能电站总装机容量,在小比例尺的地形图上初步选择一个或几个抽水蓄能电站站址。站址的位置应接近大的负荷中心和大的基荷电站(如核电站或大火电站)以及系统的主要输电线路。站址应具有较大的落差,有已建水库和天然湖泊可以利用或有合适的地形可建造水库。

若有几个站址,可根据水头与库容初步确定各电站的装机容量,进行枢纽布置;根据初步确定的建筑物尺寸,估算工程量和投资,通过技术经济比较,选择第一期开发的工程。由于系统负荷是逐步增长的,且实际的增长过程可能和规划的增长过程有很大的出入,故抽水蓄能电站应根据系统负荷的实际增长过程逐个加以开发。

(3)选择抽水蓄能电站的特性参数。

根据电力系统的要求和选定站址的自然条件,通过技术经济比较,最后选定抽水蓄能电站的特性参数。在各特性参数中,最主要的是装机容量。在水头已定的条件下,装机容量的大小取决于库容的大小,亦即取决于挡水建筑物的高低。对于利用已有水库和天然湖泊的情况,有的还可根据需要与可能考虑加高建筑物以增加调蓄库容。这些都应通过全面的技术经济比较来确定。

(四)推荐近期开发站址

从已经选定的、具有较好建设条件的站址中,根据电网调峰的需求和各站址的具体建设条件,遵照站址选择的基本原则,通过进一步的比较、分析、论证工作,好中择优,推荐出具有近期开发价值的抽水蓄能电站的站址,进行电站规划设计的前期工作。

四、福建省内抽水蓄能电站

福建省内抽水蓄能电站见表3-1。

表3-1 福建省内抽水蓄能电站

序号	电站简称	装机容量/万 kW	所在地	总投资/亿元
1	周宁抽蓄	120(已建)	宁德周宁	67
2	仙游抽蓄	120(已建)	莆田仙游	40
3	云霄抽蓄	180(在建)	漳州云霄	100
4	厦门抽蓄	140(在建)	厦门同安	86
5	华安抽蓄	140(在建)	漳州华安	100
6	永安抽蓄	120(在建)	三明永安	75
7	梅列抽蓄	120(在建)	三明三元	80
8	木兰抽蓄	120(在建)	莆田仙游	75

【案例3-2】 福建省第一座大型抽水蓄能电站——仙游抽水蓄能电站。

福建仙游抽水蓄能电站(见图3-9)是福建省第一座抽水蓄能电站,于2009年"落户"仙游西苑乡。该电站安装4台可逆式水轮发电机组,总装机容量120万kW,堪比电力系统的超级"充电宝"。在国家电网公司的专业化管理下,仙游抽水蓄能电站深耕仙游服务八闽,稳健运营贡献税收,10余年间从建设到投产的各个阶段都交出了亮眼的"成绩单",成为全国抽水蓄能行业的头部企业。十分汗水,十分收获。在大山深处勤耕10余年,这个超级"充电宝"早已成为福建电网不可或缺的"电力粮仓",既能把电网多余的电能储存起来,又能在城市、工厂用电紧张时再放电出来,具有启动速度快、储存能量大、运行方式灵活等特点。福建仙游抽水蓄能电站机组从启动到满负荷发电仅需3 min,24 h发电和抽水电量最高可达2 500万kW·h。2021年,仙游抽水蓄能电站参与电网服务高达4 327次,是2020年同期的6.9倍;累计完成发电量21.86亿kW·h,抽水电量27.31亿kW·h,综合利用小时数已达4 097.66 h,多项运行指标居全国所有抽水蓄能电站榜首。福建仙游抽水蓄能有限公司保持着良好的经营业绩,年营业收入12亿~13亿元,年纳税额约1.2亿元,企业业绩考核连续多年位居国网新源公司A级,保持着全国"安康杯"优胜单位、国家电网企业文化建设示范点、福建省文明单位、全国首家电力行业信用企业AAA等级抽水蓄能电站等荣誉称号,企业综合管理和经营业绩在国内保持领先水平。

图 3-9　福建仙游抽水蓄能电站

该电站出色完成了我国首台500 m水头段300 MW级抽水蓄能机组完全“中国制造”的神圣使命,鼎力助推抽水蓄能行业产业升级,创造了同期速度最快、造价最低、质量最优的抽水蓄能仙游样板,工程荣获中国电力优质工程奖、国家水土保持生态文明工程、国家优质投资项目,更摘得全国工程质量最高奖——国家优质工程金质奖,在中国水电领域树立起一座璀璨的丰碑。

20年前,仙游抽水蓄能电站还是木兰溪峡谷中的一片不毛之地。崎岖的山路,连绵的高山,在这样的境况下,电站建设者开辟疆场,逢山开路,遇水搭桥。2001年6月,电站完成选点规划,2002年9月通过了预可研报告审查……2009年5月1日,电站主体工程破土开工。全体参建人员披星戴月、攻坚克难,历经无数个昼夜的艰苦奋战,2013年12月19日电站全面建成投产。

仙游抽水蓄能电站利用木兰溪源头两条平行支流——大济溪和溪口溪筑坝,形成上水库、下水库;工程枢纽建筑物主要包括上水库、输水系统、地下厂房、下水库和开关站等。

上水库:位于西苑乡广桥村木兰溪源头支流大济溪上,主要施工项目为主坝、虎歧隔副坝、湾尾副坝、库周防护/防渗、拦渣坝、坝顶公路及库盆清理等。主坝为钢筋混凝土面板堆石坝,坝顶高程747.6 m,坝轴线长340.00 m,最大坝高72.6 m;虎歧隔副坝为分区土石坝,坝轴线长70 m,最大坝高15 m;湾尾副坝亦为分区土石坝,坝顶全长24 m,最大坝高3 m。

输水系统:由引水系统和尾水系统组成。引水系统采用一洞二机的布置形式,由上库进、出水口、上库事故检修闸门井、引水隧洞上平段、上斜井段、中平段、下斜井段、下平段、引水岔管、高压钢衬支管等建筑物组成。其中,单条引水隧洞总长1 147.8 m。尾水系统亦采用一洞二机的布置形式,由尾水支管、尾水闸门洞、尾水岔管、尾水调压室、尾水隧洞、下库事故检修闸门井和下库进(出)水口等组成。单条尾水隧洞长1 104.4 m。

地下厂房：由主厂房洞、副厂房洞、主变洞、母线洞、500 kV 电缆出线洞、进厂交通洞、主变排风洞、厂房排水廊道、通风兼安全洞及地面开关站等建筑物组成。

下水库：坝址位于西苑乡半岭村上游 1 km 处溪口溪峡谷中，河谷呈 V 字形，主要施工项目包括大坝、溢洪道、导流放水洞改建、库盆清理及库岸防护等。大坝为钢筋混凝土面板堆石坝，坝顶高程 299.9 m，坝轴线长 277 m，最大坝高 74.9 m；溢洪道长约 410 m；导流放水洞长 442.15 m。

【课后实践】

1. 熟知抽水蓄能项目生成原理，可主动了解市场需求，主动前瞻性、创造性策划生成项目。任选福建省内一个抽水蓄能电站，说明其主要建筑物的规模、站址选择的合理性以及对当地社会经济的影响。

2. 抽水蓄能产业链涉及很广。试说明抽水蓄能产业链的主要企业有哪些？哪些企业属于行业龙头？

【课后练习】

请扫描二维码，做课后练习。

项目三　课后练习

项目四　水电助力实现“3060双碳”目标

项目概述

中国政府承诺中国二氧化碳排放力争于2030年前达到峰值,2060年前实现碳中和。“碳达峰、碳中和”战略,事关中华民族永续发展和构建人类命运共同体。为推进实现“3060双碳”目标,国家已经把“碳达峰、碳中和”纳入生态文明建设整体布局,努力加快清洁能源开发利用,着力构建清洁低碳安全高效的能源体系和新型电力系统。在这一目标指引下,我国风电、光伏发电等新能源必将迎来新一轮快速增长,但由于风电、光伏具有随机性和间歇性,大规模建设对电网安全稳定、电能质量提出巨大挑战,难以满足电力负荷实际变动的需求。传统的优质可再生能源水电和抽水蓄能储能电站仍然是构建新型电力系统的重要支柱。同时,我国水能资源蕴藏量世界第一,具有推动能源结构成功实现向可再生能源转型的客观优势,因此充分开发和利用好水能资源,建设以水电为基础,统筹汇集风光新能源电力,实现电力源-网-荷-储的一体化开发,是我国如期实现“双碳”目标的重要途径和保障。

本项目以实现“双碳”目标的重要途径和保障——“建设以水电为基础,统筹汇集风光新能源电力,实现电力源-网-荷-储的一体化开发”为脉络构建项目,从人类最早的水能利用开始讲述,接着介绍水力发电和抽水蓄能储能电站,最后介绍几种有助于实现“双碳”目标的新能源发电形式,使得同学们通过本项目的学习,了解我国“碳达峰、碳中和”战略的总体能源布局,帮助学生建立“节能减排”的理念,培养学生“节约能源,绿色出行”的好习惯。

知识结构

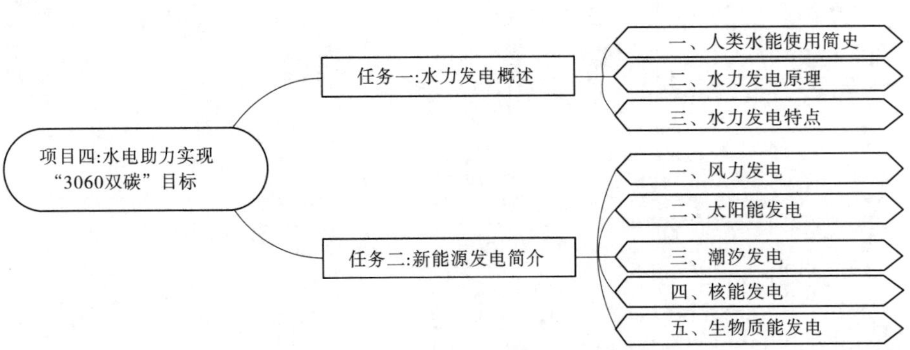

任务一　水力发电概述

学习目标

能力目标

掌握水力发电的基本原理，了解水力发电的清洁能源属性。

知识目标

了解人类水能使用简史，了解水力发电原理及特点。

素质目标

帮助学生建立“节能减排”的理念，培养学生“节约能源，绿色出行”的好习惯。

一、人类水能使用简史

水是我们赖以生存的生命之源，这也使得水成为原始居民最崇拜和惧怕的对象。从诺亚乘坐方舟的无奈出逃到大禹治水人定胜天的改造利用，古人已经从奔腾的江河中发现了流水的秘密。水还是能量的载体。人类从江河湖海的水面映照出自己的智慧，不断探寻水的动能、势能和压力能等能量资源。

（一）流水的启示：灌溉与交通 农耕与远方

被誉为世界八大奇迹的古巴比伦空中花园，也许曾在历史课本上，为后人留下水与人最美好的幻想。可是神奇的空中花园供水系统，其实是依靠奴隶们夜以继日转动齿轮，把地下水抽到建筑顶部的蓄水池。

最早创新性地使用水能资源始于中国汉代。由河边垂直放置的集水车轮带动杵锤，不用人力就可碾谷、碎石和造纸，如图 4-1 所示。

西汉时期中国古人发明铜壶滴漏，利用流水来计量时间，此后，历朝历代均用漏壶计时。

战国后期，伴随着社会经济的发展、人口的增长、城市规模的不断扩大，出现了中国历史上大型水利设施的建设高潮。在之后的数百年中，中国人利用机械将水能在灌溉、防洪、纺织等领域发挥得淋漓尽致。

古人凭借造堤调水的精辟见解以及筑坝垒堰的高超技艺，进行精确的分水、控水，利用水体自身的动能和势能，达到排沙、灌溉、通航功能，造就了古代工程技术史上的诸多奇迹，都江堰岷江鱼嘴如图 4-2 所示。

（二）元代水纺车转动英国工业革命的齿轮

乾隆三十三年（1768 年），纪晓岚被革职流放到新疆。到达乌鲁木齐后，纪晓岚郊游乌鲁木齐水磨沟时，看着河流上不停旋转的水磨，还留下诗句“界破山光一片青，温暾流

图 4-1　按比例 1:10 复制的翻车

图 4-2　都江堰岷江鱼嘴

水碧泠泠。游人倘有风沂兴,只向将军借幔亭。"

也是在这一年,远在世界另一端的英国穷小子理查德·阿克莱特,发明了水力纺纱机(见图 4-3),自此以后,英国纺织业便在大机器生产的道路上一路高歌,成为工业革命的领头工业部门。阿克莱特水力纺纱机的发明,也被看作是英国工业革命开始的标志。

18 世纪 60 年代的英国工业革命,以棉纺织业的技术革新为始,以瓦特蒸汽机的改良和广泛使用为枢纽,机械化作业最终成为历史的分水岭,打开了人类文明的新篇章。

图 4-3 阿克莱特和他发明的水力纺纱机

出人意料的是，推动英国工业革命的水力纺纱机，在 400 多年前的元代中国就已经出现了。王祯在《农书》中把这种水力纺纱机称为“水转大纺车”，详细介绍了其结构、功能和使用情况，并且附上了图样，如图 4-4 所示。

图 4-4 王祯《农书》中的水转大纺车插图

英国剑桥大学历史学博士伊懋可(Mark Elvin)对比元代中国水转大纺车和英国工业革命时期纺纱机，发现二者在结构上“惊人地相似”，甚至认为正是中国水转大纺车的传入，激发了英国纺织业的革新。中国古老的水力纺织技术和改变人类文明进程的工业革命，正如纺织机上游走的丝线，纠缠着千丝万缕的联系。

(三)水力发电：探寻水的新能量

19 世纪末期，随着机械技术、电气技术、输电技术的发展，水力发电逐渐成为人类利用水能的主要方式之一。水力发电离不开它运转的核心——水轮机。

1827 年，法国工程师 Benoit Fourneyron 开发了一个能够产生大约 6 马力的涡轮——这就是最早的反击式水轮机。

1849 年,英裔美国工程师詹姆斯 · 弗朗西斯(James Francis)开发的第一个现代水力涡轮机——Francis 水轮机,今天仍然是世界上使用最广泛的一类水轮机。我国第一个水电站——云南昆明石龙坝水电站,时至今日运转了超过百年的水轮机和电机还能正常发电。

1878 年,法国建成世界上第一座水电站。1882 年,第一家服务于私人和商业用户的水电厂出现在美国的威斯康星州,接下来的十年间,数以百计的水力发电厂投产运行。

在水电行业中,一般将水电站上下游水位差值称为水头。依照水头的形成方式,可以将水电站分为坝式水电站、引水式水电站、抽水蓄能电站、潮汐电站和混合式水电站等类型。

1. 坝式水电站

在河流峡谷处拦河筑坝,坝前壅水,在坝址处形成集中落差,通过设在水电站厂房内的水轮机,发电后将尾水引至下游。用坝集中水头的水电站称为坝式水电站。

丰满水电站(见图 4-5)始建于 1937 年,是我国最早建成的大型水电站,被称为中国“水电之母”。三峡水电站是世界上规模最大的水电站,也是典型的坝式水电站。此外,坝式水电站水库的综合利用广泛,可同时满足防洪、发电、供水等要求。

图 4-5　吉林丰满水电站曾被印在 1953 年版的伍角人民币上

2. 引水式水电站

用引水道集中水头的电站称为引水式水电站。在河流坡降陡的河段上筑一低坝(或无坝)取水,通过人工修建的引水道(渠道、隧洞、管道)引水到河段下游,集中落差,再经压力管道引水到水轮机进行发电。

3. 抽水蓄能电站

抽水蓄能电站,就是在山上山下,建设两个水库,在用电低谷时,用富余的电把水抽到山上,在用电高峰时,放水发电,就相当于把电给存了起来,相当于一个大的蓄电池。抽水蓄能电站在消纳新能源方面可以弥补新能源发电的不稳定性、间歇性,解决电力系统的调峰问题。

自从 1882 年瑞士苏黎世建成世界第一座抽水蓄能电站开始,抽水蓄能电站已经发展了 100 多年。我国在这个领域虽然起步较晚,但发展迅速,目前装机容量高居世界榜首。国家电网公司目前在建的 300 万千瓦级丰宁抽水蓄能电站,是世界装机容量最大的抽水蓄能电站。

4. 潮汐电站

潮汐发电是一种水力发电的形式,利用潮汐水流的移动,或是潮汐海面的升降,自其中取得能量。虽然尚未被广泛使用,但潮汐发电对于未来的电力供应有很好的潜力。

第一座具商用价值的潮汐电站是法国 1967 年建成的郎斯潮汐电站,位于圣马洛湾郎斯河口,最大潮差 13.4 m,平均潮差 8 m。该潮汐电站机房中装有 24 台双向涡轮发电机,不论涨潮、落潮都能发电。

(四)中国水电:厚积薄发的水能力量

1912 年,中国第一座水电站——云南昆明石龙坝水电站投入使用,该电站于 1910 年开工建设,1912 年投产运行。刚建成时,其装机容量为 480 kW。石龙坝水电站目前仍在运行,装机容量 6 MW。电源通过 32 km 长、电压等级 23 kV 的线路向昆明市区供电。这是中国的第一条高压输电线路。自此拉开了中国水力发电事业的发展序幕。

三门峡水电站是中国的首座大型水电站,也是黄河上的第一座水电站。此后,我国自行设计、自制设备、自主建设的第一座大型水电站——新安江水电站,长江干流上的第一座水电站——葛洲坝水电站,2003 年建成投产的世界上最大的水电站——三峡工程纷纷投运。

截至 2018 年 12 月,中国水力发电装机容量位居世界第一。中国水电发展历程如图 4-6 所示。

不论是游牧农耕的逐水而居,还是大禹治水的驯服洪水,亦或是工业革命中大放异彩的水能应用,千百年来人类对水的追随和利用,造就了人类应水而生、依水而存、以水求发展的文明。

江河湖海也成为滔滔不绝的动力命脉。人类向水而生却从不随波逐流,把滚滚江河水变成不竭的能源动力,水利事业也成为人类社会文明和经济发展的重要支柱。

二、水力发电原理

水力发电过程其实就是一个能量转换的过程。具体说来,水力发电主要是利用河流、

- 1910年　中国第一座水电站——石龙坝水电站开工建设。电站位于云南昆明市郊，装机容量480 kW，1912年4月发电
- 1957年　浙江新安江水电站开工建设
- 1958年　甘肃刘家峡水电站开工建设。1969年第一台机组发电，1974年竣工。设计装机容量122.5万 kW，是中国自行设计和建设的第一座百万千瓦水电站
- 1982年　云南鲁布革水电站开工建设。1988年第一台机组发电，1992年通过竣工验收。装机容量60万 kW，是中国首次利用世界银行贷款并实行国际招标投标、业主负责制和项目监理制的工程
- 1991年　四川雅砻江二滩水电站主体工程开工建设。1998年并网发电，2000年通过竣工验收。装机容量330万 kW，是中国20世纪建成的最大水电站
- 1992年　第七届全国人民代表大会第五次会议通过《关于兴建长江三峡工程的决议》。1997年11月，长江三峡工程顺利实现大江截流。2003年11月，三峡工程首批机组投产发电。2008年10月，左、右岸电站26台机组全部投入运行
- 2004年　以黄河公伯峡水电站1号机组（30万 kW）投产发电为标志，中国水电装机突破1亿 kW
- 2017年　白鹤滩水电站全面开工建设，总装机1 600万 kW，仅次于三峡水电站，居世界第二；单机容量达100万 kW，居世界第一
- 截至2018年底　中国水电装机达3.52亿kW

图4-6　中国水电历程

湖泊等位于高处具有势能的水流至低处，将其中所含势能转换成水轮机的动能，再借水轮机为原动力，推动发电机产生电能，如图4-7所示。

因水力发电厂所发出的电力电压较低，要输送给距离较远的用户，就必须将电压经过变压器增高，再由空架输电线路输送到用户集中区的变电所，最后降低为适合家庭用户、工厂用电设备的电压，并由配电线输送到各个工厂及家庭。

常用的集中落差方式有筑坝发电方式、引水发电方式或两者混合发电方式。

（一）筑坝发电方式

在落差较大的河段修建水坝，建立水库蓄水提高水位，在坝外安装水轮机，水库的水流通过输水道（引水道）到坝外低处的水轮机，水流推动水轮机旋转带动发电机发电，然

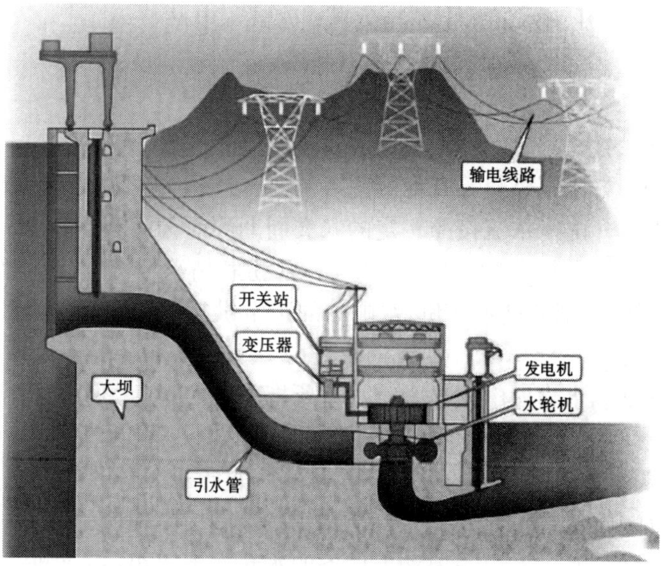

图 4-7 常规水电站工作原理图

后通过尾水渠到下游河道，这是筑坝建库发电的方式。

由于坝内水库水面与坝外水轮机出水面有较大的水位差，水库里大量的水通过较大的势能进行做功，可获得很高的水资源利用率。采用筑坝集中落差的方法建立的水电站称坝式水电站，主要有坝后式水电站与河床式水电站。

（二）引水发电方式

在河流高处建立水库蓄水提高水位，在较低的下游安装水轮机，通过引水道把上游水库的水引到下游低处的水轮机，水流推动水轮机旋转带动发电机发电，然后通过尾水渠到下游河道，引水道会较长并穿过山体，这是一种引水发电的方式，如图 4-8 所示。

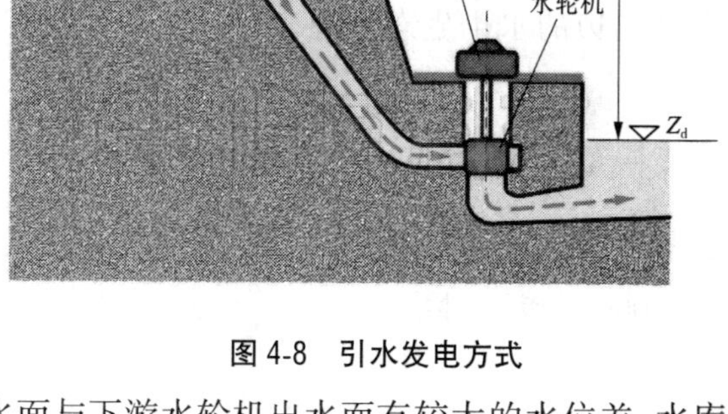

图 4-8 引水发电方式

由于上游水库水面与下游水轮机出水面有较大的水位差，水库里大量的水通过较大的势能进行做功，可获得很高的水资源利用率。采用引水方式集中落差的水电站称为引水式水电站,主要有有压引水式水电站与无压引水式水电站。

三、水力发电特点

(一)水力发电的优势

(1)安全卫生。与化石燃料等其他能源不同,它与核能、生物质能一样清洁绿色。

(2)循环可再生。由于水流按照一定的水文周期不断循环,从不间断,因此水力资源是一种再生能源,水力发电的能源供应只有丰水年份和枯水年份的差别,而不会出现能源枯竭问题。但当遇到特别的枯水年份,水电站的正常供电可能会因能源供应不足而遭到破坏,出力大为降低。

(3)发电成本低。水力发电只是利用水流所携带的能量,无须再消耗其他动力资源,而且上一级电站使用过的水流仍可为下一级电站利用。另外,由于水电站的设备比较简单,其检修、维护费用也较同容量的火电厂低得多。如计及燃料消耗在内,火电厂的年运行费用为同容量水电站的10~15倍。因此,水力发电的成本较低,可以提供廉价的电能。

(4)高效而灵活。水力发电主要动力设备的水轮发电机组,不仅效率较高而且启动、操作灵活。它可以在几分钟内从静止状态迅速启动投入运行,在几秒钟内完成增减负荷的任务,适应电力负荷变化的需要,而且不会造成能源损失。因此,利用水电承担电力系统的调峰、调频、负荷备用和事故备用等任务,可以提高整个系统的经济效益。

(5)工程效益的综合性。由于筑坝拦水形成了水面辽阔的人工湖泊,控制了水流,因此兴建水电站一般都兼有防洪、灌溉、航运、水产养殖、给水以及旅游等多种效益。

(二)水力发电的缺点

(1)一次性投资大。兴建水电站土石方和混凝土工程巨大,而且会造成相当大的淹没损失,须支付巨额移民安置费用;工期也较火电厂建设长,影响建设资金周转。即使由各受益部门分摊水利工程的部分投资,水电的单位千瓦投资也比火电高出很多。但在以后运行中,年运行费的节省逐年抵偿。最大允许抵偿年限与国家的发展水平和能源政策有关。抵偿年限小于允许值则认为增加水电站的装机容量是合理的。

(2)失败的风险。由于洪水泛滥,水坝阻挡了大量的水,自然灾害、人为破坏、施工质量,可能会对下游区域和基础设施造成灾难性的后果。这样的故障可能会影响电力供应和动植物,也可能造成很大的损失和人员伤亡。

(3)生态系统破坏。大型水库造成大坝上游大面积淹没,有时会破坏低地、河谷森林和草原,同时也会影响厂区周边的水生生态系统,对鱼类、水鸟和其他动物产生很大的影响。

【课后实践】

如何客观认识水电?请以"客观认识水电"为主题(题目自拟),查阅资料,结合我国"3060双碳"目标的实现,进行汇报。须包含以下关键点:①我国水电的发展概况;②水电的缺点和优点;③我国的"3060双碳"目标。

任务二 新能源发电简介

学习目标

能力目标

了解新能源发电的基本原理。

知识目标

了解风力发电、太阳能发电、潮汐发电、核能发电和生物质能发电等新能源发电的基本原理。

素质目标

帮助学生建立“节能减排”的理念,培养学生“节约能源,绿色出行”的好习惯。

一、风力发电

风力发电作为重要的清洁能源之一,经过多年的发展,已经成为一种技术比较成熟,成本低于火电、发电时间持续提高的发电模式,与光伏发电一道,堪称未来的“清洁能源双雄”。

风力发电,其原理可以说非常简单,简而言之,就是能量之间的相互转换。首先,风能带动风叶快速转动,将风能转化成机械能,风叶的转动又带动机舱里面的发电机产生电能;其次,通过升压等一系列操作后通过电网输送到千家万户。

风力发电的两个核心部件是风叶和发电机(机舱),这是将风能转换为机械能再转换为电能的主要功臣,也是风力发电成本的大头。其余部件还有支撑风叶和机舱的塔筒,以及地面和海上的基础平台,以上四个部件构成了常见的风力发电机组,如图 4-9 所示。

二、太阳能发电

利用太阳光来发电有两种方式:一种是太阳光直接发电,叫作太阳能光伏发电;另一种是太阳光间接发电,叫作太阳能光热发电。

(一)太阳能光伏发电

太阳能光伏发电是利用太阳能电池方阵将太阳能辐射能转换为电能的光电技术。太阳能电池工作原理的基础是半导体 PN 结的光生伏打效应。所谓光生伏打效应,简言之,就是当物体受到光照时,物体内的电荷分布状态发生变化而产生电动势和电流的一种效应。当太阳光或其他光照射到半导体 PN 结时,就会在 PN 结两边出现电压,叫作光生电压。太阳能发电系统由太阳能电池板、太阳能控制器、蓄电池(组)组成。如输出电源为

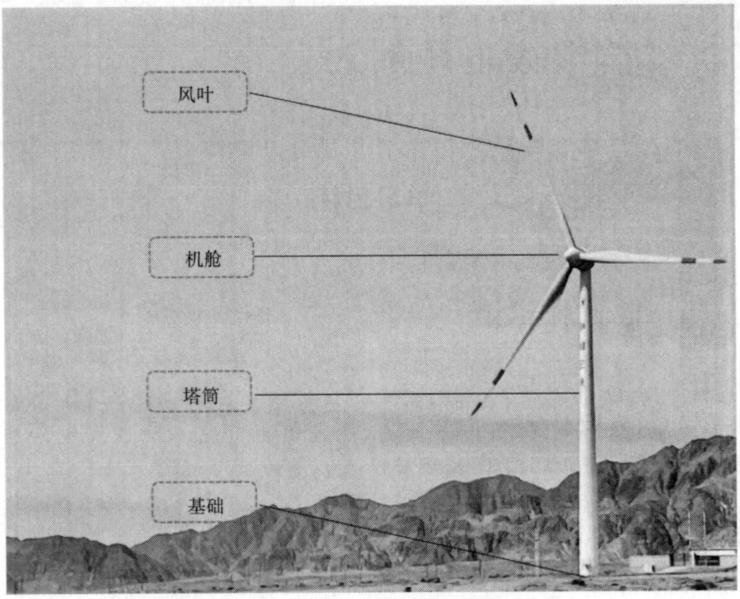

图 4-9　风力发电的主要部件

交流 220 V 或 110 V，还需要配置逆变器。具体如图 4-10 所示。

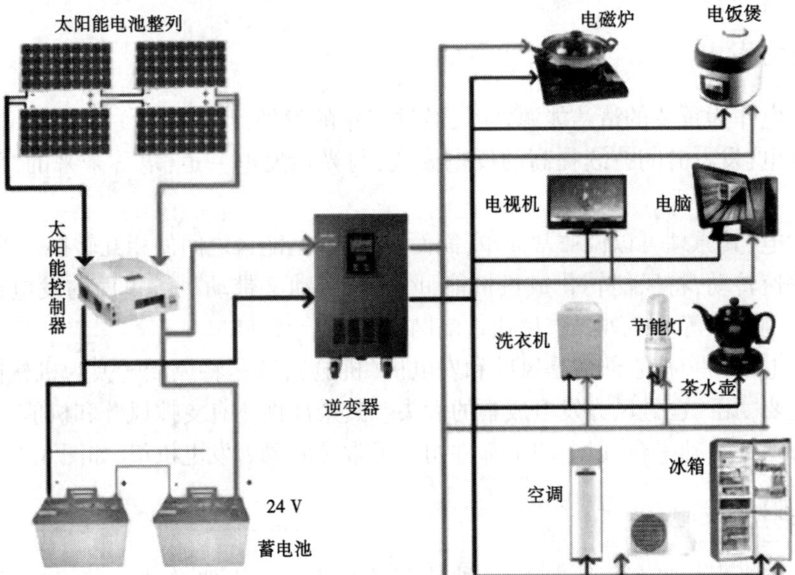

图 4-10　光伏发电原理

太阳能光伏发电的优点：太阳能是取之不尽、用之不竭的洁净能源，此外，不会受到能源危机和燃料市场不稳定因素的影响；太阳能光伏发电对于偏远无电地区尤其适用，同时会降低长距离电网的建设和输电线路上的电能损失；太阳能的产生不需要燃料，使得运行成本大大降低；太阳能光伏发电没有运动部件，因此不易损毁，安装相对容易，维护简单；太阳能光伏发电不会产生任何废弃物，并且不会产生噪声、温室及有毒气体，是很理想的洁净能源;太阳能光伏发电系统的建设周期短,而且发电组件的使用寿命长、发电方式比较灵活,发电系统的能量回收周期短。

太阳能光伏发电的缺点:地理分布、季节变化、昼夜交替会严重影响其发电量;能量的密度低,当大规模使用的时候,占用的面积会比较大,而且会受到太阳辐射强度的影响;光伏系统的造价还比较高,系统成本 40 000~60 000 元/kW,初始投资高,严重制约了其广泛应用;发电时数较低,平均 1 300 h;精准预测系统发电量比较困难;光伏发电占用土地面积较大。

(二)太阳能光热发电

太阳能光热发电的原理是,通过反射镜将太阳光汇聚到太阳能收集装置,利用太阳能加热收集装置内的传热介质(液体或气体),再加热水形成蒸汽带动或者直接带动发电机发电。

在太阳能光热发电中,有一种称为聚光太阳能发电(CSP)的技术,即先用抛物镜将阳光聚集到充满合成油的吸热管上,等到合成油被阳光加热到约 400 ℃时,再将热油输送至热交换器里,通过热交换器加热循环水,产生水蒸气,推动涡轮转动,从而带动发电机发电,具体如图 4-11 所示。太阳能光热发电与常规火力发电的原理是类似的,只是热能不是来自煤炭的燃烧,而是来自太阳光,因此非常洁净。

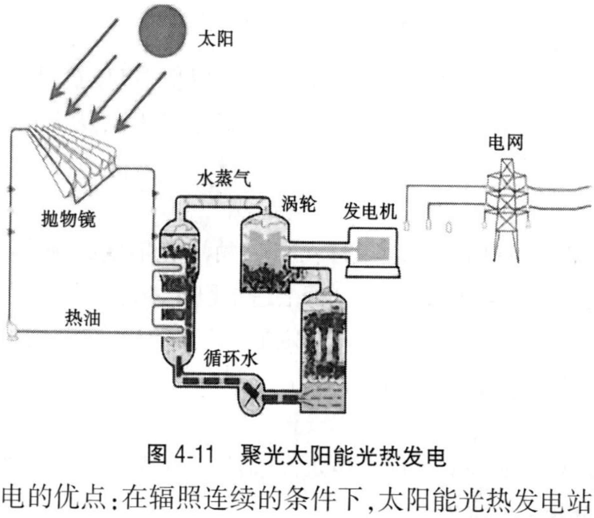

图 4-11 聚光太阳能光热发电

太阳能光热发电的优点:在辐照连续的条件下,太阳能光热发电站可以直接产生与火电站完全相同的满足电网品质要求的交流电,保证电网的电压和频率稳定;采用太阳能光热发电技术,避免了昂贵的硅晶光电转换工艺,可以大大降低太阳能发电的成本。而且,这种形式的太阳能利用还有一个其他形式的太阳能转换所无法比拟的优势,即太阳能所烧热的水可以储存在巨大的容器中,在太阳落山后几个小时仍然能够带动汽轮机发电。

太阳能光热发电的缺点:辐射能本身具有随季节、白天时段不同而不连续变化的特点,受天气条件影响较大。

三、潮汐发电

潮汐能的主要利用方式是潮汐发电。潮汐发电与普通水力发电原理类似,通过水库,在涨潮时将海水储存在水库内,以势能的形式保存,然后在落潮时放出海水,利用高、低潮位之间的落差,推动涡轮机旋转,带动发电机发电,具体如图 4-12 所示。差别在于海水与河水不同,蓄积的海水落差不大,但流量较大,并且呈间歇性,从而潮汐发电的水轮机结构要适合低水头、大流量的特点。

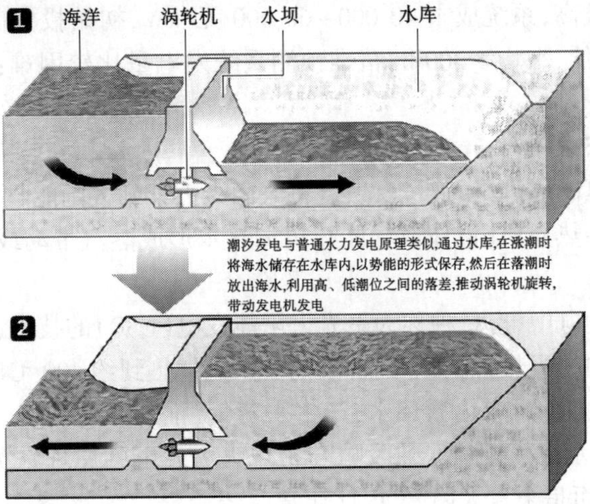

图 4-12 潮汐发电原理

潮汐发电是水力发电的一种。在有条件的海湾或感潮口建筑堤坝、闸门和厂房,围成水库,水库水位与外海潮位之间形成一定的潮差(工作水头),从而可驱动水轮发电机组发电。

(一)发电条件

利用潮汐发电必须具备两个物理条件:首先,潮汐的幅度必须大,至少要有几米;其次,海岸地形必须能储蓄大量海水,并可进行土建工程。即区域蕴有足够大的潮汐能是十分重要的,潮汐能普查计算的方法是,首先选定适于建潮汐电站的站址,再计算这些地点可开发的发电装机容量,叠加起来即为估算的资源量。

(二)发电类型

潮汐电站可以是单水库或双水库。单水库潮汐电站只筑一道堤坝和一个水库,双水库潮汐电站建有两个相邻的水库。

(1)潮汐发电单水库单向电站。即只用一个水库,仅在涨潮(或落潮)时发电,因此又称为单水库单程式潮汐电站。我国浙江省温岭市沙山潮汐电站就是这种类型。

(2)潮汐发电单水库双向电站。用一个水库,但是涨潮与落潮时均可发电,只是在水库内外水位相同的平潮时不能发电,这种电站称为单水库双程式潮汐电站,如图 4-13 所示,它大大提高了潮汐能的利用率。广东省东莞市的镇口潮汐电站及浙江省温岭市江厦潮汐电站,就是这种形式。

(3)潮汐发电双水库双向电站。指采用双水库的潮汐电站,它是用两个相邻的水库,使一个水库在涨潮时进水,另一个水库在落潮时放水,这样前一个水库的水位总比后一个水库的水位高,故前者称为上水库(高水位库),后者称为下水库(低水位库)。水轮发电

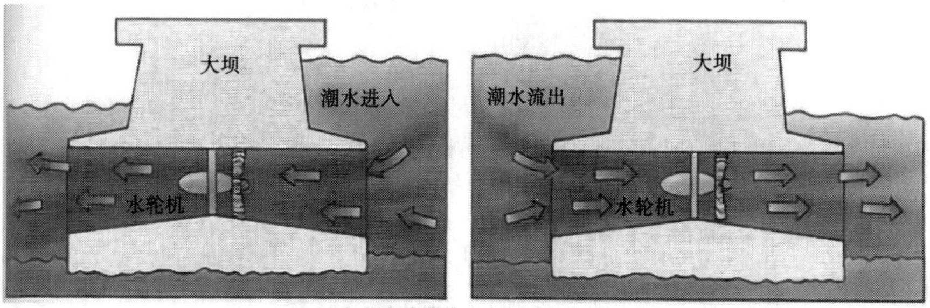

图 4-13 单水库双程式潮汐电站原理

机组放在两水库之间的隔坝内,两水库始终保持着水位差,故可以全天发电。

(三)优缺点

优点:潮汐能是一种清洁、不污染环境、不影响生态平衡的可再生能源。潮水每日涨落,周而复始,取之不尽,用之不竭;很少受气候、水文等自然因素的影响,全年总发电量稳定,不存在丰、枯水年和丰、枯水期影响;无须水库,不存在人口迁移、淹没农田等复杂问题;不用燃料,不受一次能源价格的影响,而且运行费用低,发电成本低,是一种经济能源;机组台数多,不用设置备用机组。

缺点:潮差和水头在一日内经常变化,在无特殊调节措施时,出力有间歇性,出力、装机的年利用小时数也低;土建和机电投资大,造价较高;水轮机耗钢量多,进、出水建筑物结构复杂,易受腐蚀;日需电负荷图配合较差。

四、核能发电

核电站的开发和建设开始于 20 世纪 50 年代,如今已经步入第四代核电系统。核电站就是利用核能生产电能的发电站。核电站以核反应堆来代替火电站的锅炉,以核燃料在核反应堆中发生特殊形式的"燃烧"产生热量,来加热水使之变成蒸汽。蒸汽通过管路进入汽轮机,推动汽轮发电机发电。核电站之外,通过高压电线就能把生产的电力传输到城市中利用,具体如图 4-14 所示。一般说来,核电站的汽轮发电机及电气设备与普通火电站大同小异,其奥妙主要在于能量发生侧。核电站除关键设备——核反应堆外,还有许多与之配合的重要设备。

(一)核电站结构与重要设备

核电站的系统和设备通常由两大部分组成:核的系统和设备,又称为核岛;常规的系统和设备,又称为常规岛。还有一些配套设施来保护核电站安全和周围环境不受破坏,核电站的整体结构和设备还是非常复杂的。以压水堆为例,下面简单介绍一些重要的设备。

堆本体是最核心的能量发生装置。简单说来,堆芯就是一组核燃料按照一定方式组装而成的部件。堆芯外围需要一些支撑结构来保持稳定性和定位各个组件。最外侧是一个坚固的压力容器支撑和包容堆芯和堆内构件,承受一回路的高压。反应堆不能无休止地工作,因此就要用到控制棒驱动机构带动控制棒在堆芯内上下运动,从而实现启停、功率调节等功能。

冷却剂系统,又称为一回路主系统,反应堆、主泵、蒸汽发生器、核稳压器都属于冷却

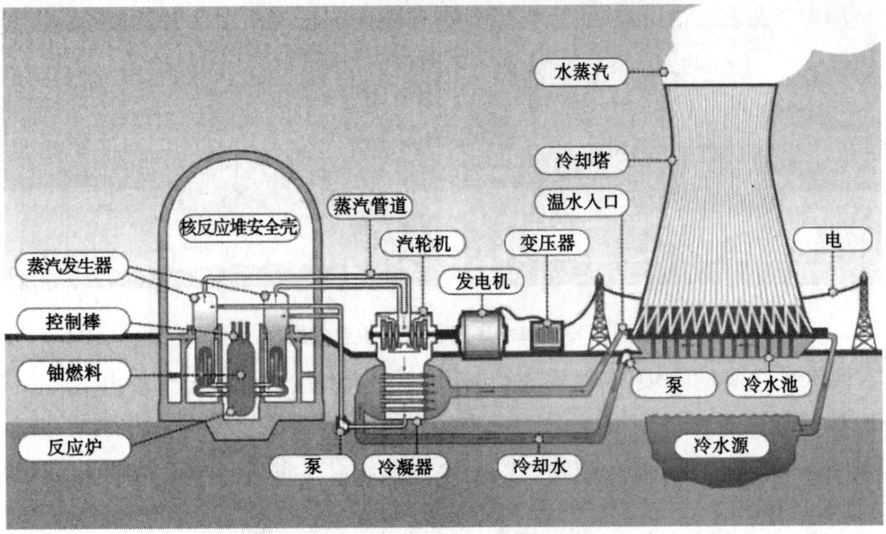

图 4-14　核电站系统示意图

剂系统设备。最主要的功能是热量载出，就是在反应堆正常运行时将核反应的热量从堆芯带到蒸汽发生器。此外，它还可以在停堆后带走衰变热保护安全、防止放射性物质扩散、溶解化学毒物等，具体如图 4-15 所示。

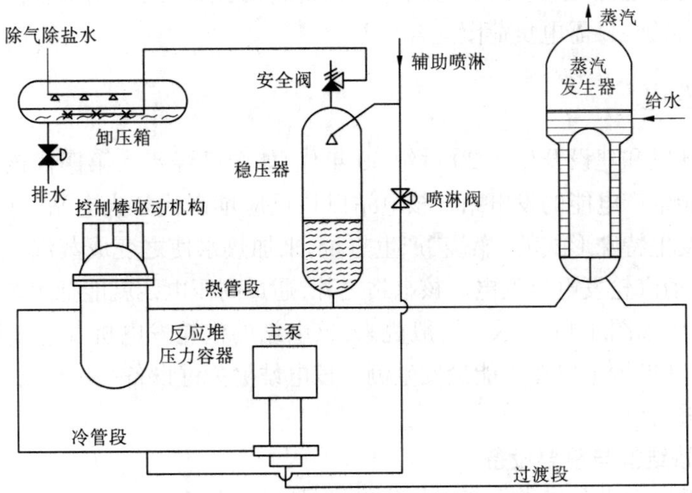

图 4-15　反应堆冷却剂系统流程

一回路冷却剂泵（主泵）是反应堆的“心脏”，是压水堆核电厂的关键设备之一，它一般采用单级离心泵。它的主要功能是在反应堆运行时让一回路冷却剂流动起来，把热量交给二回路去发电，然后把冷却剂重新送回反应堆加热。

稳压器也是反应堆一回路的关键部件之一。它的作用是在正常运行时维持和调节反应堆一回路内的压力，避免冷却剂过热沸腾；同时在事故时防止一回路超压，维护一回路的完整性。

蒸汽发生器是一种把水加热成蒸汽,并把热量传递给二回路热力系统的热交换设备。同时可以作为压力边界,隔离一、二回路。可以说它是重要性仅次于核反应堆的能量转换装置。那么为什么不能使用一回路冷却剂直接驱动涡轮,而要经过蒸汽发生器换热,用二回路蒸汽驱动涡轮?因为一回路冷却剂直接接触核燃料,具有放射性,而涡轮轴封并不完全密闭,存在放射性泄露的风险。立式自然循环蒸汽发生器见图 4-16。

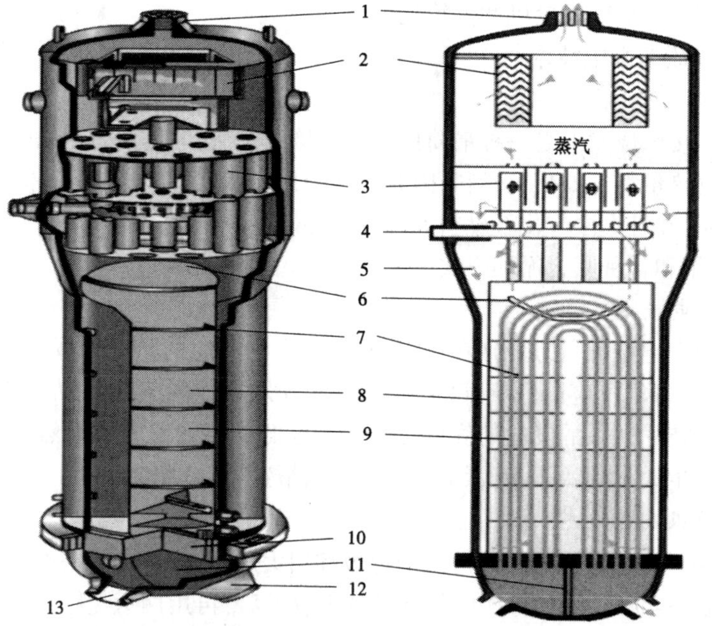

1—蒸汽出口管嘴;2—蒸汽干燥器;3—旋叶式汽水分离器;4—给水管嘴;5—水流;6—防振条;7—管束支撑板;8—管束围板;9—管束;10—管板;11—隔板;12—冷却剂出口;13—冷却剂入口。

图 4-16　立式自然循环蒸汽发生器

形象地来说,假如将反应堆的压力容器比作一个高压锅,冷却剂就是锅里的水,堆内的核燃料相当于加热高压锅的柴火,稳压器相当于是高压锅盖的小帽子,蒸汽发生器的作用则是将高压锅内的热水转化为蒸汽。

(二)核电站的优缺点

优点:不会排放巨量的污染物质到大气中;无碳排放,不会加重地球温室效应;核燃料的能量密度比起化石燃料高上几百万倍;燃料费用所占总成本的比例较低。

缺点:释放的废热对环境的热污染较严重,严重事故时的放射性泄漏是危害巨大的;核电厂热效率较低;核电站的投资成本太大;易引发政治歧见的纷争。

五、生物质能发电

(一)生物质能原理

生物质是指利用大气、水、土地等通过光合作用而产生的各种有机体,即一切有生命的可以生长的有机物质统称为生物质。生物质能,就是太阳能以化学能形式储存在生物质中的能量形式,即以生物质为载体的能量。它直接或间接来源于绿色植物的光合作用,可转化为常规的固态、液态和气态燃料,取之不尽、用之不竭,是一种可再生能源,同时也是唯一一种可再生的碳源。生物质能的转换技术主要包括直接氧化(燃烧)、热化学转换和生物转换。生物质能发电技术是以生物质及其加工转化成的固体、液体、气体为燃料的热力发电技术,其发电机可以根据燃料的不同、温度的高低、功率的大小分别采用煤气发动机、斯特林发动机、燃气轮机和汽轮机等。

(二)生物质能发电技术

1. 直接燃烧发电技术

生物质直接燃烧发电是一种最简单也最直接的方法,但是由于生物燃料密度较低,其燃料效率和发热量都不如化石燃料,因此通常应用于大量工业、农业、林业生物废弃物需要处理的场所,并且大多与化石燃料混合或互补燃烧。为了提高热效率,也可以采取各种回热、再热措施和各种联合循环方式。

2. 甲醇发电技术

甲醇作为发电站燃料,是当前研究开发利用生物能源的重要课题之一。日本专家采用甲醇气化-水蒸气反应产生氢气的工艺流程,开发了以氢气作为燃料燃气轮机带动发电机组发电的技术。甲醇发电的优点是其成本也低于石油发电和天然气发电;缺点是燃烧甲醇时会产生大量的致癌、有毒的甲醛(比石油燃烧多5倍)。

3. 城市垃圾发电技术

垃圾由密封垃圾车运送到主厂房的垃圾卸料大厅后,先倾卸至一个容积1万多m^3的"大碗"内储存5~7 d,待垃圾中的水分和渗滤液干后,再用两只"大手"将垃圾送入焚烧炉的"大嘴"。为防止垃圾臭气外溢,垃圾储存坑完全密封,坑内的空气被风机抽入焚烧炉内助燃。被焚烧炉"吃"进肚子的垃圾,在炉排上需要经干燥、着火、燃烧、燃烬四个阶段。垃圾在高温焚烧中产生的热能转化为高温蒸汽,推动涡轮机转动,使发电机产生电能。

4. 生物质燃气发电技术

生物质燃气发电系统主要由气化炉、冷却过滤装置、煤气发动机、发电机四大主机构成。其工作流程为:首先将生物燃气冷却过滤送入煤气发动机,将燃气的热能转化为机械能,再带动发电机发电。

5. 沼气发电技术

沼气发电系统分为纯沼气电站和沼气-柴油混烧发电站。沼气发电系统主要由消化池、气水分离器、脱硫化氢及二氧化碳塔(脱硫塔)、储气柜、稳压箱、发电机组(沼气发动机和沼气发电机)、废热回收装置、控制输配电系统等部分构成。沼气发电系统的工艺流程首先是消化池产生的沼气经气水分离器、脱硫化氢及二氧化碳的塔(脱硫塔)净化后,进入储气柜,再经稳压箱进入沼气发动机驱动沼气发电机发电。发电机所排出的废水和冷却水所携带的废热经热交换器回收,作为消化池料液加温热源或其他热源再加以利用。发电机所产生的电流经控制输配电系统送往用户。沼气锅炉使用系统见图4-17。

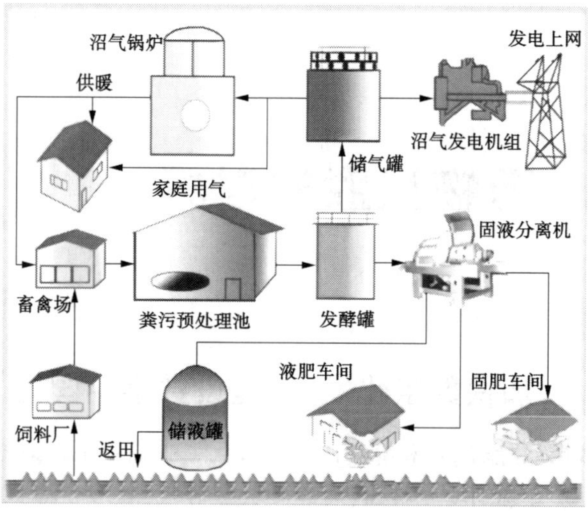

图 4-17 沼气锅炉使用系统

【课后实践】

1. 新能源发电对电力系统的影响？请以“新能源发电对电力系统的影响”为主题(题目自拟)，查阅资料，进行汇报。需包含以下关键点：①新能源发电对电力系统的影响；②如何解决。

2. 还有哪些教材没讲述到的新能源发电形式？请以“××发电概述”为主题(题目自拟)，查阅资料，介绍本书没有讲述的新能源发电形式。需包含以下关键点：①发电的原理；②发电的优缺点；③这种发电形式的现状，并结合“3060 双碳”目标的实现介绍这种新能源发电的前景。

项目五　万物互联的世界

项目概述

加快数字化发展，建设数字中国

以数字化、网络化、智能化为本质特征的第四次工业革命正在兴起。我国第十四个五年规划和2035年远景目标纲要中提出，要迎接数字时代，激活数据要素潜能，推进网络强国建设，加快建设数字经济、数字社会、数字政府，以数字化转型整体驱动生产方式、生活方式和治理方式变革。充分发挥海量数据和丰富应用场景优势，促进数字技术与实体经济深度融合，赋能传统产业转型升级，催生新产业新业态新模式，壮大经济发展新引擎。

物联网作为新一代信息技术与制造业深度融合的产物，通过对人、机、物的全面互联，构建起全要素、全产业链、全价值链全面连接的新型生产制造和服务体系，是数字化转型的实现途径，是实现新旧动能转换的关键力量。目前，我国物联网行业规模已达万亿元。中国物联网行业规模超预期增长，网络建设和应用推广成效突出。在网络强国、新基建等国家战略的推动下，中国加快推动人工智能、大数据、区块链等新兴数字产业，消费物联网和产业物联网逐步开始规模化应用，在智慧水利、智能电力、车联网等领域发展取得突破。本项目通过介绍什么是物联网技术以及物联网技术在水利、电力行业中的应用，让同学们了解新一代信息技术的魅力，相信在未来的几年，你们会认真学习专业本领，努力掌握专业技能，为建设数字中国贡献出自己的一份力量。

知识结构

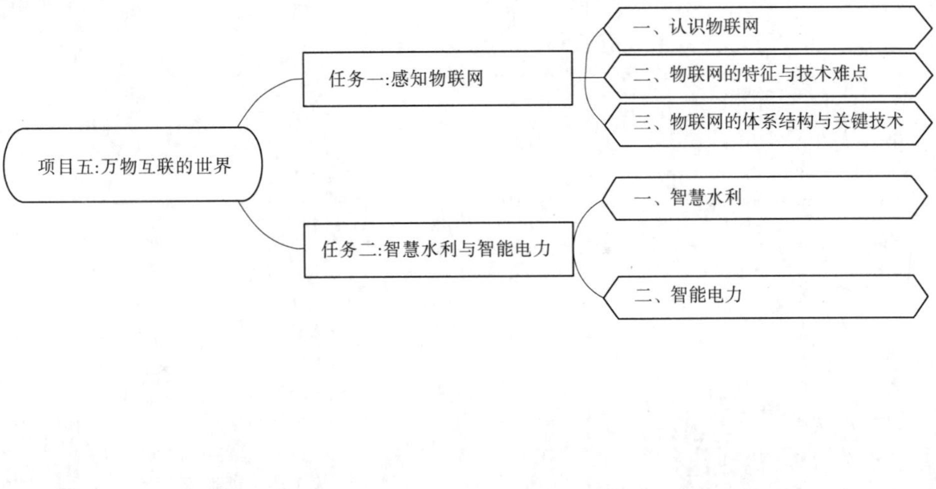

任务一 感知物联网

学习目标

能力目标

1. 能够说出物联网的定义和基本特征；
2. 能够举例说明物联网的典型应用。

知识目标

1. 了解物联网的体系结构；
2. 了解物联网中的各种关键技术。

素质目标

引导学生为实现信息技术现代化的中国梦而努力。

【案例 5-1】 国家电网“泛在电力物联网”。

2019 年 10 月 20 日，第六届世界互联网大会顺利启幕，嘉宾们普遍感受到一种前所未有的时尚，万物互联，智能互联，未来已至，乌镇人的智慧“云上”新生活画卷正在徐徐打开，“泛在电力物联网”为智慧城市赋能。

乌镇 2019 年投入使用的神经元路灯如图 5-1 所示。该路灯杆同时搭载了多种设备，能随时感知城市“阴晴冷暖”，并做出反馈，就像城市神经末梢的一分子，因此得名“神经元路灯”。路灯杆自上而下依次挂着智慧路灯、环境监测、智能监控、5G 微站、无线 AP、一键报修等设备，可感知城市温度、湿度、水位、PM2.5，及时发布、广播重要信息，实时监测人流、车流，自动调节灯光明暗。

24 小时电力保障“全面感知 全网在线”

“互联网之光”博览会启用新展馆，展览总建筑面积达 4 万 m^2，这也成为本届峰会一大亮点。规格更高、面积更大的背后，供电保障服务也更加坚强、安全、优质。与新展馆配套启用的“互联网之光博览中心”全感知配电房，运用“大云物移智”技术，实现全面感知、自主分析、精准控制，如图 5-2 所示。

配电房内，智能巡检机器人沿着平滑的轨道有条不紊地读取数据、判断开关位置是否正常，实时监测运行设备的安全状态。机器替代人，让配电房管理从人工值守迈向人工智能，减员增效，高度自治。此外，12 路摄像头以及安装在各个位置的传感器等 124 套智能感知元件，构成了完整的全感知体系，为配电房搭建了结构完整、感知灵敏、全息覆盖的“神经网络”，实现设备运行状态、环境信息的全维度实时监测。相比传统配电房，全感知配电房基于泛在电力物联网技术路线，加强了配电房感知能力、边缘处理能力和全生命周期管理能力，将用电服务延伸至客户侧。

图 5-1　乌镇子夜路上的神经元路灯

图 5-2　全感知配电房

一、认识物联网

在 2019 年，国家电网提出建设泛在电力物联网的新构想，使物联网技术与智能电网实现深度融合，可有效整合电力系统中海量的数据信息，提高电网信息化水平，保证其安全运行。那什么是物联网技术呢？

物联网（internet of things，IoT），即"万物相连的互联网"，是在互联网基础上延伸和扩展，将各种信息传感设备与互联网结合起来而形成的一个巨大网络，使互联网从人与人的连接扩展到物与人、物与物的连接，实现人类社会与物的整合，物理世界与信息世界的统一，用更加精细和动态的方式去管理生产和生活。

物联网通过信息传感器、射频识别技术、全球定位系统等各种装置与技术，实时采集任何需要监控、连接、互动的物体或过程，采集其声、光、热、电、力学、化学、生物、位置等各种需要的信息，通过各类可能的网络接入，实现物与物、物与人的泛在连接，实现对物品和过程的智能化感知、识别和管理。

二、物联网的特征与技术难点

从通信对象和过程来看，物联网的核心是物与物、人与物的信息交互，其至少具有三个基本特征：一是各类终端实现“全面感知”；二是电信网、互联网等融合实现“可靠传输”；三是云计算等技术对海量数据的“智能处理”。物联网的最大优势在于各类资源的“虚拟”和“共享”。

(一)全面感知

全面感知是指利用射频识别(radio frequency identification，RFID)、传感器、定位器和二维码等手段随时随地对物体进行信息采集和获取。

物联网为每一件物体植入一个“能说会道”的高科技感应器，这样没有生命的物体就变得“有感受、有知觉”。例如，洗衣机可以通过物联网感应器“知晓”衣服对水温和洗涤方式的要求；无人驾驶汽车可以感知路况信息，如图 5-3 所示。物联网离不开射频识别、红外感应器、全球定位系统等信息传感设备，就像视觉、听觉和嗅觉器官对于人的重要性一样，它们是物联网不可或缺的关键元器件。有了它们才可以实现近/远距离、无接触、自动化感应和数据读出、数据发送等。物联网之所以被称为传感器网络，是因为传感设备在网络中起到关键作用。

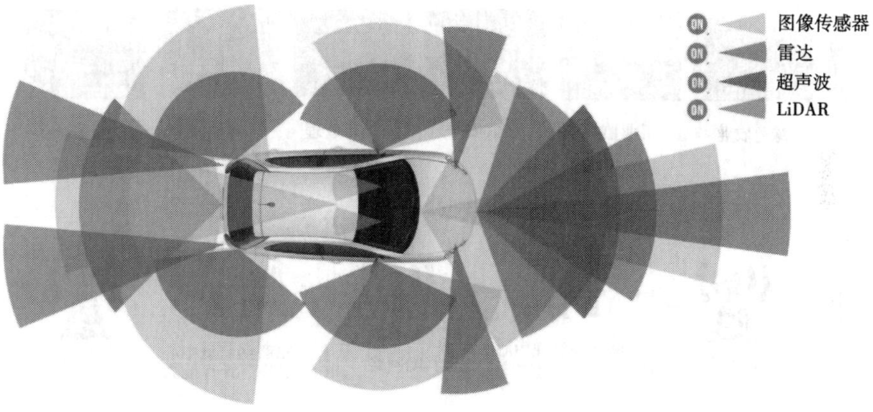

图 5-3 利用传感器实现全面感知

(二)可靠传输

可靠传输是指通过各种电信网络与互联网的融合，对接收到的感知信息进行实时远程传送，实现信息的交互和共享，并进行各种有效的处理。物联网与 5G 网络相结合，将大大改变人们的生活方式。例如，车联网，由于传输带宽不足和网络时延过大，3G/4G 不能满足高级别行驶安全与协同服务类业务。而 5G 在低时延、高可靠方面能力的增强，可以支持紧急刹车、逆向超车预警，在交叉路口防碰撞预警，道路限速、危险、交通灯提醒等主动安全预警，交通出行效率提升类服务。

(三) 智能处理

物联网是一个智能的网络，面对采集的海量数据，必须通过智能分析和处理才能实现智能化。智能处理是指利用云计算、数据挖掘、模糊识别等各种智能计算技术，对随时接收到的跨地域、跨行业、跨部门的海量数据和信息进行分析处理，提升对物理世界、经济社会各种活动和变化的洞察力，实现智能化的决策和控制。

物联网通过感应芯片和射频识别时时刻刻获取人和物体的最新特征、位置和状态等信息，这些信息将使网络变得更加“博闻广识”。利用这些信息，人们可以开发出更高级的软件系统，使网络能变得和人一样“聪明睿智”，不仅可以眼观六路、耳听八方，还会思考、联想。例如，当我们行驶在路上时，只需要通过联网的导航仪或手机就可以实时了解路况，从而绕开拥堵路段，这背后需要人工智能的帮助。

三、物联网的体系结构与关键技术

(一) 物联网的体系结构

物联网的价值在于让物体也拥有了“智慧”，从而实现人与物、物与物的沟通，物联网的特征在于感知、互联和智能的叠加。但是由于物联网发展过程中，不同机构、组织、国家的物联网发展仍处于无序阶段，所以国际上对物联网的界定没有统一的说法，但在物联网体系结构方面基本上统一了认识，认为物联网主要由感知层、网络层和应用层组成，如图 5-4 所示。

图 5-4 物联网的体系结构

1. 感知层：全面感知

感知层主要解决的是人类世界和物理世界的数据获取问题，包括各类物理量、标识、音频和视频数据等。物联网数据采集涉及多种技术，主要包括传感器、RFID、多媒体信息采集、实时定位等。传感器网络组网和协同信息处理技术实现传感器、RFID 等数据采集技术所获取数据的短距离传输、自组织组网及多个传感器对数据的协同信息处理过程。感知层的关键技术包括射频识别技术、新兴传感技术、无线网络组网技术、现场总线控制技术(FCS)等。

2. 网络层：可靠传输

网络层不单单实现互联网功能，它还能够实现更加广泛的互联功能。在理想的物联网中，网络层可以把感知层感知到的信息无障碍、高可靠、高安全地进行传输。为了实现这一宏伟目标，需要传感器网络与移动通信技术、互联网技术等相融合。经过多年的发展，移动通信技术、互联网技术都已经比较成熟，基本上可以满足要求。当然，随着技术的发展，这些功能将会更加完善。网络层的关键技术包括 Internet、移动通信网、无线传感网络等。

3. 应用层：智能处理

应用层主要包含支撑平台子层和应用服务子层。支撑平台子层用于支撑跨行业、跨应用、跨系统的信息协同、共享、互通的功能。应用服务子层包括智慧水利、智能家居、智能电网、智能交通、智能物流等行业应用。应用层的关键技术包括 M2M、云计算、人工智能、数据挖掘、中间件等。

物联网各层的关系可以这样理解：感知层相当于人体的皮肤和五官，它利用 RFID、摄像头、传感器、GPS、二维码等随时随地识别和获取物体的信息；网络层相当于人体的神经中枢和大脑，它通过移动通信网络与互联网的融合，将物体的信息实时准确地传递出去；应用层相当于人的社会分工，它与行业需求相结合，对感知层得到的信息进行处理，实现智能化识别、定位、跟踪、监控和管理等实际应用。因此，物联网的关键技术对应其体系结构，主要包括感知与识别技术、通信与网络技术、信息处理与服务技术三类。

(二)物联网感知与识别技术

感知与识别是物联网技术了解外界的触角，感知层是整个感知与识别技术的综合体。在感知层中，利用较多的是 RFID、传感器、摄像头和 GPS 等技术，感知层的目标是利用上述诸多技术形成对客观世界的全面感知。

物联网感知层解决的就是人类世界和物理世界的数据获取问题，包括各类物理量、标识、音频及视频数据。感知层处于三层体系结构的最底层，是物联网发展和应用的基础，具有物联网全面感知的核心能力。作为物联网的最基本层，感知层具有十分重要的作用。

1. 传感器技术

传感器给我们的生活带来了巨大的变革。在物联网中，传感器主要负责接收物品“讲话”的内容，传感器技术是从自然信息源获取信息并对获取的信息进行处理、变换、识别的一门多学科交叉的现代科学与工程技术,它涉及传感器、信息处理和识别的规划设计、开发、制造、测试、应用及评价改进活动等内容。

人类可通过视觉、嗅觉、听觉及触觉等感觉来感知外界的信息,但感知信息的范围和种类非常有限,如人无法利用触觉来感知特别高的温度,而且也不可能辨别温度的微小变化,这就需要传感器的帮助。未来万物互联的世界,"感知"物理世界信息就需要依靠各种各样的传感器来充当"眼睛"和"耳朵"。目前,数千亿的传感器已经被植入规模庞大的联网物理对象中,让一切相关事物都焕发出活力,无论是能远程监测心跳频率和药物服用的先进健康医疗设备,还是能跟踪丢失钥匙和从智能手机关闭烤箱的系统,抑或是协助给室内植物浇水的装置,都与传感器分不开。

2. RFID 技术

RFID 技术是一种非接触式的自动识别技术,通过射频信号自动识别目标对象并获取相关数据,识别工作无须人工干预,操作快捷方便。RFID 技术涵盖计算机科学与技术、自动化、通信技术、信息安全、人工智能等多学科和领域,在科技民生、智慧生活、资源协调、物流配送、智能安防等领域有着广阔的应用前景。

典型的 RFID 系统的核心是射频识别技术,主要结构包括电子标签、读写器和天线等。作为一个完整的 RFID 系统,除包括上述组件外,还需要有与之配套的应用软件和计算机网络系统,才能实现完整的自动识别系统功能。

(三)物联网通信与网络技术

物联网的网络层是在现有的 Internet 和移动通信网的基础上建立起来的,除具有目前已经比较成熟的远距离有线、无线通信技术和网络技术外,为实现"物物相连"的需求,物联网的网络层将综合使用 IPv6、5G 和 Wi-Fi 等通信技术,实现有线与无线的结合、宽带与窄带的结合、感知网与通信网的结合。

物联网依托的主要网络形态包括 Internet、移动通信网和无线传感器网络。通信技术包含有线通信技术和无线通信技术,而最能体现物联网特征的是无线通信技术,其既包括允许用户建立远距离无线连接的全球语音和数据网络,也包括近距离的蓝牙技术、ZigBee 技术,以及低功耗远距离通信技术、窄带物联网(narrow band internet of things, NB-IoT)技术等。

1. ZigBee 技术

ZigBee 技术是一种成本和功耗都很低的低速率、短距离无线接入技术,它主要针对低速率传感器网络而提出,能够满足小型化、低成本设备(如温度调节装置、照明控制器、环境监测传感器等)的无线联网要求,广泛应用于工业、农业和日常生活中。

2. NB-IoT 技术

NB-IoT 技术是 IoT 领域一个新兴的技术。支持低功耗设备在广域网的蜂窝数据连接,也被叫作低功耗广域网(LPWAN)。NB-IoT 技术支持待机时间长、对网络连接要求较高设备的高效连接。部分 NB-IoT 设备电池寿命可以达到 10 年之久,同时还能提供非常全面的室内蜂窝数据连接覆盖。在低速物联网领域,NB-IoT 技术作为一个新形式,在成本、覆盖、功耗、连接数等技术上做到极致。该技术被广泛应用于公共事业、医疗健康、智慧城市、智慧水利、智能电力、物流仓储、智能楼宇、制造等行业。

(四)物联网信息处理与服务技术

物联网的应用层能够为用户提供丰富的业务体验,其关键技术包括云计算、人工智能等。

1. 云计算技术

云计算是与信息技术、软件、互联网相关的一种服务,这种计算资源共享池叫作"云"。云计算把许多计算资源集合起来,通过软件实现自动化管理,只需要很少的人参与,就能让资源被快速提供。也就是说,计算能力作为一种商品,可以在互联网上流通,就像水、电、煤气一样,可以方便地取用,且价格较为低廉。

2. 人工智能

人工智能(artificial intelligence,AI)是研究使计算机来模拟人的某些思维过程和智能行为(如学习、推理、思考、规划等)的学科,主要包括计算机实现智能的原理、制造类似于人脑智能的计算机,使计算机能实现更高层次的应用,其目标是希望计算机拥有像人一样的思维过程和智能行为(如识别、认知、分析、决策等),使机器能够胜任一些通常需要人类智能才能完成的复杂工作。新一代人工智能技术的发展将再一次极大地改变人类社会生产、生活方式,其将融入各行各业。在我国"十四五"规划中提出要瞄准人工智能等前沿领域,促进专用芯片研发,深度学习框架等开源算法平台构建,学习推理与决策、图像图形、语音视频、自然语言识别处理等领域。

【课后实践】

1. 讲述物联网技术:物联网作为新一代的信息技术革命浪潮,将实现未来万物互联的愿景,实现物理世界与信息世界的融合。通过本任务学习,讲述物联网的基本特征和体系结构,了解物联网技术在各行业的应用。

2. 我的专业与物联网技术:通过查阅资料,通过三层结构分析专业所属的层面,了解专业人才培养的目标以及能力要求,了解未来从事的职业岗位群,制订专业学习计划。

3. 我身边的物联网:关注物联网技术给生活带来的变化,以"身边的物联网"为主题(题目自拟),查阅资料,进行汇报。须包含以下关键点:①物联网生活场景及功能展示,采用图片匹配文字形式展现;②针对此场景分析用到哪些技术,并通过三层结构分析技术所属的层面;③开动脑筋发挥想象,说出你能想到的未来可以拓展的功能。

任务二　智慧水利与智能电力

学习目标

能力目标

能够根据实际应用需求对物联网应用系统的功能分配有一个完整的认识。

知识目标

1. 了解物联网关键技术在水利、电力行业中的应用；
2. 熟悉物联网技术在水利、电力行业中的应用场景。

素质目标

了解专业在水利、电力行业就业领域和旺盛需求，使学生爱专业、爱学校。

一、智慧水利

2020 年《政府工作报告》提出加强新兴基础设施建设，包括信息、融合和创新三个基础设施建设，加强融合基础设施建设就是要加快推进水利等传统行业与信息领域技术的结合，构建高效智能的融合基础设施体系；2021 年 7 月，《人民论坛》发表文章指出要以“十四五”水安全保障规划为核心，推进智慧水利系统建设。国家“十四五”规划中也提出，构建智慧水利体系，以流域为单位提升水情测报和智能调度能力。

(一) 智慧水利的概念

智慧水利是指利用大数据、云计算、移动互联网、人工智能等新一代信息技术，实现对水利对象及活动的透彻感知和全面互联，为水安全、水资源、水环境、水生态等领域的水利业务，提供精细化管理、智能化决策和泛在化服务，从而全面提升治水能力，保障经济社会可持续发展，具体如图 5-5 所示。

透彻感知、全面互联、智能决策与泛在服务是智慧水利的基本功能，总体目标是要实现各方面能力全面提升和经济社会可持续发展。透彻感知是指要建立天空地一体化感知体系，实现感知区域和对象的全要素采集；全面互联要求感知设备之间、感知设备与云端、云端与主干网等所有通信链路全覆盖，实现数据传输高速、可靠、及时、准确；智能决策指通过建立智能高效水利数据模型，全面提升管理和决策能力水平；泛在服务指无处不在的服务，要求智慧水利所有支撑技术要无缝衔接，为水利决策者提供无时无刻的高效服务。

(二) 智慧水利体系架构及关键技术

智慧水利同一般的物联网体系一样，自下向上依次为感知层、网络层和应用层，具体如图 5-6 所示。

图 5-5 智慧水利

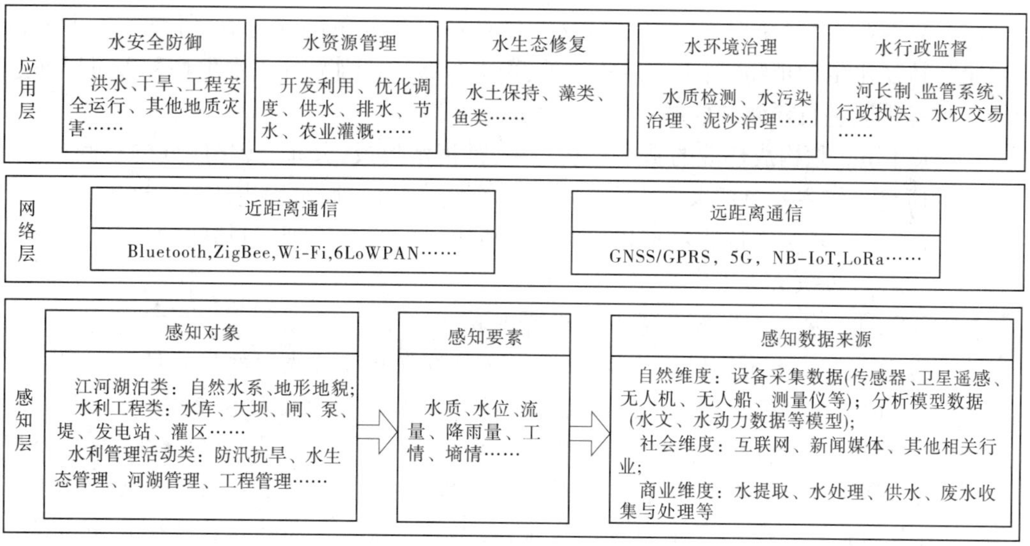

图 5-6 智慧水利总体框架

1. 感知层

水利感知对象可以分为江河湖泊类、水利工程类和水利管理活动类三类。江河湖泊类又分为自然水系（空中水、地表水、地下水等）和地形地貌（侵蚀沟道）；水利工程类分为独立工程（大坝、闸、泵、堤等）、组合工程（水库、灌区等）和辅助工程（气象站、水文站等）；水利管理活动类分为水生态、水环境、水资源、河湖和工程等的管理及防汛抗旱。感知要素指能够描述水利感知对象当前状态的动态属性或指标,如水位、流量、水质、降雨量、工情、墒情、温度、湿度等。水利感知要素的收集方式多样,如传感器、摄像头、卫星遥感、无人机、无人船、手机、测量仪、互联网等。

2. 网络层

智慧水利网络层主要功能是依据各类通信协议为感知数据的上传提供链路分配策略。网络的类型一般包括水利业务专网、有线网络(双绞线、同轴电缆、光纤等)、无线广域网(LoRa,NB-IoT 等)、无线局域网(ZigBee,Wi-Fi 等)、无线个域网(6LoWPAN 等)、卫星移动通信网等。其中,NB-IoT 等一些低功耗、远距离、灵活组网的通信协议,非常适用于环境复杂、覆盖面广、网络部署相对困难的水利应用领域。

3. 应用层

从水利大数据整合管理(如水文监测智能整编系统),到城市供排水管网监测(如深圳智慧排水管理系统),再到河湖生态监管治理(如黄河水利委员会水政执法巡查监控系统),智能化信息技术已经渗透到水利领域的各个层面。智慧水利应用层划分为以下 5 个方面:

(1)水安全。主要针对一些水利突发自然或人为灾害,采用现代化信息技术有效实现实时监测、快速预警和高效治理,解决的问题包括洪水、干旱、工程安全及由水利灾害引发的其他地质灾害等。

(2)水资源。是指能够被人利用的水源,主要应用包括对水的开发利用、优化调度、供排水、节水、农作物灌溉等。

(3)水生态。是指水对生物的影响及生物对各种水分条件的适应,研究对象主要包括水土保持及水生动植物等,水域内的鱼类、藻类分布、微生物、外来水生物种等可以通过智能化技术手段进行检测和控制。

(4)水环境。是构成环境的基本要素之一,是指水形成、分布、转化所处的空间环境。水环境的研究工作主要包括水质监测、水污染治理、泥沙治理、水周边环境治理等。

(5)水行政。指国家依法对水和水事关系所进行的行政管理,包括河湖长制、水权分配、监管系统、行政执法等工作。

【案例 5-2】 水文监测系统实时监测,帮您防洪抗汛。

水文参数监测是水利管理的基础,水域水文参数资料涉及我国的核心经济利益。因此,掌握河流的水文特征,预测汛期的来临,做好防洪准备,实时监测水文就成了防洪的重要环节。传统的水文监测主要依靠人工的监测手段,造成了工作量大、效率低、数据处理繁杂易错、信息传输时效性差等问题,既不适应信息化的发展,又不能满足现代化管理的需要,而且劳动强度也很大,测量精度无法保证,尤其是监测一些地理位置比较偏远或分散的监测点,工作难度更大。

防洪是关系人民安危和社会稳定的大事,而洪水预报是防汛抗洪的重要组成部分,做好洪水预报工作,能科学地防洪减灾。水文监测系统可实时监测水位等现场图像数据,当现场数据发生异常时可自动报警,数据可通过云平台存储,可随时查看实时或者历史数据,还可智能分析数据并生成报表,支持多种软硬件设备以及省市级水利水文管理平台,让工作人员能实时了解河流湖泊水利运行情况,对防汛抗洪有重要意义。

水文监测系统通过使用传感器监测水域内的水位、流速、雨量、水质等数字化信息，将有关河流水情安全的所有数据实时传送到水库监测中心，其拓扑结构如图5-7所示。在河流水情监测中心数据库中可以进行实时的数据查询及分析，为决策者提供准确的基础数据。

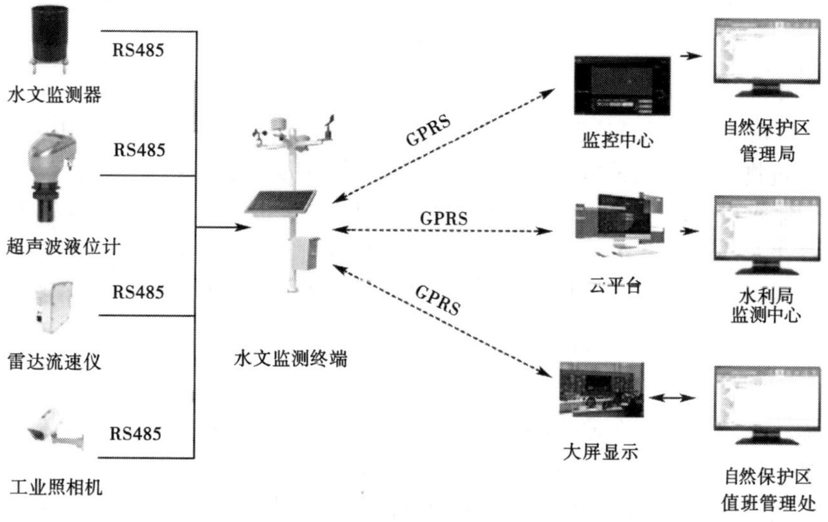

图5-7 水文监测系统的拓扑结构

系统可实时监测水位、流量、水质、蒸发、泥沙、冰凌、墒情、水压。该系统具有实时采集现场数据状态、自动报警、数据存储、数据查询、分析、监测信息管理及与政府平台对接的功能。系统可采用无线通信方式实时传送监测数据，大大降低人力投入，提高水文部门的工作效率。

在控制中心，各种在线监测数据、图像、视频和抢修车辆位置等信息能直观显示在大屏幕上，监控人员能及时监视现场情况，准确判断状态，指挥车辆和专业人员处理各种检修和抢修工作。水文监测系统的应用为河流湖泊提供了现代化的管理手段，提高了河流湖泊管理的效率和质量。管理部门可通过该系统及时掌握河流的降水、断面水位等实时水雨状况，从而及时做出管理决策。水文监测系统在及时预警洪涝灾害、避免人员伤亡和经济损失方面发挥了重要作用。

（三）智慧水利典型应用场景

1. 城市供水

智能水网（SWG）是包含水物理网、水信息网、水管理网的综合网络系统，核心组成部分是城市供水系统，也可称作智能水分配网络、供水系统、水表等。主要功能包括城市供水管理、居民用水监测、管网泄漏检测、水库或流域水位监测、流量监控等。通过物联网技术可准确快速抄表和漏损检测，分析用水情况，并节约用水。

2. 农业灌溉

智慧灌区是具有智能监测、解译、模拟、预警、决策和调控能力的灌区，全面实时感知灌区水情、墒情、工情、作物长势、生态环境等信息，快速精准并自主地调控水源、输配水、排水系统等工程设施及设备，实现水量、水质和生态等多目标的最优化管理。

3. 河湖水质监测

通常，水质评估中用到的评价指标分为三类：物理指标（水温、水压等）、化学指标（pH、硬度、水溶物质等）和生物指标（微生物、藻类等）。传统的水质监测途径，采集样本后送到实验室利用专业化验仪器测验，这种方式获得的结果精确但有延时。而利用传感器、无人机、摄像头等实地监测，并通过大数据、人工智能技术的预测分析能够降低人力成本、测量误差和外界因素干扰，提高水质监测精度和实现预测功能。

4. 水工建筑安全监控

根据不同的地理环境和实现功能需求，水工建筑可划分为挡水建筑物（大坝、堤防等）、输水建筑物（渠道、渡槽等）、整治建筑物等。保障水工建筑物安全稳定是开展发电、航运、灌溉、输水等各项水利业务的前提，水利工程施工、运行、管理各阶段都需要监测建筑物的安全状态。当前利用物联网、大数据、遥感、人工智能等技术实现水工建筑物全面深度安全隐患排查已成为主流趋势，智能仪器和手段解决了很多人类不易开展作业场景下的问题。

5. 洪旱灾害风险评估与预警

随着全球气候变化和人类活动对环境的破坏，超标准洪水、干旱自然灾害的孕灾环境与致灾因子、承灾体脆弱性与暴露量、成灾模式与损失构成等均发生了显著变化。针对当前水灾害的复杂性，利用新一代信息技术和智能化手段开展洪旱灾害风险评估与预警工作对降低灾害损失至关重要。

二、智能电力

智能电网的提出对电力系统运行提出了新的要求，随着国家电网加快推进“三型两网、世界一流”战略的落地实施，预计在 2024 年有望全面建成泛在电力物联网，其中的“两网”即指坚强智能电网和泛在电力物联网。

（一）泛在电力物联网的概念

泛在电力物联网就是运用物联网等技术，将电力用户及其设备、电网企业及其设备、发电企业及其设备、电工装备企业及其设备连接起来，通过信息广泛交互和充分共享，以数字化管理大幅提高能源生产、能源消费与相关领域安全、质量和效益效率水平。其架构如图 5-8 所示。

（二）泛在电力物联网建设的经济价值与社会价值

泛在电力物联网的投入规模巨大，将对经济社会产生重大积极作用。在经济价值方面，以数字技术为传统电网赋能，一是将有利于提升电网的感知能力、互动水平、运行效率和自愈能力，实现对内提质增效，使设备管理更高效，调度控制更灵活，供电质量更优越，电网运行更安全，能更好地促进源网荷储协同互动，实现削峰填谷，推动“源随荷动”模式向“源荷互动”模式转变；二是将有利于构建合作共赢的能源新生态，实现以电为中心向电力生产和消费两端延伸价值链，促进产业链上下游企业之间供需精准对接和优势互补，高质量开发新产品、新技术，培育新业务、新模式，为上下游企业创造更大发展机遇、挖掘更广阔市场空间，构建共建共享共赢的生态圈。

在社会价值方面，发展泛在电力物联网将有利于助力国家治理现代化、推动能源低碳

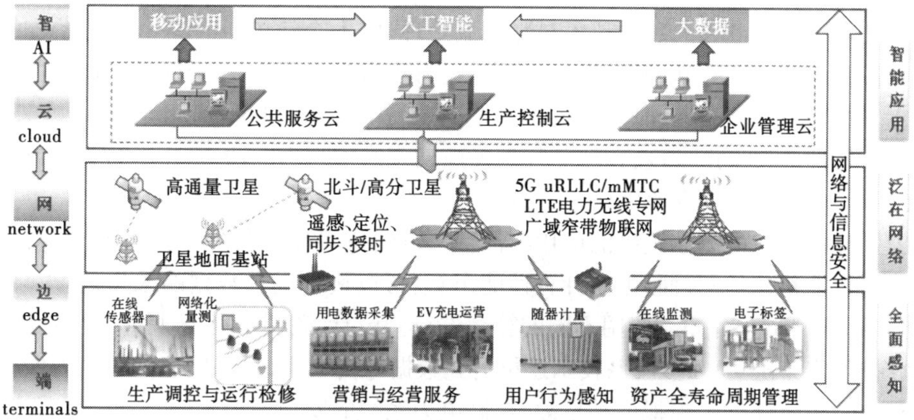

图 5-8 泛在电力物联网架构

转型和满足人民美好生活的用能需求。一是通过对全社会能源电力生产消费信息的全息感知和汇聚整合,可支撑服务政府高效监管、精准施策、科学调控;并且还可促进能源电力系统更好地与政务、交通、电信等领域实现互联互通,提升整个城市的统筹管理和协同控制能力,助力智慧城市建设。二是通过泛在电力物联网建设,将推动清洁能源发电全息感知、智能分析、精准预测,提高清洁能源与电网协同规划、灵活调度、市场交易能力,有力支撑各类清洁能源接入,提升清洁能源消纳水平,促进清洁能源科学发展。三是将有利于主动通知停电信息,及时抢修线路故障,实现办电、缴费等全过程在线透明,能为客户提供用电提醒、节能分析、能效诊断、远程控制、撮合交易、能源金融等个性化及多元化增值服务,持续提升客户体验。

(三)泛在电力物联网采用的关键技术

泛在电力物联网采用的关键技术及其相互关系如图 5-9 所示。

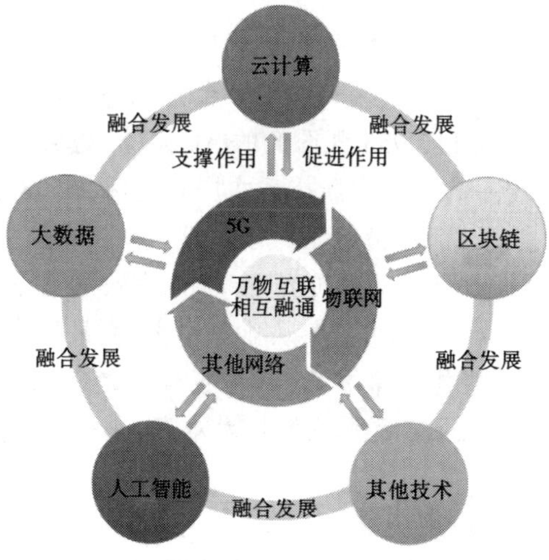

图 5-9 泛在电力物联网采用的关键技术及其相互关系

1. 大数据技术及在电力系统中的应用

通过合理利用电力大数据技术对数据流处理,电力企业可以对整个电力系统的数据进行分析和评价。在此基础上,通过大量的电力数据对比分析,可及时监测电能的各类运行指标。根据预警数据,及时发现各种安全隐患,保证各种设备的正常运行。此外,该技术还可以合理优化生产调度,预测新能源发电功率及用户用电功率、用电行为等方面。

2. 云计算技术及在电力系统中的应用

云计算技术在电力系统中的应用广泛:一方面,它可以与其他先进技术融合,实现电力设备的智能化;另一方面,由于计算性能出众,可以快速提升数据的采集效率。借助云计算技术,电网企业可按需使用不同的算法进行潮流计算,进而优化调度,及时发现特殊情况并排除安全隐患。此外,该技术还可与大数据等技术相结合,快速搭建电力电子仿真和各种电力系统模型来模拟各种事故,提高电力系统的安全性。

3. 人工智能技术及在电力系统中的应用

利用人工智能技术在电力系统中可提升数据分析能力,发现电网中薄弱环节并及时改善,做出更加准确的决策从而合理调配资源,提高系统稳定性;结合电力生产数据、气象数据及相应地理数据,构建专家系统或智能决策系统,在故障前及时检测出不良数据并发出预警,避免各种故障;实时跟踪新能源的发电量和客户的使用行为,提高电网企业的运营能力,为电力企业和用户节约能源等。

【案例 5-3】 南方电网公司举行首届数字电网开发者大会。

2021 年 4 月 7 日,以“数字电网 共赢未来”为主题的南方电网公司首届数字电网开发者大会在新华网 PC 端、新华网客户端以线上直播方式举行。开发者大会当天,华为、腾讯、百度、阿里等应邀而来的嘉宾围绕“开发者如何助力数字电网建设、如何构建和培育开发者生态”两个议题展开沙龙对话。华为 EBG 全球能源业务部研发部负责人认为,电网本身是连着所有的源端,它是连接所有生产要素的基础,因此电网本身也是数字电网发展的第一主体。

“这次大赛为我们在电力生产、客户服务等业务中遇到的技术难题提供了有效的解决方案,如大会的获奖项目——基于人工智能平台开展架空输电线路缺陷识别算法研究就投入了实际应用,现已完成 117 955 张图像的 AI 识别,发现缺陷 8 649 个,大大提升巡视效率。比如,南方电网统一的智能客服应用在广东电网 95598 客服中心试点运行后,实现了坐席语音实时转译、人机对话、情绪识别等功能……”

据南方电网公司数字化部相关人员介绍,南方电网公司首届数字电网开发者大会活动启动于 2020 年 10 月,活动宗旨为“任务从业务中来,成果到应用中去”,主要涉及云化数据中心、智能电网和人工智能三个方向,具体包含 4 道算法类任务,3 道方案类任务。通过大会,成功解决了 7 项电网实际业务的技术难题,如输电线路玻璃绝缘子自爆程度识别。

(四) 泛在电力物联网的应用场景

根据国家电网公司公布的白皮书,泛在电力物联网的未来将重点围绕电动汽车、智能化电厂和大数据等方面建设相应的服务生态系统并产生相应的各类应用场景,具体如图 5-10 所示。

图 5-10 泛在电力物联网的应用场景

1. 新能源汽车行业

围绕电动汽车可构建智慧车联网平台，它将成为泛在电力物联网的重要组成部分之一，可链接汽车、充电桩、电网、企业、客户等，其具体应用场景如下：

（1）智慧充电桩的建设。它将用户与电网公司相连，可以采集用户、汽车和充电设施的信息。通过这种方式，电网企业可以远距离操控充电设施，统一汇总并整合交易信息流。

（2）可根据电网动态和电动汽车功率需求，及时优化电网调度并将电力系统的交易平台与电动汽车相连接，实现绿色电力交易和削峰填谷，进而提高可再生能源发电系统的可靠性和电能质量，解决间接性能源增加所造成的电网调度问题。

2. 智能化电厂

智能化电厂采用物联网、人工智能、虚拟现实等现代化技术，同时结合控制和管理系统，实现电厂生产和管理的信息化、数字化和智能化。目前，智能化电厂主要应用体现在包含电厂经营和基建等方面的风险评估、风险识别的智能决策系统；包含物资安全、人员安全、财产安全等的安全管理系统；包含运行调度及优化、智能生产、智能监控等的运行管理系统；包含设备状态分析、故障诊断及检修维护等的设备管理系统。借助于标准统一，广泛采用了各种先进技术的泛在电力物联网、智能化电厂可以解决由于不同的设计方式以及众多差异性的数据接口标准造成的建设难题。通过建立能源生态体系，可进一步积累安全可靠的电厂运维数据，提升电厂的整体运维能力、数字化管理水平，降低煤耗，优化负荷，从而创造更多的经济收益。

3. 智慧变电站

不同于传统变电站，智慧变电站采用的技术更加先进。借助于技术优势，使变电站电气量、状态量等数据的采集更加准确高效，并加强了变电站的实时控制能力。另外，通过使用更多智能化设备，包括无人机、机器人等，提高了故障诊断能力。例如：无人机自动巡视，加强了信息的传输和共享等诸多功能。这些都使得变电站的工作效率、安全水平和供电质量不断提高。

【课后实践】

1. 物联网技术在水利行业中的应用：以“智慧水利”为主题(题目自拟)，查阅资料，进行汇报。须包含以下关键点：①智慧水利场景及功能展示，采用图片匹配文字形式展现；②针对此场景分析用到哪些技术，并通过三层结构分析技术所属的层面；③结合自己所学专业，思考未来可以从事的工作岗位和努力方向。

2. 物联网技术在电力行业中的应用：以“智能电力”为主题(题目自拟)，查阅资料，进行汇报。须包含以下关键点：①智能电力场景及功能展示，采用图片匹配文字的形式展现；②针对此场景分析用到哪些技术，并通过三层结构分析技术所属的层面；③结合自己所学专业，思考未来可以从事的工作岗位和努力方向。

3. 新一代人工智能技术的应用：关注新一代人工智能技术的发展，以及在水利、电力行业中的应用。查阅资料，进行人工智能技术的行业应用场景及功能展示，采用图片匹配文字的形式展现。

项目六　土建类专业在水电领域的应用

项目概述

为了能够让土建类专业的学生具备更多的水电知识，将建筑专业与水、电专业更好地融合，本项目将以水电站为主要研究对象进行知识讲解。首先，带领大家认识水电工程的建筑结构，以水电站为例，介绍水电站的厂区，并重点介绍水电站厂区的枢纽建筑物、水电站厂区的布置；其次，将从新技术的应用方面，介绍目前建筑领域的新技术 BIM 软件以及装配式建造技术在水电工程中的应用。

土建工程是所有建筑的基础，土建的施工质量直接影响到水电工程的质量。通过案例学习让学生了解到土建施工质量在水电工程建设中的重要性，培养学生精益求精、严谨认真的工匠精神。项目中重点介绍了 BIM 技术以及装配式建造技术和新兴技术在大型水电工程中的应用，让同学们体会到我国土建施工人员在水电工程施工中自力更生、自主创新以及科技报国的伟大精神，积极为水电事业做贡献。

知识结构

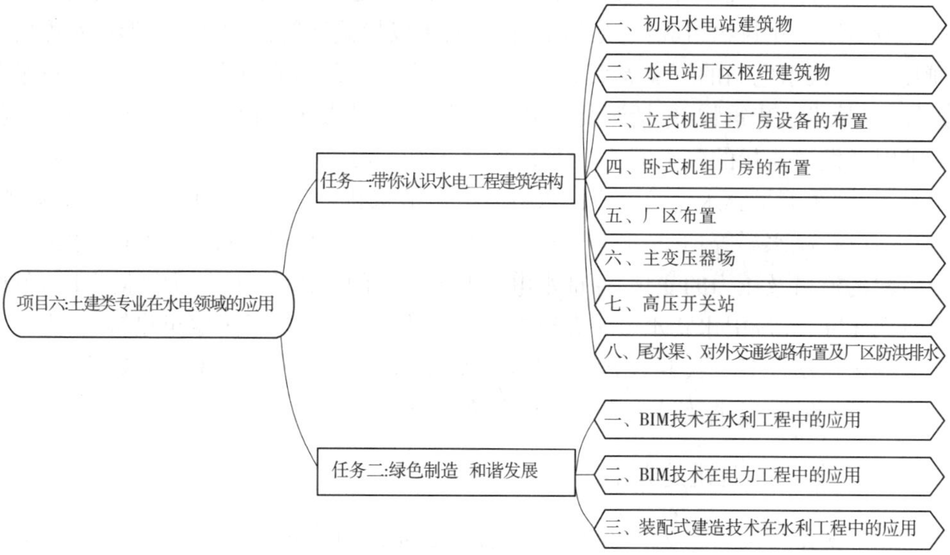

任务一　带你认识水电工程建筑结构

学习目标

能力目标

能够将土建专业与水电专业知识联系起来。

知识目标

对水电站建筑物有初步认识，了解枢纽建筑物的结构及水电站厂区的布置。

素质目标

培养学生爱岗敬业、愿为水电事业贡献力量的精神。

一、初识水电站建筑物

为了实现从水能到机械能再到电能这个能量的连续转换而修建的水工建筑物和所安装的水轮发电设备及其附属设备的总体，就称为水电站。

为了控制水流，实现水力发电而修建的一系列水工建筑物，称为水电站建筑物。水电站枢纽一般由以下建筑物组成：一是挡水建筑物，用以拦截河流，集中落差，形成水库的拦河坝、闸或河床式水电站的厂房等水工建筑物，如混凝土重力坝、拱坝、土石坝、堆石坝及拦河闸等；二是泄水建筑物，包括洞及放水底孔等；三是进水建筑物，用以从河道或水库按发电要求引进发电流量的引水道首部建筑物，如有压、无压进水口等；四是引水建筑物，用以集中水头、输送流量到水轮发电机组或将发电后的水排往下游河道的建筑物，如渠道、隧洞、压力管道、尾水渠等；五是平水建筑物，用以平稳由于水电站负荷变化在引水或尾水系统中引起的流量及压力的变化，保证水电站调节稳定的建筑物，如有压引水式水电站的调压塔或调压井，无压引水式水电站渠道末端的压力前池；六是厂区枢纽建筑物，主要是指水电站的主厂房、副厂房、变压器场、高压开关站、交通道路及尾水渠等建筑物；七是过坝建筑物，用以通船、过木及过鱼等的建筑物，如船闸等。

二、水电站厂区枢纽建筑物

水电站厂房是水能转变为电能的生产场所，也是运行人员进行生产和活动的场所。其任务是通过一系列的工程措施，将水流平顺地引进水轮机，使水能转变成可供用户使用的电能，并将各种必需的机电设备安置在恰当的位置，创造良好的安装、检修及运行条件，为运行人员提供良好的工作环境。水电站厂房是水工建筑物、机械及电气设备的综合体。在厂房的设计、施工、安装和运行中需要各专业人员的通力协作。

(一)水电站厂房的组成

1. 根据设备布置和运行要求的空间划分

根据设备布置和运行要求的空间可将水电站厂房分为以下几个组成部分:

(1)主厂房。水能转变为机械能是由水轮机实现的,机械能转变为电能是由发电机来完成的,二者之间由传递功率装置连接,组成水轮发电机组。用来安装水轮发电机组及各种辅助设备的房间称为主厂房,是水电站厂房的主要组成部分。

(2)副厂房。布置各种运行控制设备和检修管理设备的房间以及运行管理人员工作和生活的用房,统称副厂房。

(3)主变压器场。安装升压变压器的地方称为主变压器场。水电站发出的电能经主变压器升压后,再经输电线路送给用户。

(4)开关站(户外高压配电装置)。安装高压配电装置的地方称为开关站。为了按需要分配功率及保证正常工作和检修,发电机和变压器之间以及变压器与输电线路之间有不同电压的配电装置。发电机侧(低压侧)的配电装置,通常设在厂房内,而其高压侧的配电装置一般在户外,称为高压开关站。开关站装设高压开关、高压母线和保护设施,高压输电线由此将电能送给电网和用户。

水电站主厂房、副厂房、主变压器场和高压开关站及厂区交通等,组成水电站厂区枢纽建筑物,一般称为厂区枢纽。厂区是完成发电、变电和配电的主体。

水电站厂房的组成及其配合关系如图 6-1 所示。

2. 根据水电站厂房的结构组成划分

(1)水平面上,可将厂房分为主机室和安装间(又称装配场)。主机室是运行和管理的主要工作场所,水轮发电机组及辅助设备布置在主机室;安装间是水电站机电设备卸货、拆箱、组装和机组检修时使用的地方。

(2)垂直面上,根据工程习惯将主厂房以发电机层楼板地面为界分为上部结构和下部结构两部分。

①上部结构。包括主机室和安装间,与工业厂房相似,基本上是板、梁、柱结构系统。

②下部结构。为大体积混凝土的整体结构,是厂房的基础,主要布置水轮机的过流系统,其特点是尺寸大、结构复杂、防渗要求严格、基础深厚。

(二)水电站厂房的基本类型

由于水电站的地形、地质、水文等自然条件和水能的开发方式、动能参数、机组形式、枢纽总体布置不同,以及技术、经济和国防等因素的影响,水电站厂房的类型是多种多样的,并且各有其优缺点和适用条件。

1. 按厂房结构特征分类

(1)引水式厂房。发电用水来自较长的引水道,厂房远离挡水建筑物和进水建筑物,厂房上游不承受水压力,厂房布置在引水系统末端的河岸上,称为引水式厂房。它通常布置在地面上称为地面式厂房,也称河岸式厂房,如图 6-2 所示。福建棉花滩水电站厂房属于地下式厂房。

(2)坝后式厂房。厂房布置在非溢流坝后,与坝体衔接,厂坝间用永久缝分开,厂房不起挡水作用,不承受上游水压力,发电用水由穿过坝体的高压管道引入厂房,称为坝后

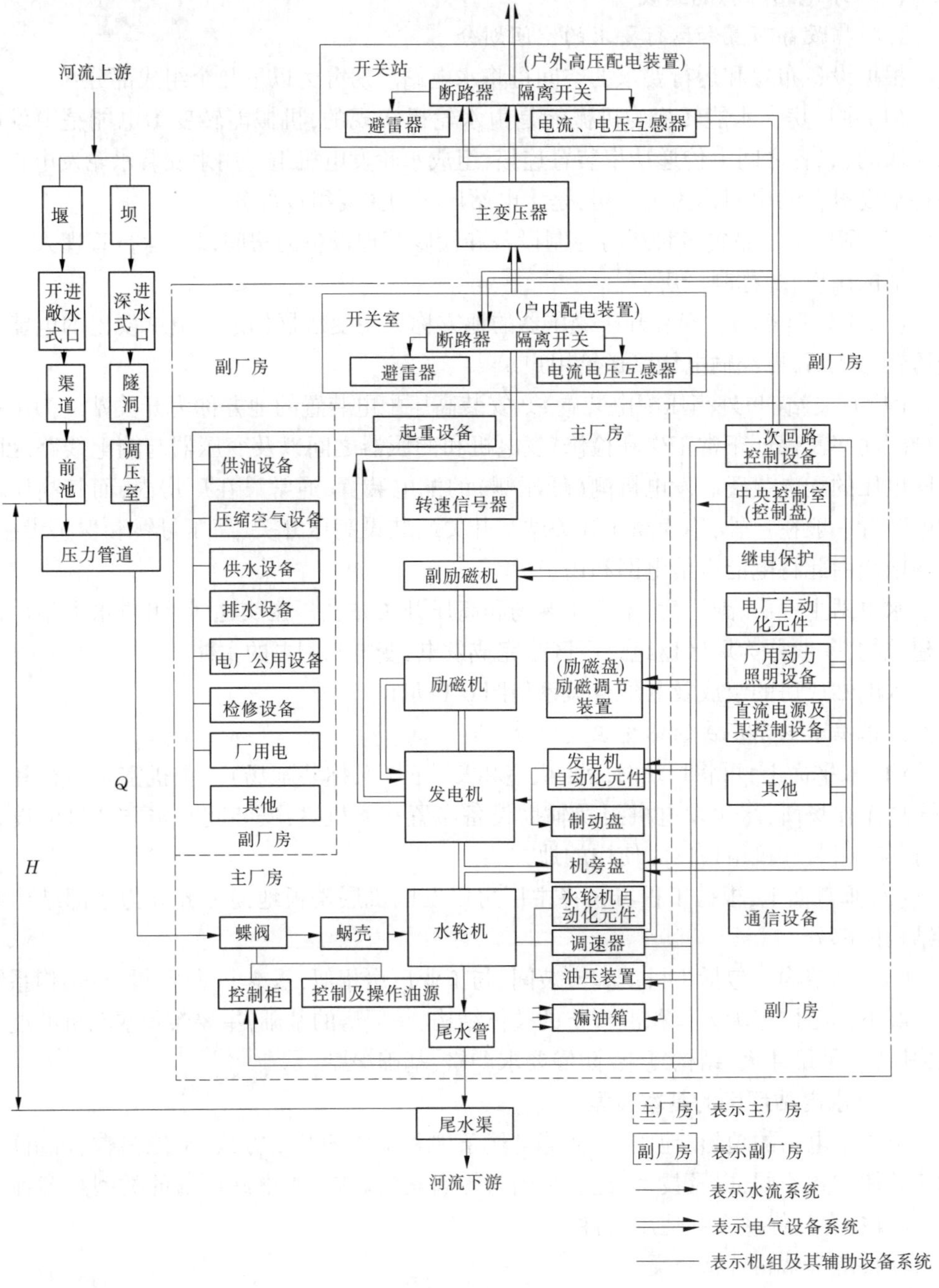

图 6-1 水电站厂房组成

式厂房，如图 6-3 所示。闻名世界的三峡水电站厂房是目前世界上装机容量最大的坝后式厂房。

(3) 河床式厂房。厂房位于河床中，厂房与整个进水建筑物连成一体，厂房本身起挡水作用，称为河床式厂房，如图 6-4 所示。当电站水头低、流量大，单机容量较大，河床较

图 6-2　引水式厂房

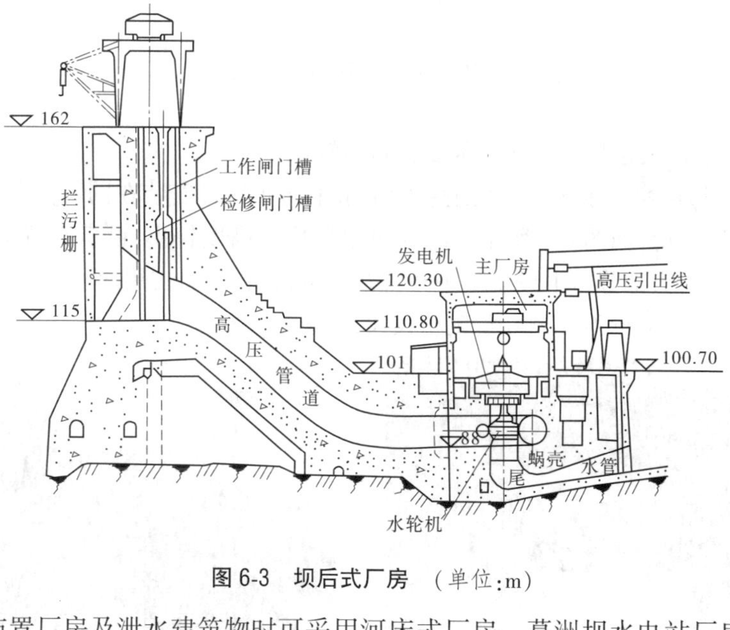

图 6-3　坝后式厂房　（单位:m）

宽,能同时布置厂房及泄水建筑物时可采用河床式厂房。葛洲坝水电站厂房是目前我国装机容量最大的河床式厂房,福建省内的沙溪口水电站也是河床式厂房。

2. 按机组主轴布置方式分类

（1）立式机组厂房。水轮发电机组主轴呈垂直向布置的厂房称为立式机组厂房,如图 6-5 所示。立式机组厂房的高度较大,设备在高度方向可分层布置,厂房较宽敞整齐,平面面积较小,厂房下部结构为大体积混凝土,整体性强,运行、管理方便,振动、噪声较

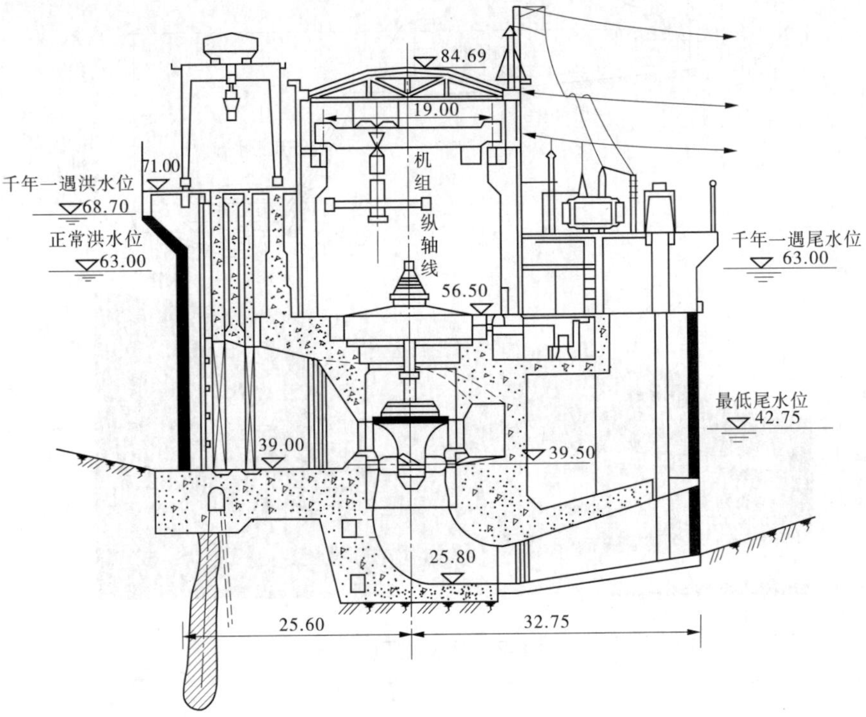

图 6-4　河床式厂房剖面图　（单位：m）

小，通风、采光条件好，但厂房结构较复杂，造价较高。

(2)卧式机组厂房。水轮发电机组主轴呈水平向布置且安装在同一高程地板上的厂房称为卧式机组厂房，如图 6-6 所示。卧式机组厂房的高度较小，设备布置紧凑，结构简单，造价较低，厂内大部分机电设备集中布置在发电机层，平面占用面积较大，但设备布置较拥挤，安装、检修、运行不便，噪声、振动较大，散热条件较差。

图 6-5　立式机组厂房

图 6-6　卧式机组厂房

三、立式机组主厂房设备的布置

在枢纽布置、厂房类型、电气主接线和主要设备的选择初步确定后，即可进行厂房设备布置。厂房设备布置应满足以下基本要求：

(1)必须结合水电站枢纽的地形地质条件、自然环境和水工建筑物在布置上的特点等，尽量减少土建工程量，使总造价经济合理。

(2)设备布置紧凑，位置合理，便于安装、运行、检修和操作管理，尽量减少安装工程量。

(3)能满足劳动保护、自动化管理、防空等特殊要求，以及防火、防淹、防潮等要求，并能适应水电站分期建设和提前发电的需要。

(4)应能满足水工结构和建筑施工方面的要求，力求布置整齐美观。

水电站主厂房是安装水轮发电机组及其辅助设备的场所，根据设备布置的需要通常在高度方向上分为发电机层、水轮机层、蜗壳尾水管层等。主厂房分为上部结构和下部结构两部分。上部结构包括屋顶结构、围墙、门窗、楼板、吊车梁以及支承屋顶结构和吊车梁的构架柱等。下部结构是混凝土块体结构。上下部结构高度之和(由尾水管基底全屋顶的高度)就是主厂房的总高度。水轮机轴中心的连线称为主厂房的纵轴线，与之垂直的机组中心线称为横轴线。每台机组在纵轴线上所占的范围为一个机组段，各机组段和安装间长度的总和，就是主厂房的总长度，厂房在横轴线上所占的范围，就是主厂房的宽度。

厂房内部布置应根据机电布置、设备安装、检修及运行要求结合水工结构布置统一考虑。图 6-7 所示为某立式机组水电站厂房横剖面图。

四、卧式机组厂房的布置

安装各种卧式机组的地面厂房，其共同特点是厂房一般只有两层。上部结构为单层结构，即主机房，主要布置水轮机、发电机以及大部分辅助设备和附属机电设备，平面上划分为主机室和安装间。下部结构为尾水室，主要布置水轮机的泄水设备。与相同容量的立式机组厂房相比，厂房高度较小，平面尺寸较大，结构简单，厂房施工与机电设备的安装、检修均方便，造价也较低，但机组振动、噪声较大。在我国，小容量混流式、冲击式和贯流式水轮机大都采用卧轴装置。一般适用于下游洪水位较低的中小型水电站。

五、厂区布置

厂区布置是指水电站的主厂房、副厂房、主变压器场、高压开关站、引水道、尾水道及厂区交通等相互位置的安排。厂区布置应根据地形、地质、环境条件、运行管理，结合整个枢纽的工程布局，按下列原则进行：

(1)合理布置主厂房、副厂房、主变压器场、开关站、高低压引出线、进厂交通、发电引水及尾水建筑物等，使电站运行安全、管理和维护方便。

(2)妥善解决厂房和其他建筑物(包括泄洪、排沙、通航、过竹木、过鱼等)布置及运用的相互协调，避免干扰，保证电站安全和正常运行。

(3)考虑厂区消防、排水及检修的必要条件。

(4)少占或不占用农田，保护天然植被，保护环境，保护文物。

(5)做好总体规划及主要建筑物的建筑艺术处理，美化环境。

(6)统筹安排运行管理所必需的生产辅助设施。

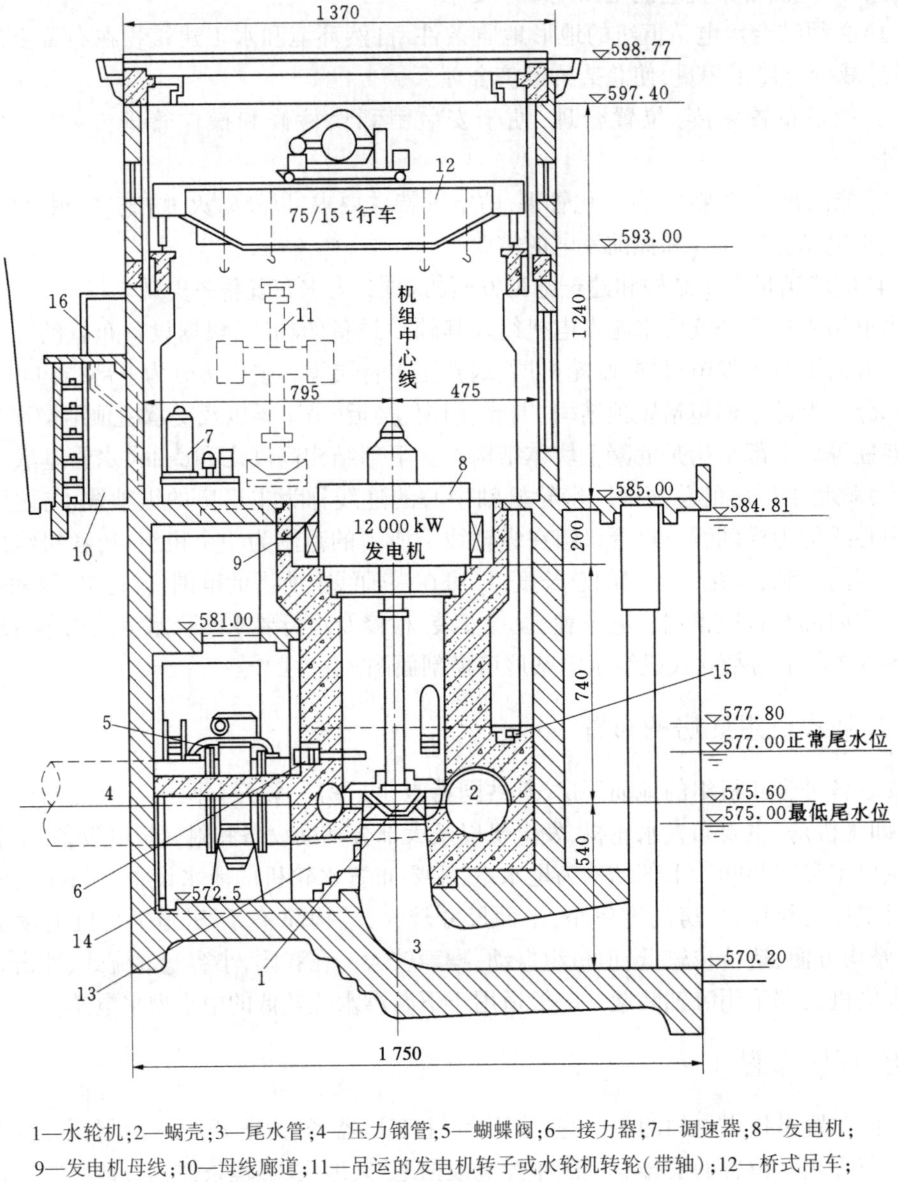

1—水轮机;2—蜗壳;3—尾水管;4—压力钢管;5—蝴蝶阀;6—接力器;7—调速器;8—发电机;
9—发电机母线;10—母线廊道;11—吊运的发电机转子或水轮机转轮(带轴);12—桥式吊车;
13—尾水管进人孔;14—排水沟;15—管路沟;16—通风道。

图6-7 某立式机组水电站厂房横剖面图 (单位:尺寸,cm;高程,m)

(7)综合考虑施工程序、施工导流及首批机组发电投运的工期要求,优化各建筑物的布置。

六、主变压器场

主变压器位于高、低压配电装置之间,起着连接升压作用,它的位置在很大程度上影响着厂房主要电气设备的布置,因此首先安置好主变压器的位置,然后再确定发电机主引出线及其他电气设备的布置。

(一)主变压器场的布置原则

主变压器场一般露天布置,布置原则如下:

(1)尽量靠近厂房,以缩短昂贵的发电机电压母线长度,减小电能损失和故障机会,并满足防火、防爆、防雷、防水雾和通风冷却的要求,安全可靠。

(2)便于运输、安装和检修。如考虑主变压器推运到安装间检修,变压器场最好靠近安装间,并与安装间及进厂公路布置在同一高程上,还应铺设运输主变压器的轨道。要注意将任一台主变压器运进安装间检修时不影响其余主变压器的正常工作。

(3)便于维护、巡视及排除故障。为此,在主变压器四周要留有 0.8~1.0 m 以上空间。

(4)土建结构经济合理。主变压器基础安全可靠,应高于最高洪水位。四周应有排水设施,以防雨水汇集为害。

(二)升压变压器可能布置的位置

(1)坝后式厂房,可以利用厂坝之间的空间布置升压变压器。

(2)河床式厂房,由于尾水管较长,可将升压变压器布置在尾水平台上,这时尾水平台的宽度,应使升压变压器在检修移出时符合最小安全净距的要求。

(3)引水式地面厂房,变压器场可能的位置是厂房的一端进厂公路旁、尾水渠旁、厂房上游侧或尾水平台上。引水式地面厂房一般靠山布置,厂房上游侧场地狭窄,若布置变压器场需增加土石开挖,且通风散热条件差;变压器布置在尾水平台上需增大尾水管长度。所以,这两种布置一般较少采用。

(4)由于受地形和场地的限制,个别水电站有可能将主变压器布置在厂房顶上。地下厂房的主变压器可布置在地下洞室内。

七、高压开关站

高压开关站布置各种高压配电装置和保护设备,如电缆、母线、各种互感器、各种开关继电保护装置、防雷保护装置、输电线路以及杆塔构架等。这些设备的规格、数量、布置方式和需要的场地面积,是根据电气主接线图、主变压器的位置、地形地质条件及运行要求而确定的。其布置原则如下:

(1)要求高压进出线及低压控制电缆安排方便而且短,出线要避免交叉跨越水跃区、挑流区等。

(2)地基及边坡要稳定。

(3)场地布置整齐、清晰、紧凑,便于设备运输、维护、巡视和检修。

(4)土建结构经济合理,符合防火保安等要求。

高压开关站一般为露天布置,应尽量靠近主变压器和中央控制室,且在同一高程上,但由于地形限制,往往有高程差,通常布置在附近山坡上,也有布置在主厂房顶上的。当地形较陡时,可布置成阶梯式和高架式,以减少挖方。当高压出线不止一个等级时,可分设两个或多个开关站。

八、尾水渠、对外交通线路布置及厂区防洪排水

水电站的尾水渠一般为明渠，正向将尾水导入下游河道，少数情况也可侧向导入下游河道。水轮机的安装高程较低，为与天然河道相接，尾水渠常为倒坡。尾水管出口水流紊乱，流速分布不均匀，需设衬砌加以保护。布置尾水渠时要考虑泄洪的影响，避免泄洪时在尾水渠中形成较大的壅高和漩涡，避免出现淤积。必要时要加设导墙，将电站尾水与泄洪分开，减少电站尾水波动而影响水电站的出力。在保证这些要求的同时，要尽量缩短尾水渠长度，以减少工程量。

坝后式厂房或河床式厂房的尾水渠宜与河道平行，与泄洪建筑物以足够长的导水墙隔开。河岸式厂房尾水渠应斜向河道下游，渠轴线与河道轴线交角不宜大于45°，必要时在上游侧加设导墙，保证泄洪时能正常发电。

对外交通一般为公路，也有采用铁路或水路的。引水式厂房一般沿河岸布置，进厂公路可沿等高线从厂房一端进入厂房。坝后式厂房及河床式厂房进厂公路一般从下游侧进入。

公路、铁路要直接通入主厂房的安装间，临近厂房一段应是水平的，长度不小于20 m，并有回车场地，回车场应与安装间同高，并有向外倾斜的坡度，避免雨水流进厂区内。厂区内公路线的转弯半径一般不小于35 m，纵坡不宜大于9%，坡长限制在200 m内，单行道路宽不小于6.0 m。厂区内铁路线的最小曲率半径一般为200～300 m，纵坡不大于2%～3%，路基宽度不小于4.6 m，并应符合新建铁路设计技术规范的规定。铁路进厂前也要有一段较长的平直段，以保证车辆能安全、缓慢地进入厂房，并停在指定的位置。铁路一般应从下游侧垂直厂房纵轴进厂。

对厂区防洪排水应给予足够重视，保证厂房在各设计水位条件下不受淹没。当下游洪水位较高时，为防止厂房受洪水倒灌，可采取尾水挡墙、防洪堤、防洪门、全封闭厂房、抬高进厂公路及安装间高程措施，或综合采取以上几种措施加以解决。在可能条件下尽量采用尾水挡墙或防洪堤以保证进厂交通线路及厂房不受洪水威胁；对汛期洪水峰高量大、下游水位陡涨陡落的电站，进厂交通线路的高程可以低于最高尾水位，但进厂大门在汛期必须采用密封闸门关闭，而同时另设一条高于最高尾水位的人行交通道作为临时出入口。

主副厂房周围应采取有效的排水和保护措施，以防可能产生的山洪、暴雨的侵袭。邻近山坡的厂房，应沿山坡等高线设一道或数道截水沟。整个厂区可利用路边沟、雨水明暗沟等构成排水系统，以迅速排除地面雨水。位于洪水位以下的厂区，为防止洪水期的倒灌和内涝，应设置机械排水装置。

【案例6-1】 某立式机组水电站厂房施工主要流程。

水电站是将水能转换为电能的综合工程设施。一般包括由挡水建筑物、泄水建筑物形成的水库和水电站引水系统、发电厂房、机电设备等。因此，在施工过程中会涉及电气工程及土建工程。

水电站施工过程中，难度比较高的施工环节是电气安装工程及土建工程，水电站工程

施工是一项综合性的施工过程,施工过程中,电气工程和土建工程不仅是两个独立的环节,同时也是需要紧密配合的环节。从施工前的准备工作开始,一直到施工结束之后,土建工程和电气工程在施工过程中需要做好不同施工内容的协调以及统筹工作。工程项目的管理人员要能够及时与技术人员进行沟通,及时发现施工过程中存在的各种问题,并且采取相应的解决措施,保证水电站施工的标准化、规范化,从而提高工程施工质量。以某立式机组水电站厂房为例介绍施工的主要流程。

水电站厂房是水电站中安装水轮机、水轮发电机和各种辅助设备的建筑物,一般由水电站主厂房和水电站副厂房两部分组成。它是水工建筑物、机械和电气设备的综合体,又是运行人员进行生产活动的场所。

(1)根据厂房与挡水建筑物的相对位置及其结构特征,可分为三种基本类型:引水式厂房、坝后式厂房、河床式厂房。

(2)按机组主轴的装置方式分立式机组厂房和卧式机组厂房。

本案例通过水电站厂房的建设过程来简要介绍水电站厂房的组成与结构,并利用一个立式机组厂房模型来演示这一过程。

水电站一般有数台水轮发电机组,用于演示的模型仅是一台轴流式水轮发电机组涉及的主厂房部分(主厂房的一段),并以水轮发电机组的轴线做剖面,剖面与水流方向平行。

水电站厂房的施工是分期完成的,作为基础的混凝土浇筑分为第一期混凝土与第二期混凝土。

基础中首先要把水的通路留好,水流从水轮机的尾水管出来后向下方进入混凝土基础中的尾水通道,通道从垂直转为水平,截面逐步扩大到出口,通道垂直部分是锥管段,转弯部分称为肘管段,后面的称为扩散段,这条通道要预留好,如图 6-8 所示,图中箭头线是尾水流向;在尾水管出口处留有闸门槽,用于安装尾水闸门。

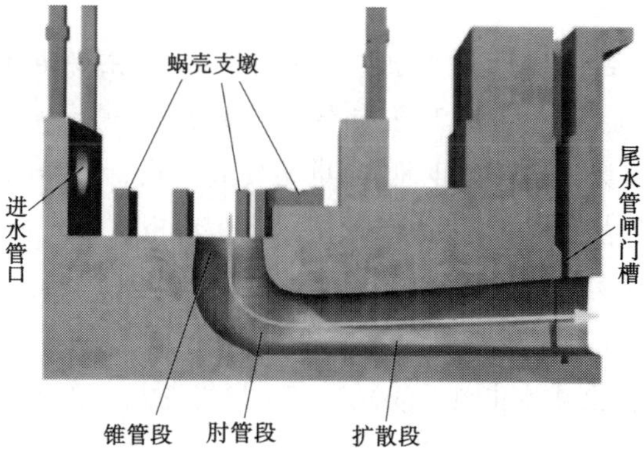

图 6-8 一期混凝土中的尾水管

一期混凝土还有蜗壳、转轮室、尾水管的基座与支墩,厂房的隔墙、立柱、吊车梁等构架。

为了下一步的金属构件与设备的吊装,先把吊车安装好,厂房房顶也装上,如图 6-9 所示。对于大型水电站,先不安装房顶,方便借助厂房外的大型吊车安装蜗壳与水管系统,然后再对厂房封顶。

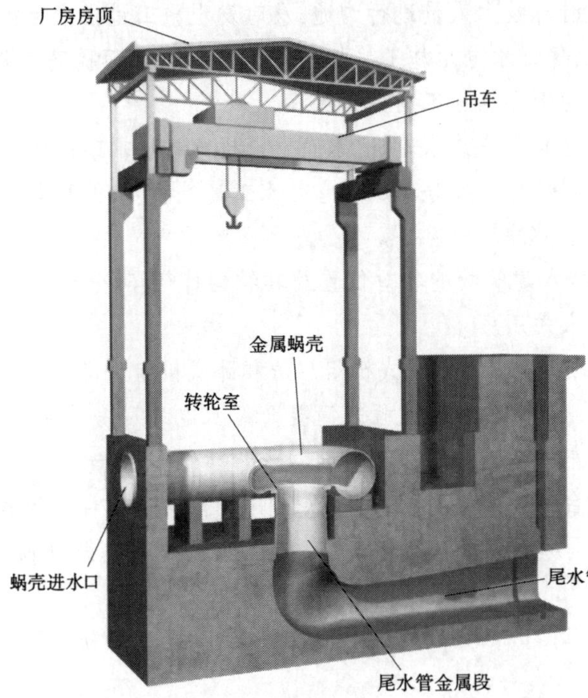

图 6-9 安装好吊车与房顶

下一步,焊接组装蜗壳与进水管、转轮室、尾水管等金属构件。

蜗壳、转轮室、尾水管等结构件组装完成后,开始浇筑二期混凝土,把以上结构件浇筑于混凝土中;浇筑好机墩,机墩是安装发电机的基座;铺好楼板为吊装设备做准备,如图 6-10 所示。

二期混凝土浇筑好后,进入大规模机电设备安装阶段,主要是轴流式水轮机与水轮发电机的安装,包括水轮机导叶、转轮、顶盖与导叶控制机构,尾水闸门吊机与尾水闸门等,如图 6-11 所示。同时安装好水轮发电机,水电站安装完成,如图 6-12 所示。

水电站厂房实际的结构和安装过程要复杂得多,水轮机与发电机的安装是交叉进行的;水电站还有复杂的油路系统、压缩空气系统、辅助供排水系统、控制系统、变电设备等,都从一期混凝土与二期混凝土浇筑中预埋好各种管线、预埋件。

最后,用一句话概括上述水电站厂房的施工:首先浇筑一期混凝土,其次安装蜗壳等金属结构后再浇筑二期混凝土,最后安装水轮机和水轮发电机。

【案例 6-2】 事件:2016 年 11 月 24 日,江西某发电厂三期扩建工程发生冷却塔施工平台坍塌特别重大事故,造成 73 人死亡、2 人受伤,直接经济损失 10 197.2 万元。

调查组的认定显示,此起事故的直接原因是施工单位在 7 号冷却塔第 50 节筒壁混凝

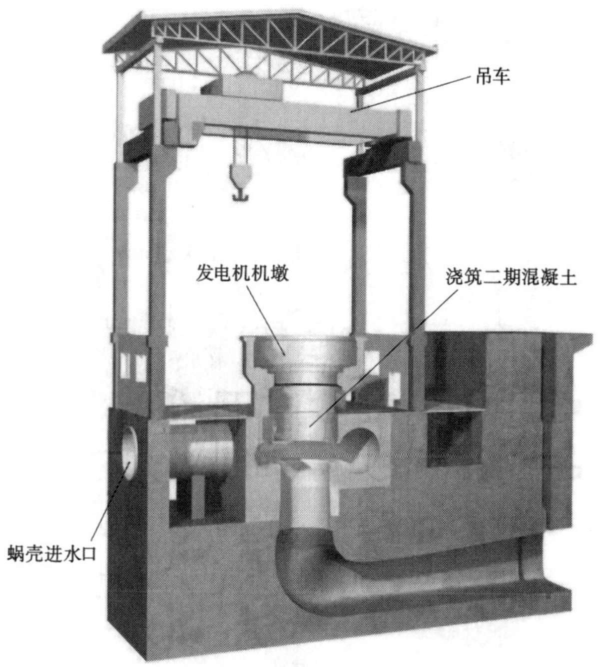

图 6-10 厂房浇筑二期混凝土

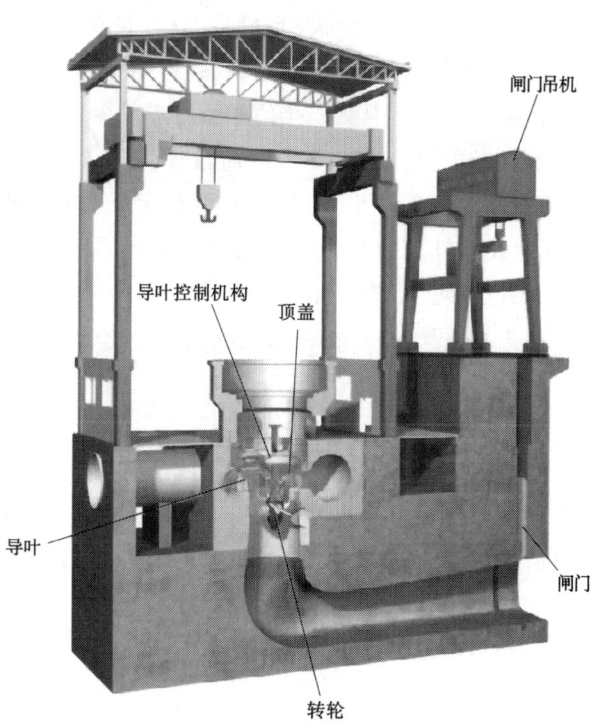

图 6-11 在二期混凝土构件上安装水轮机转轮

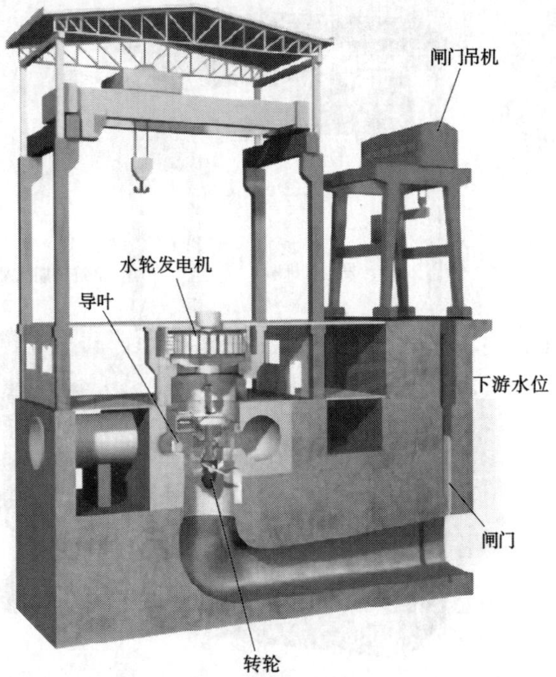

图 6-12　机组安装完成的厂房

土强度不足的情况下,违规拆除第 50 节模板,致使第 50 节筒壁混凝土失去模板支护,不足以承受上部荷载,从底部最薄弱处开始坍塌,造成第 50 节及以上筒壁混凝土和模架体系连续倾塌坠落。坠落物冲击与筒壁内侧连接的平桥附着拉索,导致平桥也整体倒塌。

调查组在有关责任单位存在的主要问题中明确指出,7 号冷却塔混凝土供应单位丰城某建材公司在 2016 年 4 月无工商许可、无预拌混凝土专业承包资质、未通过环境保护等部门验收批复、尚未获得设立批复的情况下违规向某发电厂三期扩建工程项目供应商品混凝土。生产经理不具备混凝土生产的相关知识和经验,内部实验室人员配备不符合规定要求。生产关键环节把控不严,未严格按照混凝土配合比添加外加剂,无浇筑申请单即供应混凝土。

【课后实践】

安排学生利用网络收集不同类型水电站的建筑物布置图,进一步了解水电站建筑物;带领学生到永安市的西门水电站进行参观,实地认识水电站建筑物。通过任务实施,增强同学们对水电站建筑物的了解,拉近水电工程与土建类同学之间的联系。

任务二 绿色制造 和谐发展

学习目标

能力目标

让学生能用 BIM 技术解决水电工程中的实际问题。

知识目标

了解 BIM、装配式建筑等新技术在水电工程中的应用以及优势。

素质目标

培养为水电事业服务的责任感。

一、BIM 技术在水利工程中的应用

(一)BIM 技术在水利工程中的应用优势

1. 设计理念新

水利工程的 BIM 技术可以轻松地实现水工建筑物模型的实时仿真模拟,从而表现出整个工程的风貌,并具有"随时修改、改后可见、实时反映"的特点,实现了项目的信息化与可视化。从以往的二维图纸跃迁至三维模型中来,降低了工程技术人员的理解与交流的难度和门槛,同时使设计(包括竣工后)的模型项目直观地展示出来,可以在尚未施工时就获得项目的最终形态。

2. 设计效率的提高

传统的设计工序一般是对模型的平立剖面和工艺流程进行二维图纸绘制,再将二维图形建立空间三维模型,流程烦琐,且容易出现对图纸理解偏差和空间冲突的现象。若使用 BIM 建立模型,则可以通过所建立的模型直接表达任意空间位置上的图纸,极大地提高了设计效率,还可以协助施工人员更好、更快地对工程信息进行解读,并在此基础上进行节点深化设计,从而对图纸中的错误提前纠正,对不合理的工序进行优化。

3. 施工管理手段的增加

利用深化设计成果和模型预先施工的推演,BIM 技术可建立起一套可操作性的施工组织设计。同时依据施工组织设计可以生成反映施工进度的三维模拟动画,以此对施工人员进行直观生动的技术交底,使施工人员对流程作业、关键节点、场地危险源等现场情况进行提前预判并建立针对性的解决方案。

4. 材料核算与运维管理的优化

施工进程完善的 BIM 项目可以对工程各个环节与节点使用的材料施工过程管理进

行全部信息化管理集成，最终所形成的数字化产品在工程的运行维护阶段可以起到至关重要的作用。将其交付给运营单位可将数字流与物质流进行整合与组织，从而推动精益化和全生命周期管理。

（二）BIM 技术在水利工程中的应用

1. 在地形模型中的应用

水利工程的施工布置情况，可以通过地形模型将其显示出来，为施工计划的制订及各项作业的开展提供可靠依据。借助 BIM 技术构建地形模型时，一般分三步完成：①先通过实际勘察和测量，采集地形数据并进行分类处理，以河道地形等高线为例，得到具体数据后要进行检查，如果发现存在较大误差，应通过再次测量进行纠正，确保模型中的数据与工程实际数据的一致性。②利用所得等高线创建曲面，为了将地势地形的变化情况显示出来，在对曲面进行描述时可以采用三角网形式。为提高地形模型的精准度，还需对曲面高程进行严格检查，修改其中的错误数据或者误差数据。③修正好地形等高线和曲面高程后，为确保三维模型与实际地形的一致性，还需要再次检查各项数据，确定没有问题后才可在 BIM 软件中生成对应的地形模型。

2. 在土方量计算中的应用

在进行水利工程建设的过程中，主体工程一般都是土建工程，因此土方量很大，在这样的情况下，计算的精准程度会对工程造价产生巨大的影响，通过运用数字模型，能够很容易看到三维效果，通过这种直观效果，就可以将其与土方计算进行结合。在运用 BIM 进行土方计算时，首先需要绘制原始地面与设计曲面模型，将两个曲面产生的交点连接成线，交线即为原始地形与设计施工曲面交汇线，包围空间体积则是需要填筑或者开挖的土方量。原始地形与设计曲面存在动态关联。方案选择时可以基于模型进行填筑或者开挖试验，从而得到最佳的方案。

3. 在水库运行调度中的应用

水利工程主要承担着提高其主要防洪保护对象防洪标准以及发电、航运等兴利任务。水利工程的运用调度方案一般分洪水调度和兴利调度两种运行方式。利用 BIM 技术进行水库及大坝模型计算，经过综合分析，采用坝前水位结合上游来水流量指示洪水调度，通过计算选用一定的流量值作为水库防洪与兴利运行分界流量。当坝址上游来水大于防洪与兴利运行分界流量时进行洪水调度运行方式；否则，进行兴利调度运行方式。

水库洪水调度运行方式可分为降低坝前水位运行方式、拦蓄洪水为下游防洪运行方式和敞泄洪水运行方式。通过 BIM 计算，对水库淹没影响、机组发电效益以及涨洪时预降水位和洪水消退时回蓄的协调分析，可确定洪水调度运行方式，确保水库安全度汛，又能保障一定的经济效益。

4. 在工程造价中的应用

水利工程的造价具有大额性、个别性以及动态性等特点。传统技术无法达到人们所需的技术要求，此时 BIM 技术就拥有着不可比拟的优势。首先，它大大地提高了造价工作的准确率和效率，通过此技术可以建立起相应的自动构件，快速地计算相应的数据量，及时地发现工作的动态变化，有效地避免了计算上的失误；其次，利用此技术，进行工具检查方面的优化方案，可以缓解工艺制造线的冲突，造价工程师可以与设计人员共同处理工作,进行方案的优化比选,控制变化频率,降低生产成本。BIM 的出现还将工程造价与信息技术进行了高度的融合,使造价工作更加准确、更加灵活。

5. 在施工进度控制中的应用

水利工程项目的建设规模往往比较大,施工周期较长,如何预估施工周期,得借助 BIM 技术。在施工前经过虚拟施工预判整个项目的施工周期,并且细化到每一个子项目中,了解施工进度要求;在后续具体施工过程中,管理人员同样也可以结合 BIM 技术的实时变化信息,了解项目的建设状况,确保相关施工计划的执行更为合理高效。

综上所述,水利工程项目的建设难度比较大,施工中同样也存在着多方面影响因素,借助于 BIM 技术进行施工优化也就成为了比较重要的手段之一。BIM 技术在水利工程项目中的应用确实存在着多方面优势,应该在未来加大关注力度,提升应用水平。

二、BIM 技术在电力工程中的应用

(一)在电力工程建设中的应用优势

BIM 技术是一种贯穿于电力工程建设全过程的技术,在图纸设计、工程造价、施工管理等方面发挥着非常重要的作用。电力工程建设中,BIM 技术的应用优势突出表现在以下几个方面。

1. 3D 动画演示

利用 BIM 技术可以根据设计内容将电力工程的空间跨越情况和复杂结构直观、全面、逼真地展示在计算机模型的 3D 图示上,帮助施工单位更好地制订决策和优化施工方案。

2. 确保工程量统计的准确性

利用 BIM 技术构建 BIM 数据库,可以为电力工程项目管理提供全面、准确的数据信息,促进工程管理效率的有效提升,同时还可以有效提高所统计工程量的精确度,对于工程造价的有效管控有着非常重要的意义。此外,BIM 技术在设备、材料用量和人工用量统计方面发挥着重要的帮助作用,从而为电力工程施工造价、进度的有效控制提供合理、准确的数据依据。

3. 提高施工组织合理性,避免浪费

在传统粗放式的电力工程施工管理模式下,通常无法快速准确地获取工程建设的相关数据信息,对各项资源计划的制订和实施造成了严重不良影响,导致电力工程施工管理容易出现经验主义错误,无法实现精细化管理。通过利用 BIM 技术,相关技术人员和管理人员可以快速准确地获取电力工程的基础数据,为各项资源计划的制订、精细化管理的实现提供准确、可靠的数据依据,提高施工组织的合理性,减少各项资源的浪费,降低工程成本造价,促进工程经济效益的提高。

4. 在线管理施工过程

利用 BIM 技术还能够对电力工程各环节的施工过程进行模拟,通过模拟施工过程可以让各参建方直观、全面地了解电力工程施工中的具体情况和存在的问题,并在施工前采取有效的解决措施,以确保电力工程施工的效率、质量和安全;同时,还有助于实际工程量的计算与掌握,并与计划工程量进行比较,促进工程造价的有效控制。

5. 碰撞检查,保证工程质量

施工单位在电力工程施工前,可以借助 BIM 技术进行碰撞检查,根据检查结果对工程设计进行优化,有利于电线路线选择和空间选址等问题的优化,防止返工问题的出现,减少不必要的损失,降低工程造价成本。

(二)BIM 技术在电力工程中的应用

1. 电力工程中 BIM 技术应用推广现状

在电力工程设计与建设过程中,BIM 技术在各方面都发挥着重要作用,例如:施工单位利用 BIM 技术可以有效地提高数据获取的准确性和及时性,为各项决策的制定提供数据依据,实现工程施工进度、质量和安全的有效控制;利用 BIM 技术还可以促进各部门、各部门工作人员以及不同部门工作人员之间的沟通交流,促进施工组织合理性的有效提高,保障电力工程施工顺利、高效地进行。虽然越来越多的电力企业已经充分认识到了 BIM 技术的优越性,对 BIM 技术在工程造价、施工管理等方面的作用给予了认可,然而,就目前而言,电力工程中 BIM 技术的优势作用并没有得到充分发挥,其主要原因在于以下几方面:

(1)由于电力行业的专业性较强,现行的 BIM 技术软件和标准无法满足电力工程建设要求。

(2)BIM 技术软件的学习和应用需要接受专门培训机构的培训。

(3)临时聘请 BIM 专业技术人员或专家需要耗费大量的资金。

(4)专业 BIM 技术人员数量匮乏等。

如果这些问题能够得到妥善、有效的解决,那么 BIM 技术在电力工程建设中必将发挥更重要的作用。

2. 电力工程中 BIM 技术应用推广的解决对策

(1)加强工作人员专业素质的培养和提升。首先,电力工程建设企业要积极引进专业的 BIM 技术人才;其次,加强 BIM 技术人员的专业培训,可以聘请 BIM 技术方面的专家针对该技术在电力工程具体应用中的要点和难点进行讲解,同时对 BIM 技术人员编程能力和数学知识进行培训;再次,对项目负责人和管理人员进行 BIM 技术的培训,使他们切实了解该技术,发挥该技术在工程施工管理中的优势作用;最后,鼓励和引导相关工作人员严格要求自己,不断提升自己的专业知识水平和业务能力。提升工作人员的 BIM 技术知识水平和专业素质能够为该技术的推广应用提供人才保障。

(2)CAD 技术在电力工程项目规划设计和施工建设中的应用已经非常成熟,国内许多电力工程建设企业青睐于 CAD 技术,对 BIM 技术的认可度不高,这就需要发挥 BIM 技术推广人员的作用,让他们加强宣传,让更多的电力工程项目负责人与施工管理人员对 BIM 技术进行更加全面的了解和掌握,以促进该技术的应用。

(3)增加实践项目。BIM 技术的优势作用要通过具体的电力工程项目体现出来,因此 BIM 技术的推广需要增加实践项目,BIM 技术实践应用中要求各参建方的共同参与,以充分发挥 BIM 技术的优势作用。

总之,电力工程设计与建设过程中,BIM 技术在各方面都发挥着重要作用,BIM 技术的应用推广已经成为电力工程发展的必然趋势。电力工程建设企业应该充分认识到 BIM

技术的优势作用，在工程实践中积极应用BIM技术，不断提高工作人员的专业素质，以确保BIM技术优势作用的充分发挥。

三、装配式建造技术在水利工程中的应用

（一）装配式建造技术概况及在我国的发展现状

装配式建造技术是通过工业化方法在工厂内制造标准化产品，在施工现场通过机械化、信息化的工程技术手段，按不同要求进行组合和安装，建成特定建筑部品的建造方式。与传统现浇模式相比，装配式建造是将施工现场大量高强度的作业移向"工作环境可实现人为控制的厂房内"进行现代化生产。因其在可持续发展、绿色环保、节能减排、质量控制等方面的优势被政府定为建筑业升级转型的发展方向并大力推广。

2016年可以称为中国装配式建筑元年，《政府工作报告》中明确提出"大力发展装配式建筑"；同年2月发布的《中共中央、国务院关于进一步加强城市规划建设管理工作的若干意见》（中发〔2016〕6号）中明确了推广装配式建筑的时间表：力争用10年左右时间，使装配式建筑占新建建筑的比例达到30%。

（二）混凝土结构装配式技术在水利工程建设中的优势

混凝土结构装配式技术在水利工程建设中主要有以下优势：

（1）施工效率高。水利工程项目施工多数要求在枯水季完成，汛期来临前交付，这就决定了项目建设的工期要求高。装配式技术减少了施工现场的模板安装、混凝土湿作业等环节，能够显著提高施工效率，保证项目建造进程可控。施工受季节、天气影响小。装配式建造技术现场作业量少，预制构件在工厂预制、施工现场拼装，应用于高寒地区时，能有效解决施工冬歇期长、适宜施工天数少的问题。

（2）质量可控。现浇结构有大量的施工现场建造及养护环节，缺乏统一的建造标准和监测体系，质量问题较多。预制构件在工厂内标准化生产，质量合格方可出厂，极大地保证了工程质量。

（3）符合绿色低碳、可持续发展的理念。相对于现有的以施工作业为主的建造方式，工业化建造是未来发展的方向，其施工现场扬尘、噪声和废弃物排放大大减少，可有效减少污染，保护环境，提升绿色发展水平。

（4）有效改善工人作业条件，减轻劳动强度。工业化建造方式可以改善建造工人的工作环境，提高其幸福感。

节约资源、保护环境是实现人类社会可持续发展的基础，在水利工程建设过程中，时刻贯彻绿色发展理念更为重要。目前，我国水利科技在混凝土结构装配式技术方面取得了一批先进技术成果，其研发和推广应用解决了众多技术难题，有力推动了水利行业发展。

【案例6-3】 "绿色智造·和谐发展"——装配式技术在水利工程建设中的应用。

2016年以来，水利部科技推广中心通过组织技术推介会、培训班、现场观摩和技术研讨会等多种形式的活动，开展水利新技术、新材料、新工艺的推广应用工作。随着研发推广向纵深推进，该技术在一些标志性的工程项目中落地见效。

（1）预制渡槽在江西廖坊水利枢纽灌区二期工程中的应用。

廖坊水利枢纽灌区二期工程是国家 172 项重大节水供水工程之一。由于现浇渡槽大方量混凝土浇筑会碰到诸如施工质量控制难、浇筑环节受天气温度影响大等问题，且渡槽作为输水结构，将长期承担廖坊水利枢纽灌区的农业用水输送功能，产品质量要求非常高。设计单位在设计之初便提出了预制渡槽的应用方案，同时在施工过程中创新提出预埋套筒方案，优化生产工艺，加快了施工进度，提升了工程质量。具体如图 6-13 和图 6-14 所示。

图 6-13　渡槽装配过程中

图 6-14　装配完成的渡槽

(2)预制 PRC 桩支护在引江济淮工程中的应用。

引江济淮工程是国务院要求加快建设的 172 项重大节水供水工程之一。作为引江济淮中河道开挖项目，既要满足引水供水的要求，也要满足维持岸坡长期稳定的需求。在前期多次试桩方案无法满足要求的困境下，业主单位邀请设计单位、勘察单位和科研院所经过多次审查论证，决定采用新型预制 PRC 桩支护方案，最终成功在项目中应用，如图 6-15 和图 6-16 所示。

图 6-15　PRC 桩支护施工进行中

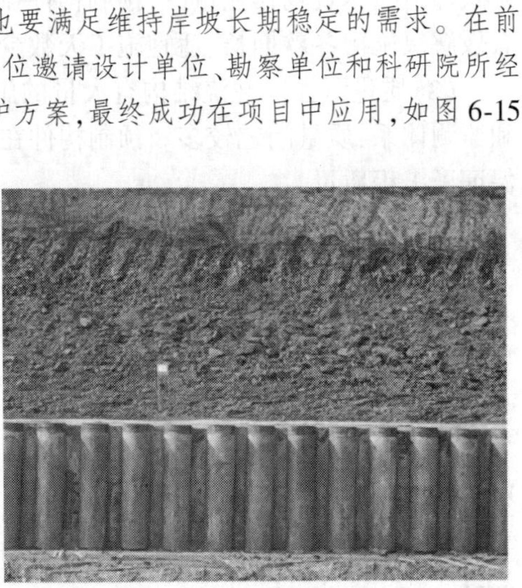

图 6-16　PRC 桩支护

(3)木纹桩与护壁桩在通扬运河高邮段整治工程中的应用。

通扬线航道西起苏北运河高邮运东船闸，经兴化、泰州、姜堰、海安、如皋、南通、通州、海门，东至启东吕四港，全长约 300 km，横贯扬州、泰州、南通三市，高邮段整治工程设计单位创新提出木纹桩及护壁桩组合方案,将航道支护、生态景观融为一体,取得了良好的效果。该项目也是木纹桩与护壁桩装配式技术首次应用于重大航道建设工程中,具体如图 6-17 所示。

图 6-17　木纹桩与护壁桩组合

(4)装配式护岸在丹金溧漕河金坛段中的应用。

该项目创新使用了预制空箱式挡土墙护岸,护岸总长逾 1 km。护岸墙身工厂预制完成后,通过水路运输至现场直接进行浮吊安装,减少了围堰土方和施工临时道路,同时施工现场废水污水、建筑噪声、粉尘污染等排放也大幅度减少,将施工对交通和环境的影响降到最低。该项目获得了“2017 年度中国水运建设行业协会科学技术奖三等奖”。

当前,河道治理越来越注重生态,水利工程建设中装配式建造技术的优势再次凸显,装配式绿色生态框护岸、预制装配式 L 形挡土墙护岸和预制装配式空箱护岸等多种装配式生态护岸技术,能有效恢复河道、固土种植、构建生态走廊,实现人与自然和谐相处。

【案例 6-4】　三峡施工:混凝土先吹“冷气”,再吃“刨冰”。

三峡大坝工程是当今世界最大的水力发电工程,是混凝土重力坝,混凝土的用量巨大。但混凝土硬化过程内部所产生的热量的散热问题,是当今世界的一大难题。我国工程师为克服混凝土硬化过程内部产生热量和预防混凝土内部出现散热问题,在进行水泥品种选择时选择低热硅酸盐水泥,同时采取“吃刨冰,吹冷气”的措施,浇筑时内部贯穿了水管,导入冷水散热,如果外部温度过高还会启动喷雾设备来洒水散热,防患于未然,成功解决了这一世界难题。

为避免混凝土浇筑过程中内部产生高温,表面温度低,造成裂缝,三峡施工中采用了用冰拌混凝土,还有在混凝土中埋冷却水管通水冷却等多种办法。专家称,三峡大坝施工每年有 9 个月的时间使用冰拌混凝土,每立方米冰拌混凝土平均需要 50 kg 的薄冰,从每年的用冰可造起一座小型冰山。

控制温度以免大坝出现裂缝:在施工现场,有即将被混凝土“吞没”的密密麻麻的钢筋网。钢筋层中,有不少水管。钢筋网中的水管是冷却水管,由于混凝土在施工中有严格的温度控制,夏日温度过高达不到质量要求,靠水管给混凝土进行降温,以保证混凝土温度符合质量要求,这样大坝就不会出现裂缝了。

土建工程师陈某平负责最后一仓的浇筑,陈某平工程师称,三峡大坝对浇筑混凝土的温度要求特别严格,有 7 ℃、10 ℃和 14 ℃三种规格。为了达到要求的温度,混凝土搅拌不是用普通的常温水，而是使用冰和冰水搅拌。从每年的3月开始到11月结束，每年有9个月的时间需要使用冰拌混凝土浇筑大坝。

搅拌前先吹两次“空调”：混凝土的三种温度要求是指浇筑时的温度，而刚搅拌时温度要达到零下。混凝土水化过程及运输过程中混凝土的温度会上升。

如此炎热的天气，温度在零下的混凝土是如何生产的？三峡大坝最后一仓所需的1 017.5 m^3 冰拌混凝土由84拌和站负责。“混凝土的骨料在搅拌前，要先进行两次风冷。”84拌和站副站长刘某海称，这些特大型的搅拌设备全部是由电脑控制的，混凝土的骨料在进行搅拌前要进行两次吹风制冷，第一次制冷时输送的冷气是-8 ℃，第二次输送的冷气则是-14 ℃左右。

“吃”薄冰而非冰块。如果混凝土拌和时加进大量冰块，加冰块混凝土凝固后就可能会在内部形成蜂窝状空洞。所以，三峡大坝混凝土拌和时使用的冰是薄冰，厚度在2 mm左右。

【案例6-5】 创新造就世界级精品“地下城”——白鹤滩水电站地下厂房建设科技创新之路。

随着白鹤滩水电站坝体日益“长高”，高峡平湖指日可期。就在大坝两侧的地下深处，洞室纵横交错，宛若一个巨大的地下迷宫。这里是16台百万千瓦级机组的“栖息之地”——白鹤滩水电站地下厂房，其洞室群规模、厂房跨度、调压室直径和数量均居世界水电工程之首。与“世界之首”的美誉相伴而来的，是技术、管理方方面面难题和一个个待攻破的“无人区”。白鹤滩水电站地下厂房的设计、施工与管理，某种程度上超越了现有规范和已有工程经验。面对挑战，白鹤滩工程建设者勇攀科技高峰，勇闯“无人区”，通过不断创新，攻克一个个难关，打造出一座恢弘精细的“地下城”。

白鹤滩水电站处于深V形峡谷，两岸空间有限，因此需要开挖地下洞室，布置引水发电系统设备。而白鹤滩水电站地下洞室群规模与面临的复杂岩石力学问题都刷新了我国水电工程建设历史记录。

白鹤滩水电站地下厂房洞室群规模世界第一，结构布置复杂，埋深大，地下洞室开挖量2 500万 m^3，开挖总里程约230 km。极其复杂的地质条件更增加了地下厂房的建设难度——厂区地应力高，硬脆玄武岩变形大、易松弛破裂。

如何有效控制高边墙围岩变形与稳定，一直是大型地下洞室开挖的世界性难题。在巨大规模和复杂地质条件的双重影响下，白鹤滩地下厂房开挖的稳定控制问题显得尤为严峻。

针对地质条件与开挖特征，三峡集团白鹤滩工程建设部从洞室群设计理念和设计方案着手创新，牵头制订了合理的立体分层和平面分区方案，优化洞室群间距、结构形式布置，提出了巨型地下洞室群开挖时空次序优化方法。

好的施工方案和方法需要依靠好的技术、设备与管理来实现。白鹤滩工程建设部一手抓技术创新，组织对地下厂房机窝爆破开挖进行一系列研究，形成并运用了巨型地下洞室精细化爆破技术。针对不同部位、不同围岩采取个性化的开挖方案和爆破设计，最大限度地降低爆破对围岩损伤和洞群稳定的影响，洞室成型质量良好。同时，他们还研发包括预应力锚索快速施工在内的多项创新支护技术，为地下厂房高边墙围岩安全稳定提供保障。

白鹤滩水电站地下洞室群众多，空间交叉，平面相邻，最多时100多个工作面同时作业，一旦支护不及时跟进，就会发生塌方，甚至造成重大安全事故。为避免洞室开挖过程中出现意外贯穿，白鹤滩工程建设部从管理上创新，充分利用信息化技术，研发并应用“地下洞室支护预警系统”。通过互联网及时查询各作业面支护进展情况，实时监控、自动预警，及时准确提示跟进支护，避免了安全管控漏洞，整个洞室群施工过程中没有发生大型塌方。

为确保围岩稳定，白鹤滩工程建设部还构建了地下洞室群全过程反馈分析与技术体系。依托行业专家和专业权威机构技术咨询，针对复杂地质条件和特大洞室开挖特点，按照“开挖一层、分析一层、预测一层、验收一层”的工作程序，动态优化设计和施工方案，实现洞室群整体稳定。

白鹤滩水电站在巨型地下洞室群规划、设计、施工、技术、管理方法等方面的重大创新，填补了高地应力等复杂地质条件下建造大尺寸地下洞室群的技术空白，有力推进我国基础设施地下工程建设的发展，对水电、能源、交通、矿山等行业地下工程建设具有深远意义，为白鹤滩水电站实现精品工程添上浓墨重彩的一笔。

【课后实践】

1. 建筑行业的新技术调查。要求同学们利用信息技术手段搜集建筑行业的新技术，说出各技术的名称，并了解这些技术在水电行业中的应用以及所发挥的作用。

2. 向我国技术人员学习。要求学生认真学习施工视频，从中体会我国土建施工人员在水电工程施工中自力更生、自主创新以及科技报国的伟大精神，提交学习心得500字以上。

【课后练习】

请扫描二维码，做课后练习。

项目六　课后练习

项目七 水电智造的发展与应用

项目概述

走进智能化大世界，领略水电设备风采

目前，中国正在大力推动制造业向智能制造转型，从“制造大国”转变为“制造强国”。在转型过程中，涌现了一批行业发展典型案例，例如：浙江金轮有限公司，已成为国际小水电设备制造企业领头羊；由中国核工业集团公司（简称中核、CNNC）和中国广核集团（简称中广核、CGN）两大核电企业研发的先进百万千瓦级压水堆核电技术；共享铸钢有限公司利用3D打印技术，制造了第一台水轮机整铸转轮等，无一不在说明我国“制造”不断向“智造”转型发展，“制造大国”不断向“制造强国”稳步前行。

新时代背景下水电行业将继续稳步前行发展，那么为水电宏伟事业发展培养什么样的人才？怎么培养人才？本项目详细介绍了《中国制造2025》战略计划，让同学们知悉国家智能制造的发展规划，同时结合现行水利电力类智能设备发展状况及应用，主动融入“精求技能、崇尚文明”的校训文化，重在培养高质量、具有创新精神、为水利电力行业服务的高端技能型人才。

知识结构

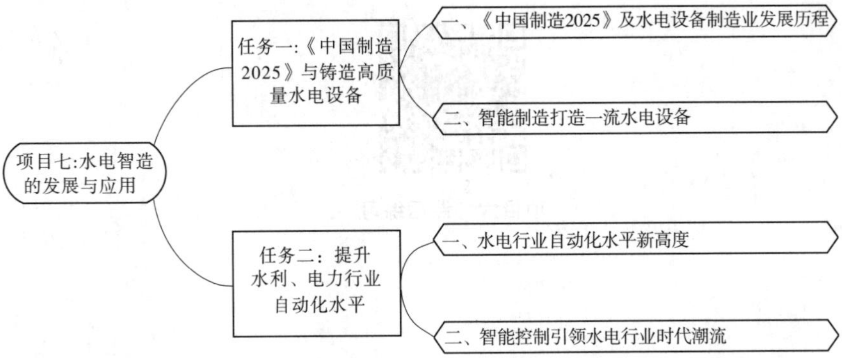

任务一 《中国制造 2025》与铸造高质量水电设备

学习目标

能力目标

了解智能制造在水电设备方面的应用，为今后专业学习找准定位。

知识目标

1. 掌握《中国制造 2025》总体结构、五个基本方针和基本原则；
2. 实时掌握行业发展动态。

素质目标

培养学生爱岗敬业的劳动态度和精益求精、博采众长的工匠精神。

一、《中国制造 2025》及水电设备制造业发展历程

制造业是国民经济的主体，是立国之本、兴国之器、强国之基。打造具有国际竞争力的制造业，是我国提升综合国力、保障国家安全、建设世界强国的必由之路。当前，新一轮科技革命和产业变革与我国加快转变经济发展方式形成历史性交汇，国际产业分工格局正在重塑。必须紧紧抓住这一重大历史机遇，按照“四个全面”战略布局要求，实施制造强国战略，加强统筹规划和前瞻部署，力争通过三个十年的努力，到新中国成立一百年时，把我国建设成为引领世界制造业发展的制造强国，为实现中华民族伟大复兴的中国梦打下坚实基础。

（一）《中国制造 2025》战略计划

《中国制造 2025》提出，坚持“创新驱动、质量为先、绿色发展、结构优化、人才为本”的基本方针，坚持“市场主导、政府引导，立足当前、着眼长远，整体推进、重点突破，自主发展、开放合作”的基本原则，通过“三步走”实现制造强国的战略目标：第一步，到 2025 年迈入制造强国行列；第二步，到 2035 年中国制造业整体达到世界制造强国阵营中等水平；第三步，到新中国成立一百年时，综合实力进入世界制造强国前列。《中国制造 2025》是我国实施制造强国战略第一个十年的行动纲领。

1.《中国制造 2025》总体结构

《中国制造 2025》可以概括为“一二三四五五十”的总体结构。

“一”，就是从制造业大国向制造业强国转变，最终实现制造业强国的一个目标。

“二”，就是通过两化融合发展来实现这一目标。党的十八大提出了用信息化和工业化两化深度融合来引领和带动整个制造业的发展，这也是我国制造业所要占据的一个制高点。

“三”,就是要通过“三步走”的一个战略,大体上每一步用十年左右的时间来实现我国从制造业大国向制造业强国转变的目标。

“四”,就是确定了四项原则。第一项原则是市场主导、政府引导;第二项原则是既立足当前,又着眼长远;第三项原则是整体推进、重点突破;第四项原则是自主发展和开放合作。

“五五”,就是有两个“五”。第一就是有五条方针,即创新驱动、质量为先、绿色发展、结构优化和人才为本。还有一个“五”就是实行五大工程,包括制造业创新中心建设的工程、强化基础的工程、智能制造工程、绿色制造工程和高端装备创新工程。

“十”,就是十大领域,包括新一代信息技术产业、高档数控机床和机器人、航空航天装备、海洋工程装备及高技术船舶、先进轨道交通装备、节能与新能源汽车、电力装备、农机装备、新材料、生物医药及高性能医疗器械等十个重点领域。

2. 基本方针

创新驱动:坚持把创新摆在制造业发展全局的核心位置,完善有利于创新的制度环境,推动跨领域跨行业协同创新,突破一批重点领域关键共性技术,促进制造业数字化、网络化、智能化,走创新驱动的发展道路。

质量为先:坚持把质量作为建设制造强国的生命线,强化企业质量主体责任,加强质量技术攻关、自主品牌培育。建设法规标准体系、质量监管体系、先进质量文化,营造诚信经营的市场环境,走以质取胜的发展道路。

绿色发展:坚持把可持续发展作为建设制造强国的重要着力点,加强节能环保技术、工艺、装备推广应用,全面推行清洁生产。发展循环经济,提高资源回收利用效率,构建绿色制造体系,走生态文明的发展道路。

结构优化:坚持把结构调整作为建设制造强国的关键环节,大力发展先进制造业,改造提升传统产业,推动生产型制造向服务型制造转变。优化产业空间布局,培育一批具有核心竞争力的产业集群和企业群体,走提质增效的发展道路。

人才为本:坚持把人才作为建设制造强国的根本,建立健全科学合理的选人、用人、育人机制,加快培养制造业发展急需的专业技术人才、经营管理人才、技能人才。营造大众创业、万众创新的氛围,建设一支素质优良、结构合理的制造业人才队伍,走人才引领的发展道路。

3. 基本原则

市场主导,政府引导:全面深化改革,充分发挥市场在资源配置中的决定性作用,强化企业主体地位,激发企业活力和创造力。积极转变政府职能,加强战略研究和规划引导,完善相关支持政策,为企业发展创造良好环境。

立足当前,着眼长远:针对制约制造业发展的瓶颈和薄弱环节,加快转型升级和提质增效,切实提高制造业的核心竞争力和可持续发展能力。准确把握新一轮科技革命和产业变革趋势,加强战略谋划和前瞻部署,扎扎实实打基础,在未来竞争中占据制高点。

整体推进,重点突破:坚持制造业发展全国一盘棋和分类指导相结合,统筹规划,合理布局,明确创新发展方向,促进军民融合深度发展,加快推动制造业整体水平提升。围绕经济社会发展和国家安全重大需求,整合资源,突出重点,实施若干重大工程,实现率先突破。

自主发展,开放合作:在关系国计民生和产业安全的基础性、战略性、全局性领域,着力掌握关键核心技术,完善产业链条,形成自主发展能力。继续扩大开放,积极利用全球资源和市场,加强产业全球布局和国际交流合作,形成新的比较优势,提升制造业开放发展水平。

4. 战略目标

立足国情,立足现实,力争通过“三步走”实现制造强国的战略目标。

第一步:力争用十年时间,迈入制造强国行列。

到 2020 年,基本实现工业化,制造业大国地位进一步巩固,制造业信息化水平大幅提升。掌握一批重点领域关键核心技术,优势领域竞争力进一步增强,产品质量有较大提高。制造业数字化、网络化、智能化取得明显进展。重点行业单位工业增加值能耗、物耗及污染物排放明显下降。

到 2025 年,制造业整体素质大幅提升,创新能力显著增强,全员劳动生产率明显提高,两化(工业化和信息化)融合迈上新台阶。重点行业单位工业增加值能耗、物耗及污染物排放达到世界先进水平。形成一批具有较强国际竞争力的跨国公司和产业集群,在全球产业分工和价值链中的地位明显提升。

第二步:到 2035 年,我国制造业整体达到世界制造强国阵营中等水平。创新能力大幅提升,重点领域发展取得重大突破,整体竞争力明显增强,优势行业形成全球创新引领能力,全面实现工业化。

第三步:新中国成立一百年时,制造业大国地位更加巩固,综合实力进入世界制造强国前列。制造业主要领域具有创新引领能力和明显竞争优势,建成全球领先的技术体系和产业体系。

(二)水电设备制造业发展历程

中华人民共和国成立以来,我国水电机电行业,在水电工程的机电设计、设备制造或者安装运行上,都经历了从无到有、从小到大和从学习仿效苏联为主,发展到完全依靠自己的力量掌握水电工程机电设计和制造的全部技术,已经形成了一支重要的水电建设力量,完成了各项水电建设任务。

在水力发电生产过程中,使水流机械能转换成电能的机械装置称为水力发电设备。广义的水力发电设备是包括能量转换的机械装置及保证机组安全稳定运行的控制、监测和生产过程自动化等一系列机电设备的总称。

1. 中国水电设备与制造业的发展

中国水电设备的发展经历了三个阶段。从中华人民共和国成立到 20 世纪 60 年代初期是我国水电机电行业的初创阶段。这期间,安装与投运了苏联进口的丰满水电站机组和自行生产的狮子滩、官厅、大伙房等一批 1.0 万~1.6 万 kW 的水电机组;20 世纪 60 年代初期投产的新安江水电站 7.25 万 kW 混流式水轮发电机组是这个阶段机电行业发展的一个重要标志。我国的水电制造业,也从无到有,建成了哈尔滨、重庆、杭州、天津和昆明等大型和中、小型水电设备的生产基地,20 世纪 60 年代建成的哈尔滨大电机研究所、天津电气传动设计研究所和水利水电科学院机电研究所也开始了水电设备研制和解决运行实践的科学研究工作。

20世纪60年代中期到70年代末期为第二阶段。刘家峡、丹江口、云峰、龚嘴等一批大、中型水电站的建成，标志着我国水电设备行业发展到完全能依靠自己的力量解决装机容量百万千瓦水电站的机电设计以及各种设备的研制、安装与运行的关键技术问题。同期，东方电机厂在四川德阳建成，发展成为我国第二个大型水电设备生产基地，还有富春江水工机械厂也逐渐具备了生产中型水电设备的能力。

从20世纪80年代开始，水电设备行业进入了蓬勃发展的第三阶段，其主要标志是葛洲坝、乌江渡、白山、龙羊峡等一批大型水电站的大机组投入运行，标志着我国水电站机电设计、设备制造与安装运行技术发展到一个新的高度。随着国家的改革开放，通过引进设备与技术合作，欧美的新技术、新工艺与工艺装备在国内开始应用，我国水电工程机电设备行业的主要方面已达到了国际上20世纪70年代的水平，缩小了与世界先进水平的差距，开始参加国际市场的竞争。

2. 水轮机的技术发展

水轮发电机组是水力发电的关键设备。自从19世纪中叶近代水轮机面世及随之第一座水电站建成，100多年来，随着科学技术和社会经济的发展，水电设备的科学研究和制造技术得到了巨大的发展和进步。

人类通过利用水力发电获得了大量的自然资源和巨大的经济效益，同时推动着社会进步。现代水电设备技术发展的一个显著特点是向设备大型化和高参数发展的趋势。在设备大型化方面，目前世界上已投入商业运行的混流式水轮发电机组最大单机容量已超过700 MW，世界最大水电站——中国三峡水电站工程的单机容量700 MW的混流式水轮机直径已超过10 m，全部32台机组并网发电。从单机容量32万kW到70万kW，我国水电设备制造业走出了一条“以技术换市场”的创新之路，阔步赶超国际先进水平，迈上新台阶。长龙山抽水蓄能电站最大发电水头(756 m)世界第一，可逆式机组高额定转速(600 r/min)下单机容量(35万kW)世界第一，高压钢岔管HD值(4 800 m^2)世界第一。

3. 我国水电开发和水电设备制造业的发展前景

我国水电设备需求大，水电设备投资利用扩大，受水力资源区域分布影响，水电设备行业发展区域性强。水电是清洁能源，可再生、无污染、运行费用低，便于进行电力调峰，有利于提高资源利用率和经济社会的综合效益。在地球传统能源日益紧张的情况下，世界各国普遍优先开发水电，大力利用水能资源。中国不论是已探明的水能资源蕴藏量，还是可能开发的水能资源，都居世界第一位。中国水电上游主要为发电设备、智能设备、绝缘材料等原材料，下游主要为售电部门以及消费者等应用行业。

中国水力发电领域经历了高速发展，一座座世界级水电站拔地而起。截至2021年底，中国水电装机容量达到3.91亿kW，是20年前的近4倍，几乎占到全球水电总装机容量的1/3。对于全球水电设备制造巨头们而言，作为世界最大水电市场的中国毋庸置疑地成为了拓展业务的核心。市场的快速扩容，也令中国水电行业成为竞争异常激烈的竞技场。

【案例7-1】 三峡水电站2021年发电量再破千亿千瓦时大关。

截至2021年12月31日24时，三峡水电站2021年累计发电1 036.49亿kW·h，再次突破千亿千瓦时大关。

1 036.49 亿千瓦时清洁电力，相当于节约标准煤 3 175.8 万 t，减排二氧化碳 8 685.8 万 t、二氧化硫 1.94 万 t、氮氧化物 2.02 万 t，为国家逐步实现“碳达峰、碳中和”目标做出积极贡献。

三峡水电站总装机容量 2 250 万 kW，是世界上装机容量“最大的水电站”。2020 年，三峡水电站年发电量首次打破了伊泰普水电站于 2016 年创造并保持的单座水电站年发电量(1 030.98 亿 kW·h)世界纪录。2021 年，三峡水电站全年发电量再次突破 1 000 亿 kW·h，三峡工程防洪、航运、水资源利用等综合效益全面发挥。

我国大容量水轮发电机组制造技术已经跨入世界先进行列，我国水电设备制造业从无到有、从小到大，从只能制造 12.5 kW、20 万 kW、30 万 kW 到能制造 55 万 kW、70 万 kW、80 万 kW 特大型水电机组，全部实现国产化。在整个工程进行中，得到国家和用户支持，制造厂与用户的紧密合作，这是一条成功的经验。

二、智能制造打造一流水电设备

水电设备是《中国制造 2025》的十大重点领域之一，现阶段我国已进入世界制造业大国行列。未来随着一系列国家战略的推进，我国将不断增大对水利、电力工程建设投入，水电设备的市场需求仍有较大的提升空间，并为我国水电设备制造业发展提供新的发展机遇。通过对我国水电设备制造业发展的了解，有利于学生今后确立专业方向和技术职能的目标，也有利于增强学生自主学习和终身学习的意识。

(一)智能制造的含义

智能制造系统(intelligent manufacturing system，IMS)是一种由智能机器和人类专家共同组成的人机一体化系统，它突出了在制造诸多环节中，以一种高度柔性与集成的方式，借助计算机模拟人类专家的智能活动，进行分析、判断、推理、构思和决策，取代或延伸制造环境中人的部分脑力劳动，同时收集、存储、完善、共享、继承和发展人类专家的制造智能。

与传统制造相比较，智能制造具有以下特征。

1. 自律能力

自律能力即收集与理解环境信息和自身的信息，并进行分析判断和规划自身行为的能力。具有自律能力的设备称为智能机器，智能机器在一定程度上表现出独立性、自主性和个性，甚至相互间还能协调运作与竞争。强有力的知识库和基于知识的模型是自律能力的基础。

2. 自学习和自维护能力

智能制造系统能够在实践中不断地充实知识库，具有自学习功能。同时，在运行过程中自行故障诊断，并具备对故障自行排除、自行维护的能力。这种特征使智能制造系统能够自我优化并适应各种复杂的环境。

3. 自组织与超柔性

智能制造系统中的各组成单元能够依据工作任务的需要，自行组成一种最佳结构，其柔性不仅表现在运行方式上，而且表现在结构形式上，所以称这种柔性为超柔性，如同一群人类专家组成的群体，具有生物特征。

(二)智能制造在水利工程中的应用

水利工程是用于控制和调配水资源，为实现兴水利、除水害的目的而修建的工程。机电设备在水利工程中具有重要的作用,如水闸可用于调节水位、控制水量;水轮机可用于发电等。机电设备从设计、制造、选型、安装到使用、维护、报废整个生命周期内体现出的功能、质量,对水利工程所发挥的作用、所产生的效益影响巨大。

我国水电项目的大力发展,极大地拉动了我国水电设备制造行业的发展,其中浙江金轮机电实业有限公司已成为国际小水电设备制造企业领头羊;共享铸钢有限公司利用 3D 打印技术,制造了第一台水轮机整铸转轮等。

1. “金轮”水电——国际小水电设备制造企业领头羊

浙江金轮机电实业有限公司位于中国经济发达的东部沿海地区浙江省金华市,公司创建于 1958 年,是中国机械工业重点企业,联合国国际小水电中心水电设备制造基地,列中国小水电设备十大制造企业排行榜第一。

浙江金轮机电实业有限公司自建立以来获得许多荣誉:

1967 年成功研制了“金华一号”轴流定桨式转轮,其能效比、抗气蚀性能均优于国外引进的转轮技术。1973 年和 1992 年,“金华一号”连续被列入国家水轮机转轮系列型谱,并正式定名为 ZD760 转轮,在全国广泛推广。曾参与葛洲坝工程新型水轮机 ZZ500 模型转轮研究,获“全国科学大会奖”。曾参与江厦潮汐电站的设计与研究,获“国家科技进步奖二等奖”。

短短几年,“金轮”已为 40 多个国家提供了水轮机设备并顺利发电,成为中国小水电设备制造走向国际的样板。现今,中国的水利工程规模和数量已跃居世界前列。利用丰富的水能资源,中国已建水电装机容量 1.72 亿 kW,位居世界第一,水电已成为中国能源安全的重要支撑。

【案例 7-2】 大国重器——全球首台百万千瓦水电机组。

白鹤滩水电站位于四川省宁南县和云南省巧家县境内,是金沙江下游干流河段梯级开发的第二个梯级电站,具有以发电为主,兼有防洪、拦沙、改善下游航运条件和发展库区通航等综合效益。

作为三峡工程之后中国水电新的“国家名片”,金沙江白鹤滩水电站以地下洞室群规模世界第一、单机容量 100 万 kW 世界第一、300 m 级特高拱坝综合难度世界第一等闻名于世。华东勘测设计研究院承担了白鹤滩工程的全过程勘测设计,攻克了一系列的世界级难题,引领着世界水电工程技术再上一个新台阶。

白鹤滩水电站采用的 100 万 kW 立轴混流式水轮发电机组,突破了现有最大单机容量水平,在水轮机水力研发、机组结构设计、材料选择和强度设计等方面提出了更高的要求,已经进入技术“无人区”。与百万千瓦水轮发电机组配套,白鹤滩水电站岩壁吊车梁规模和承载能力居世界之最。白鹤滩水电站建设涉及工程设计、重大装备制造、建设管理等诸多产业领域,彰显了我国完备的产业链在锻造大国重器、超级工程中的优势。

2. 3D 打印技术助力“智慧水利”发展

智慧水利的发展已经是大势所趋,越来越多的新技术应用其中。在国家政策的大力支持下,在各种前沿技术的助力下,“智慧水利”发展脚步稳定向前。目前,除人工智能、物联网、传感器等技术外,3D 打印技术也成为“智慧水利”发展的一大助力。

3D 打印技术,即快速成型技术的一种,它是一种以数字模型文件为基础,运用粉末状金属或塑料等可黏合材料,通过逐层打印的方式来构造物体的技术。过去其常在模具制造、工业设计等领域被用于制造模型,现正逐渐用于一些产品的直接制造。特别是一些高价值应用(如髋关节或牙齿,或一些飞机零部件)已经有使用这种技术打印而成的零部件。

相对于传统的工艺,3D 打印技术助力"智慧水利"发展的优势有:

(1)有效缩短水利工程单块施工、生产时间。

(2)通过 3D 打印技术将砌块直接打印成型,不需模板及配套材料,也减少了施工噪声污染和废料产生,可谓是达成了人工成本、材料成本、环境污染的"三降低"。

(3)提高水电设备模型表面质量,缩短铸件生产周期,摆脱传统工艺方法对铸件结构的限制,从而提高铸件的材料利用率、减少铸件缺陷、降低铸件成本。

(4)3D 打印出的箱形砌块不受模板限制,造型灵活多变,可实现大规模定制化生产。

【案例 7-3】 河堤改造——凸显"小桥流水"(3D 打印技术应用)。

2020 年 4 月 23 日,全国水利工程建设首次实现 3D 打印技术现场打印,并成功运用于苏州河堤改造项目,让苏州河堤造型凸显"小桥流水"的江南水乡特色,如图 7-1 和图 7-2 所示。

图 7-1 3D 打印技术预制箱型砌块

图 7-2 河堤 3D 改造图

在打印现场,打印机器与电脑连接,机内装有高强度砂浆作为"打印材料"。随着"打印喷头"的来回移动,喷头中挤出的砂浆,按照电脑中的图纸样式一层层叠加起来。只需 1 h,一块预制箱形砌块便成型了。打印全过程由电脑程序操控,打印误差低至 3~8 mm,精度远超传统预制工艺,还可实现复杂节点的完整打印,标准化程度更高。

相比传统预制工艺,单块施工效率缩短 70%~80%;生产时间减少 60%~80%。砌块直接打印成型,不需模板及配套材料。现场无泥沙、砖石、粉尘,减少了施工噪声污染和废料产生量。

【案例 7-4】 3D 打印+精密铸造——水轮机叶片一次成型。

从 2017 年开始,共享铸钢有限公司利用 3D 打印技术,研发第一台水轮机整铸转轮,鼓舞了一大批年轻的工程师们,逐渐掌握了 3D 打印技术在大型铸钢件领域应用中的成型、黏砂、收缩规律等关键技术,有效满足了国家抽水蓄能水轮机建设对高性能转轮铸件的需求，目前产品已出口印度、巴基斯坦等国家。

传统水轮机叶片铸造工艺是采用木模分片铸造，这种工艺是先将水轮机零部件进行铸造加工，然后进行组焊，最后通过精整形成一个产品。其具有零部件拼接缝多、生产周期长、尺寸精度低等缺点。

而采用3D打印技术，可以有效地克服传统铸造工艺带来的缺陷。以制造1台20 t水轮机转轮砂芯为例：第一步，数据建模；第二步，将数据导入3D打印机布图软件；第三步，备砂（备砂用的砂子的力度、耐火度要高于普通砂子几十倍，而且还可以多次重复使用）；第四步，设置树脂固化剂与砂子比例，一切准备就绪，则开机打印，经过20 h的打印，再经过4 h完成砂芯硬化；第五步，清砂，完成全部工序。随后就可以进行整体浇铸，如图7-3和图7-4所示。

图7-3　水轮机叶片3D图

图7-4　国内首台利用3D技术打印的冲击式水轮机

（三）智能制造在电力方面的应用

1.“华龙一号”走出国门，打造中国制造新名片

2015年5月7日，我国自主三代核电“华龙一号”全球首堆示范工程作为一种安全、环保的核电技术，在国内落地开工。近两年，已经在巴基斯坦开工建设两台“华龙一号”核电机组，并与阿根廷、英国等多个国家达成了建造合作意向。新起点新机遇，在“一带一路”方针政策引导下，“华龙一号”已成为中国制造走出国门的一张新名片。这也表明由“借船出海”走向“造船出海”的中国核电技术，得到了世界上越来越多国家的认可。

“华龙一号”在研发建造过程中，研制团队攻克了一批关键技术，带动了国内高端装备制造业的转型升级，形成了三代核电设计、建造、材料、焊接等一系列技术规范，极大程度地带动国内装备制造业以及高新技术产业的发展，提升整个设备供应产业链中各个行业的产品制造水平，推动产业结构的发展。

2.智慧能源助力“碳达峰、碳中和”

“碳中和”指的是企业、团体或个人测算在一定时间内直接或间接产生的温室气体排放总量，通过植树造林、节能减排等形式，抵消自身产生的二氧化碳排放量，实现二氧化碳“零排放”。

“碳达峰、碳中和”背后的意义在于推动社会向绿色发展转型，以能源高效利用、清洁能源开发、生产方式和产业结构转变为核心，发展低碳经济。在“碳达峰、碳中和”目标下，电力行业引领能源革命。

电力行业是国民经济的支柱产业，也是碳排放重点行业。“推动火电清洁高效发展”应该是电力行业改革的重点。以光伏、风电为主的零碳排放“绿电”将成为“十四五”电力发展的主流，加速推动我国能源转型。

【课后实践】

1. 中国目前正处于“制造大国”向“制造强国”的转变过程，在发展过程中，涌现了一大批为制造业及水电事业发展做出卓越贡献的奉献者，从他们身上我们可以学到什么？

2. 制造业的转型是推动水电事业不断前行的动力之一，那么你作为未来水电事业发展的一分子，从校园开始就应该制定好学习计划，请结合自己专业概况，制订一份学习计划吧！

任务二　提升水利、电力行业自动化水平

学习目标

能力目标

了解我国水利和电力行业自动化的发展历程，能够开展相关知识科普宣教。

知识目标

掌握水利自动化和电力自动化的含义和核心技术及未来发展方向。

素质目标

培养学生科普宣教服务意识与爱岗敬业的劳动态度。

一、水电行业自动化水平新高度

水电是清洁能源，可再生、无污染、运行费用低，便于进行电力调峰，有利于提高资源利用率和经济社会的综合效益。加快西部水力资源开发、实现西电东送，对于解决国民经济发展中的能源短缺问题、改善生态环境、促进区域经济的协调和可持续发展，无疑具有非常重要的意义。大力发展水电事业有利于缩小城乡差距、改善农村生产生活条件，对于推进地方农业生产、提高农民收入、加快脱贫步伐、促进民族团结、维护社会稳定，具有不可替代的作用。水电开发通过投资拉动、税收增加和相关服务业的发展，将地方资源优势转变为经济优势、产业优势，以此带动其他产业发展，形成支撑力强的产业集群，有力促进地方经济的全面发展。

(一)自动化概述

1. 自动化概念

自动化(automation)是指机器设备、系统或过程(生产、管理过程)在没有人或较少人的直接参与下,按照人的要求,经过自动检测、信息处理、分析判断、操纵控制,实现预期的目标的过程。自动化技术广泛用于工业、农业、军事、科学研究、交通运输、商业、医疗、服务和家庭等方面。

2. 自动化发展历程

自动化技术的发展历史,大致可以划分为自动化技术形成、局部自动化和综合自动化三个时期。

1788 年,瓦特为了解决工业生产中提出的蒸汽机的速度控制问题,把离心式调速器与蒸汽机的阀门连接起来,构成蒸汽机转速调节系统,使蒸汽机变为既安全又实用的动力装置。瓦特的这项发明开创了自动调节装置的研究和应用。在解决随之出现的自动调节装置的稳定性的过程中,数学家提出了判定系统稳定性的判据,积累了设计和使用自动调节器的经验。

20 世纪 40 年代是自动化技术和理论形成的关键时期,一批科学家为了解决军事上提出的火炮控制、鱼雷导航、飞机导航等技术问题,逐步形成了以分析和设计单变量控制系统为主要内容的经典控制理论与方法。

20 世纪 50 年代末到 60 年代初,用经典的控制理论已难以解决,于是产生了以极大值原理、动态规划和状态空间法等为核心的现代控制理论。现代控制理论提供了满足发射第一颗人造卫星的控制手段,保证了其后的若干空间计划(如导弹的制导、航天器的控制)的实施。控制工作者从过去那种只依据传递函数来考虑控制系统的输入输出关系,过渡到用状态空间法来考虑系统内部结构,是控制工作者对控制系统规律认识的一个飞跃。

20 世纪 60 年代中期以后,现代控制理论在自动化中的应用,特别是在航空航天领域的应用。产生一些新的控制方法和结构,如自适应和随机控制、系统辨识、微分对策、分布参数系统等。与此同时,模式识别和人工智能也发展起来,出现了智能机器人和专家系统。现代控制理论和电子计算机在工业生产中的应用,使生产过程控制和管理向综合最优化发展。

20 世纪 70 年代中期,自动化的应用开始面向大规模、复杂的系统,如大型电力系统、交通运输系统、钢铁联合企业、国民经济系统等,它不仅要求对现有系统进行最优控制和管理,而且还要对未来系统进行最优筹划和设计,运用现代控制理论方法已不能取得应有的成效,于是出现了大系统理论与方法。

20 世纪 80 年代初,随着计算机网络的迅速发展,管理自动化取得较大进步,出现了管理信息系统、办公自动化、决策支持系统。与此同时,人类开始综合利用传感技术、通信技术、计算机、系统控制和人工智能等新技术和新方法来解决所面临的工厂自动化、办公自动化、医疗自动化、农业自动化,以及各种复杂的社会经济问题。研制出柔性制造系统、决策支持系统、智能机器人和专家系统等高级自动化系统。

自动化技术的发展历史是一部人类以自己的聪明才智延伸和扩展器官功能的历史,

自动化是现代科学技术和现代工业的结晶,它的发展充分体现了科学技术的综合作用。

(二)水利行业自动化水平发展历程

1. 我国水利水电自动化技术的发展概况

水电自动化作为水电建设的一部分,最早出现在20世纪20年代的美国、瑞士等发达国家,40年代水电站运行采取的是中控室和机房两级值班,50年代后期工业发达国家开始实现无人值班由上级调度所或梯级调度所遥控,而我国当时水电自动化技术水平比较落后,多数电厂还保留着两级值班的模式。但是,自改革开放以来,我国水电建设取得了突飞猛进的发展。1979年,我国成功建立了计算机监控系统,实现了水力发电站的自动经济运行和安全监控。

1979年,"全国水电站自动化技术经验交流会"(古田会议)在福建省古田召开。这次会议的召开标志了我国加入水电技术自动化的浪潮中。总的来说,我国的水利水电自动化技术的发展主要经历了以下四个阶段。

1)摸索阶段

20世纪60年代,我国计算机自动监控技术开始发展,70年代该项技术开始被用在水力发电系统中。为了加快水电自动化技术的发展,我国于1980年组建了中国水力发电工程学会水电站电气及自动化专委会和全国水电站自动化技术情报网,组织科研、高校、情报等多个单位的专家、教授,以及技术人员进行大量的数据收集和国外先进科技情报采集,第一时间掌握国际水电自动化技术发展动向,并结合我国当时的水利水电工程情况与国外进行学术交流和考察,在技术上为后续研究打下了坚实的基础。

2)试点阶段

1979年制定的水电厂自动化科学技术发展七年规划是我国水电厂监控技术发展的试点阶段的开始。这次规划要求水电站认真抓好基础工作,提高水电站自动化工作水平,提升我国主辅机和自动化元件的制造质量,加强各电站间的综合自动化试点工作,加快自动化科研和试制基地的建设,加快引进国外先进水电自动化技术等。同阶段开展的四个试点工程(富春江、葛洲坝、浑江梯级和永定河梯级)科研工作也获得了不错的成绩,给后续的水利水电自动化技术的发展积累了丰富经验。

3)推广阶段

自水利系统引入计算机监控装置以后,其在水库中开始被广泛运用,同时试点工程的成功给了我国水电自动化发展一剂强心针,我国各项水利自动化技术和规章制度已逐渐走向成熟。1987年,召开的"全国水电站自动化技术总结和规划落实工作会议"以及1993年召开的"全国水电厂计算机监控系统工作会议"通过总结前两个阶段的计算机监控系统的发展经验,强调应促进我国水利系统在自动化方面采用先进的计算机技术,使计算机自动化技术在水力发电方面进入到推广实用阶段。

4)提高阶段

进入到20世纪,我国水电自动化技术已日渐成熟。其中,国产化的程度和"无人值班(少人值守)"的施行都是我国水电自动化技术进步的标志。1998年开始,我国将国产的系统和应用软件运用到我国的大型水力发电站中,其中三峡水电站就采用国产设备运营。"无人值班"也就是"少人值守",是推动精行人员增加效益提高管理水平的一项重要举措,其基础是良好的主、辅机设备和监控技术,它代表的是水电厂自动化发展的高水平。

2. 未来我国水利水电自动化技术的发展方向

水库综合自动化系统是一个复杂的系统工程,其涉及的学科、工程众多。随着水库综合调度自动化系统的建设,水利水电自动化水平将得到不断提高,其建设和管理要求也会日益严格。

流域梯级水电站集控中心自动化。应在建立流域数据库和远程集控的基础上开展数据共享,综合利用工作提高流域梯级调度管理的现代化水平,充分发挥水利工程的防洪减灾与经济效益,开发满足发电、防洪及其他综合利用要求的流域水库调度决策支持系统,实现水力发电站的优化。

在远距离引水工程调度自动化系统开发方面,应结合我国实际建设的需要,开展全线调度自动化系统、运行管理关键技术的实用化研究和开发,提高我国全线统一优化运行管理和调度决策的自动化水平。

为促进我国供电结构的合理化和多样化,应加快大型抽水蓄能电站的建设。目前,大型抽水蓄能电站计算机监控系统基本上采用国外进口设备,价格高且不利于运行维护,缺乏售后服务。如今国产的系统已具备实现大型蓄能电站计算机监控的能力和水平,但没有市场,因此我国应加强系统的实际运用。

(三)电力行业自动化水平发展历程

1. 电力自动化基本概况

电力系统可分为发电、输电、变电、配电和用电等5个环节。电力自动化是运用现代计算机技术、通信技术、信息处理技术、自动控制技术等对这5个环节进行监测、控制、保护及运行管理的行业,是现代电力工业不可或缺的重要组成部分,是电力系统的“大脑和神经”。

2. 电力自动化行业产业链

我国电力自动化产业已经形成了较为成熟的产业链,产业链上游为电力自动化设备制造的原材料和组件供应,涉及钢铁行业、软件制造业、机械加工制造业以及电子元件制造业。

中游为电力自动化设备制造,按照应用领域的不同可以分为电网自动化设备制造和发电厂自动化设备制造两大类。

下游为电力自动化的应用领域,也同样分为电网自动化和电厂自动化,电厂自动化下游主要是发电机组,电网自动化应用领域较为广泛,包括石油化工、矿山开采、水利水电等领域。

从企业上看,电力自动化上游涉及领域较广,企业数量较多,除部分产品由于技术因素被一定程度上垄断外,其余原材料及组件基本处于完全竞争状态,良好的材料及组件供应为电力自动化制造的发展打下了坚实的基础。

中游电力自动化制造企业可以分为发电厂自动化设备制造企业及电网自动化设备制造企业,受益于国家政策支持,电网自动化设备市场需求较大,大多数企业也集中于此,下游为应用领域,主要是电网建设领域需求较大。

电力自动化行业产业链各企业分析情况,如图7-5所示。

图 7-5 电力自动化行业产业链各企业分析情况

3. 我国电力自动化行业发展前景分析

根据我国电力行业发展规划，以及电力自动化行业的历史发展规律，未来电力自动化行业地位进一步提高，技术水平与国际先进技术差距将进一步缩小，普及覆盖也将会大大提高，到 2024 年我国电力自动化行业的市场规模将超过 1 150. 5 亿元。

2019—2024 年我国电力自动化行业市场规模统计情况及预测，如图 7-6 所示。

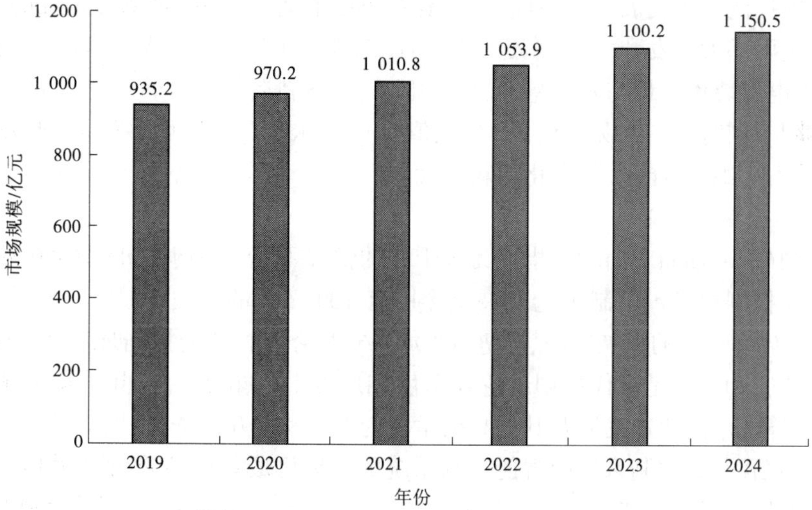

图 7-6 我国电力自动化行业市场规模

【案例 7-5】 从小小检修工到“电网医生”张霁明。

2021 年“五一”国际劳动节暨全国五一劳动奖和全国工人先锋号表彰大会上，国网宁波市鄞州区供电公司调控中心自动化运维班班长张霁明被授予 2021 年全国五一劳动奖章。在这沉甸甸的荣誉背后，是张霁明长年累月付出的异于常人的努力。

在现代社会，电力已渗透社会生产、生活乃至生存和发展的每时每刻，供电对于城市的影响已经可以跟水资源并列，一分钟没有电都会严重影响人们的生产生活。如果把配电自动化故障自愈 FA 技术比作是医生用的 CT 扫描，及时发现电网“病灶”，立即判断“患者”生了什么病，而且能马上将“病灶”隔离开，那演绎这次完美诊治操作的就是“电网医生”张霁明，他将一场原本需要 50 min 的抢修缩短至 50 s，刷新了浙江电网的速度。

在配电自动化故障自愈 FA 技术诞生之前，张霁明就有一项让同事们津津乐道的绝技，每次电网发生故障，他都能神速地判断出故障部位、故障原因，及时提出故障处理办法，同事们都说他有一双神奇的“千里眼”。

而练就这“千里眼”又谈何容易，张霁明大学毕业后进入鄞州供电局工作，那时正值供电局开展变电站无人值班自动化改造工作，按惯例变电站施工时，用户方不用一直在现场，但张霁明却觉得越是参与得多，对系统就更了解，张霁明每天与厂家人员一起泡在变电站从安装—维修—测试全程都参与，把系统了解得犹如自己的手指。

20 年来，张霁明搭建了 6 套调度自动化主站系统、2 套配电自动化主站系统，每一次主站系统更新，他都会反复看十几本厚厚的设备说明书，像熟悉自己的掌纹一样，把设备参数、系统结构和工作原理烂熟于心。20 年的工作经验，张霁明早就成了行家里手。他总结提炼多年的技术经验，出版了《地区电网自动化系统典型缺陷案例分析及处理》《电力调度自动化员工作业一本通》等专业书籍，这些书籍已经成为省市电力系统的优秀教育培训教材。

二、智能控制引领水电行业时代潮流

随着智能控制应用发展的日益成熟，智能控制在水电产业发展领域也得到了广泛应用。国家实施西部大开发和“西电东送”战略后，二滩、三峡、龙滩等大型水电站相继建成投产，我国水电在装机容量与发电量、设计与施工、设备制造与运行管理等方面全面跨入世界先进行列。同时，随着“无人值班（少人值守）”的水电厂逐渐增多，中国水电产业已迈入大电站、大机组、智能化、信息化的新时代。

（一）智能控制的含义

智能控制（intelligent controls）指在无人干预的情况下能自主地驱动智能机器实现控制目标的自动控制技术。控制理论发展至今已有 100 多年的历史，经历了“经典控制理论”和“现代控制理论”的发展阶段，已进入“大系统理论”和“智能控制理论”阶段。智能控制理论的研究和应用是现代控制理论在深度和广度上的拓展。20 世纪 80 年代以来，信息技术、计算技术的快速发展及其他相关学科的发展和相互渗透，也推动了控制科学与工程研究的不断深入，控制系统向智能控制系统的发展已成为一种趋势。智能控制是自动控制理论发展的必然趋势。

1. 智能“无人机”在水利行业的应用

无人驾驶飞机，简称“无人机”，是利用无线电遥控设备和自备的程序控制装置操纵的不载人飞机，或者由车载计算机完全地或间歇地、自主地操作。无人机按应用领域，可分为军用与民用。军用方面，无人机分为侦察机和靶机；民用方面，无人机+行业应用，是无人机真正的刚需。

2. 环保无人机，打造水质监测新主流

近年来，水资源污染越来越严重。目前，我国水质监测主要依靠人工监测和无人船监测，人工监测需要实地采样，周期很长且需要消耗大量人力、物力。目前，最新出现的水质监测船也有一定缺陷，如水面受到严重污染或有大量漂浮物会使无人船受到阻碍和污染，但基于“无人机”技术的水质监测采样，较好地弥补了上述缺陷，且有助于水质监测的高效化和精确化，提高了水质监测的信息化水平，并最终达到水质监测自动化、信息化和现代化的目的。

以往的水质监测是利用人工进行的，划船到湖中间取水采样，不仅花费大量人力、物力，而且耗费时间长、工作效率低。无人机具有良好的稳定性和操控性，定位准确、起降灵活，安全性高，在其上搭载智能水质采样设备（可配备多种规格取样桶），根据匹配的位置信息点，精确飞行到任务点上空后，通过多种智能传感器配合，智能采集指定深度的水样。这样有利于节约成本，而且工作效率高，能够快速及时地发现湖水质量问题。

3. 智能“无人机”——实现水电站智慧巡查

智慧水利是重要的民生工程，也是“智慧城市”的重要组成部分，贯穿于水资源配置、水环境保护和水管理服务等体系，其核心是更全面的互联互通，以及更深入的智能化。

水电站的结构安全巡检是保障水利枢纽安全运行的重要措施，包括大坝坝体表面和水下结构物的巡检。传统的水电站人工巡检方式需要进行抽水、淤泥处理等复杂工作，受气象、环境影响大，不仅效率低、风险高，而且成本高昂。在人工智能、5G、嵌入式计算机技术等发展起来后，“无人机+机器人”相结合的新一代智慧巡检方式开始得到广泛应用，并成为助力水电站智慧化、智能化发展的重要“武器”。

【案例 7-6】 “无人机”智慧巡查，坚守防疫第一战线。

桐木塘水库位于湖南省邵阳市洞口县曲塘村，在曲塘杨氏宗祠和曲塘完小侧旁沿路往上走 500 m 即到。一方水土养一方人，这里土地肥沃，盛产水稻、蜜橘。村民淳朴，乡村环境优美。人民生活提高了，农民也过上了幸福的生活。

自全面推行河长制以来，县委、县人民政府高度重视河长制工作，把夯实河长制基层基础摆在首要位置，强力打造基层运转高效化、河长履职精准化、河库监管网格化、开门治水常态化的基层河长制“四化”模式，打通河长制落地见效“最后一公里”，全县流域水环境得到了持续改善。每年都会吸引大批的骑行爱好者和垂钓爱好者前来游玩。

根据水库安全运行管理要求，疫情期间要加强水库巡查和安全监测，按照标准做好水源保护、水质净化消毒和水质监测工作，确保疫情防控期间不出现停水、断水情况。同时，充分发挥好水库供水的综合效益，做好水库蓄水、保水，为农业春耕生产提供水利保障。湖南洞口县出动无人机对水库进行巡查，无人机具有“查得准、盯得住、传得快”的优势，为疫情期间水库巡查提供了便捷的服务。

（二）智能“机器人”在电力行业的应用

在当代工业中，机器人指能自动执行任务的人造机器装置，用以取代或协助人类工作。理想中的高仿真机器人是高级整合控制论、机械电子、计算机与人工智能、材料学和仿生学的产物，目前科学界正在向此方向研究开发。

能源转型与 5G 通信技术的发展势必从深度和广度上推动智能机器人在电力系统领

域的应用。根据功能不同,可将智能机器人分为多种类型:变/配电站智能巡检机器人、架空输电线路巡检与带电作业机器人、隧道巡检机器人、电力调度机器人与营业厅电力机器人,以及无人机巡检方式、输变电智能机器人数据智能分析系统等。以下就电力系统中典型常用智能机器人进行介绍。

【案例 7-7】 世界一流——带电作业机器人。

带电作业是指在不停电的情况下,在高压电气设备上进行检修、测试的一种作业方法,能够避免因检修造成的停电对社会带来的经济损失。

带电作业机器人,全称为架空配电线路器件更换机器人,主要功能是使用机器人代替现场带电作业工作人员,直接对高压线路上的各部件进行带电更换作业,可有效降低人员事故率。带电作业机器人的主要特征包括操作方式、自动化程度、机械臂数量、机械臂自由度四方面。

中国带电作业机器人起步较晚,但发展迅速,1999 年带电作业机器人课题在国内首次立项,2019 年国网天津电力已推出全球首台基于人工智能技术的全自主配网带电作业机器人。带电作业机器人自动化程度大体可分为:手动、半自动、全自动。现阶段带电作业机器人为全自动型,可自行识别电缆位置,自主完成支线线路引线搭接工作,如图 7-7 所示。

阶段	阶段一:手动	阶段二:半自动	阶段三:全自动
图示			
作业方式	在高空绝缘斗内实现控制	在地面操作室内实现控制	全自动作业方式,无需人工操作
安全性	发生坠落的危险级别:较低	无安全隐患	无安全隐患
操作人员技术要求	中等	低	无技术要求
人员数量要求	3人	2人	1人
单套成本	72.7万美元	109万美元	—

图 7-7 带电作业机器人研发阶段情况

带电作业机器人具有安全性、适应性、便捷性与通用性,可以实现带电作业的自动指挥与控制,可以在保证正常供电的同时,完成高空高压一系列危险动作,进行支线线路引线搭接等,以保障作业人员安全与减少人工成本,并且提升作业的精度与效率,是电网带电操作的刚性需求。

【课后实践】

1. 中国水电事业不断地在发展,其自动化水平也不断提升,请同学们课后查阅资料,再结合本任务的学习,谈谈你对自动化技术应用的了解。

2. 本任务主要介绍自动化技术在水电行业的应用,请同学们谈谈自动化技术在其他行业的应用。

【课后练习】

请扫描二维码,做课后练习。

项目七　课后练习

项目八　聚力水电　奏时代交通强音

项目概述

水电交通　护航民生

水、电、交通是服务经济社会发展的重要基础行业，铁路、航道、公路等交通设施建设与水利治理、防汛抗洪、水资源开发利用、生态环境保护等密切相关。大交通连接大民生，把民生实事作为头等大事来抓紧、抓实、抓好，进一步聚力水电、聚焦富民，着力构建现代综合交通运输服务体系，争创发展新优势、种好幸福树，建设交通强国，是整个社会迸发的时代强音。

本项目简要介绍了水上交通发展史，厘清了水利与交通之间的关系，帮助学生知悉交通建设中涉及的水利工程种类及作用。同时，着眼于未来，从介绍电力牵引在轨道交通中的运用与发展基础知识延伸到未来电力类交通的新航向，激发学生探索交通新世界的激情。

知识结构

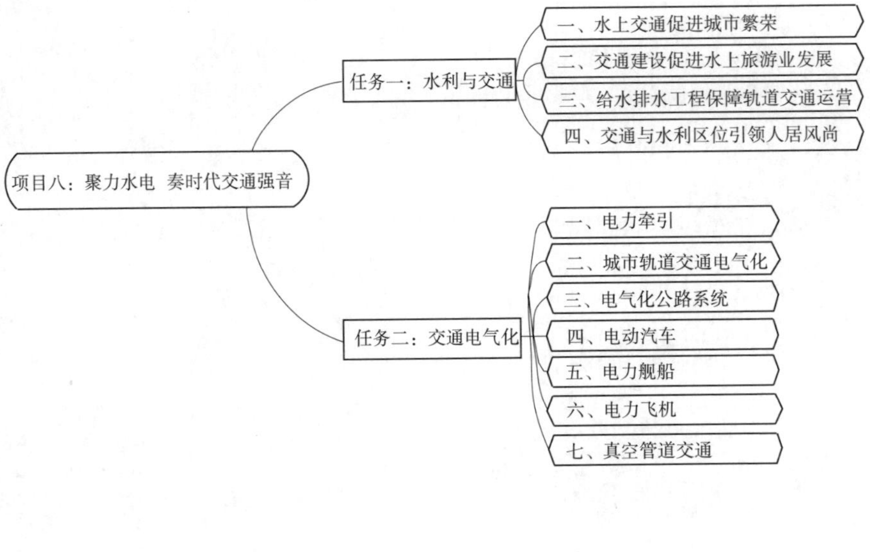

任务一 水利与交通

学习目标

能力目标

提升学生理论与实践结合的能力。

知识目标

了解我国交通行业与水电专业相结合的未来发展方向。

素质目标

培养爱岗敬业的劳动态度，增强民族自信心。

一、水上交通促进城市繁荣

任何交通工具乃至交通方式都是人类对自然界的一种能力延伸，也是对自然界的有限征服。水上交通似更能证明这一点，它对促进人类社会发展进步的作用是无法估量的。

有关考证显示，最原始的水上交通工具是一种称为“桴”的器具。桴，即后人说的筏。筏有竹筏和木筏，分别由竹子和树枝捆扎而成。到了石器时代，用火烧和石斧把大圆木挖成凹形则成了独木舟，即所谓的“刳木为舟，剡木为楫”。独木舟堪称人类造船历史的开端。余姚河姆渡遗址发掘的木桨出土，有力证明距今约 7 000 年前，我们的祖先已掌握了制造独木舟的技术。此后，随着经济社会的发展，船越造越大，功能也越来越多样。另外，水运的航线也越来越长、越走越远，从小川到大河，又从江河走向海洋。

（一）依水筑城的历史

社会的发展进步、需求的扩大，促使了水上交通的发展，反过来造船和航运技术的改善提高，指南针、罗盘、船尾方向舵等新技术发明和应用，又对古代社会的经济文化乃至军事都产生了巨大影响。摊开地图就能发现，现如今的许多城市，就是由当年的水运交通枢纽的区域位置优势发展形成的。例如：700 多年前，当时的天津还是一个小渔村，夸张地说，也就是个较大的军事要塞——直沽寨。1293 年京杭运河开通后，天津成了运河和海运的交通枢纽。天津在发挥其“聚天下之粟，致天下之货以利京师”作用期间，随着货物集散而带来了大量南来北往的各色从业者，他们的工作与需求，促进了天津迅速繁荣，并很快成了一个重要的商业中心和贸易港口城市。

其实，像这样的例子不胜枚举。回看历史，秦汉时期我国的长安、洛阳、益州（今成都）、邯郸等诸多大城市无不仰仗于发达的水上交通。这种现象不惟中国，整个世界莫不如此。如果我们能把视野再放宽一点就不难看到，水上交通的便利还不仅仅局限于沿线的城市。通过城市的辐射功能，往往是整个流域片区的发展与繁荣。近代名人孙宝瑄在论及中国西北与东南贫富差异时认为：我国富饶之区，首推东南，其所以致此者，以水道四通八达，物产易流通，农商之业易兴也。西北无水道，故地方贫瘠异常。此结论虽有片面武断，但确也不无道理。特定区域内只要有水源，人类要想存活下来并不难，但如果没有水上交通，尤其是在陆路交通尚不发达的古代，要想有大的发展实属不易。

（二）古代水上交通

水上交通的重要性，古人早有认识。我们的先人们在被动地开发利用自然河网水道的同时，还选取一些特殊地段区域开凿人工航道——运河。

【案例 8-1】 大运河。

京杭大运河始建于春秋时期，是世界上里程最长、工程最大的古代运河，也是最古老的运河之一，堪称“活着的文化遗产走廊”，如图 8-1 所示。2014 年 6 月 22 日，大运河被列入世界遗产名录。一部运河史，半部中华文明史。

图 8-1　中国大运河和沿线主要城市示意图

中国大运河原是一条运输河道，兼有灌溉、供水等功能，自 2014 年 6 月成功申报为世界文化遗产后，更成为一条“文化之河”“故事之河”。2017 年以来，大运河文化带、大运河国家文化公园建设先后启动，流淌千年的大运河所积淀的文化得到更好的挖掘和呈现，古老而鲜活的大运河故事走进千家万户。运河的故事和历代生活在运河两岸的人民息息相关,要从运河历代的开挖者、规划者、管理者、维修者、保护者、使用者身上发现故事,还应通过运河考古遗址公园、运河博物馆等不同的文化载体建设,用不同的方式讲出运河故事。当然,今天是信息化时代,也要充分运用互联网途径,让大运河故事在"云上"传播。运河是历史的产物,因其位于不同的国家和地区,各异的地理形态、功能需求、工程技术、文化背景等造成世界运河与运河文化的多样性。从唐代开始,外国使者、高僧、传教士等不仅在中国大运河上行船,还留下许多文字记录及艺术作品。例如,唐代日本高僧圆仁的《入唐求法巡礼行记》,宋代日本僧人成寻的《参天台五台山记》,元代意大利人马可·波罗的《马可·波罗游记》,明代意大利传教士利玛窦的《利玛窦中国札记》,朝鲜人崔溥的《漂海录》,日本僧人策彦周良的《入明记》,清顺治年间荷兰人约翰·尼霍夫的《荷使初访中国记》,乾隆年间英使马戛尔尼的《英使谒见乾隆纪实》等。明清时期,甚至还有一些外国使者从大运河去北京时病故于途中,至今还留有山东德州的苏禄王墓、江苏淮安的琉球国京都通事郑文英墓等。

运河开凿的最初目的虽各有不同,然其最终的价值实现都会归结到运输。由于运河的走向是人们的主动选择,因此同样的航道其发挥的效益会比自然航道大得多。如先秦时期的鸿沟、邗沟分别沟通了黄河和淮河、淮河和长江。由于我国的西高东低的地势,境内大河大都呈由西向东走向,上述南北走向的两沟把三条大河给打通了。此后,比上述两沟开凿稍晚些,秦始皇为平"南蛮"主持开凿了灵渠,该渠连接的分别是湘江和漓江(湘江和长江相通,漓江和珠江相连),在这样中国版图上,北起黄河,南至珠江的诸多大的江河包括一些湖泊实现了彼此沟通,形成了一个完整的水系运输网络,从而极大地促进了各地的互通有无。

二、交通建设促进水上旅游业发展

孙中山先生曾说:"交通是实业之母"。若想一个城市、一个区域经济发展,道路的畅通和交通设施的完善是其必备的条件。水上旅游业集交通出行、消费娱乐、休闲养生为一体,呈现面宽、线长、点多的特点,推进水上旅游交通建设对于有效拉动内需、促进区域经济发展、满足人民美好生活需要、打赢三大攻坚战具有重要意义。我国水上旅游资源得天独厚,但发展处于起步阶段,存在发展系统性不够、产品和服务供给不足等问题。

(一)中国造桥史

逢山开路,遇水架桥。中国的造桥历史十分悠久,亦涌现出无数传世之作,为世界惊叹。在漫长的桥梁演变史中,无数中国人奉献出了智慧与汗水,挥洒着鲜血与热泪,桥梁在湍急的水流上架起,中国也在世界的目光中屹立。

谈及古代的造桥历史,首先要说的就是我国著名古桥"赵州桥"。"赵州桥"又名"安济桥",为隋代开皇大业年间李春创建。赵州桥距今已有约 1 400 年的历史,是世界上现存最早、保存最完善的古代敞肩石拱桥。赵州桥是中国历史上的伟大杰作,凝聚了无数劳动人民的心血,并以世界上最早的敞肩石拱桥入选世界纪录协会。时隔 1 397 年,欧洲国家才得以建成与赵州桥相类似的石拱桥,可见中国古代人民的智慧多么伟大。

卢沟桥也是古代桥梁瑰宝之一。卢沟桥位于北京至周口店的公路与永定河交汇处,始建于金代大定二十九年,该桥全长 266.5 m、宽 7.5 m,其上共有精刻石狮 485 个。“卢沟晓月”是著名的“燕京八景”之一。

此外,还有广东广济桥、福建洛阳桥、陕西灞桥和江苏五亭桥等中国优秀古桥在历史的长河中不断涌现,彰显着古代造桥技术的进步与时代的变迁。

2 000 多年过去了,我国不断延续着古人的造桥智慧,随着科技的发展,造桥技术也是突飞猛进。如今,无数现代奇伟桥梁在我国拔地而起,耸入云端,彰显着人民的智慧和国力的强大,让世界仰望。其中包括被称作“万里长江第一桥”的武汉长江大桥,全长约 1 670.4 m,上层为公路桥,下层为双线铁路桥,桥身共有 8 墩 9 孔,每孔跨度为 128 m,桥下可通万吨巨轮,8 个桥墩除第 7 墩外,其他都采用“大型管柱钻孔法”,这是由中国首创的新型施工方法。

同样壮观的还有连接香港、珠海、澳门的超大型跨海通道——港珠澳大桥,长 55 km,其中主体工程“海中桥隧”长 35.578 km,海底隧道长约 6.75 km,是世界建筑史上里程最长、投资最多、施工难度最大,也是最长的跨海大桥。

2018 年 10 月 23 日,港珠澳大桥开通,习近平总书记出席仪式,宣布大桥正式开通并巡览大桥。习近平总书记强调,港珠澳大桥的建设创下多项世界之最,非常了不起,体现了我国综合国力、自主创新能力,体现了勇创世界一流的民族志气。这是一座圆梦桥、同心桥、自信桥、复兴桥。大桥建成通车,进一步坚定了我们对中国特色社会主义的道路自信、理论自信、制度自信、文化自信,充分说明社会主义是干出来的,新时代也是干出来的!

中国的桥文化以桥梁为实体反映各时代的思想文化,以及科技文化成果,它是各个历史时期社会生产力水平的典型标本,更体现着我国人民的辛勤智慧。未来我国还将继续投入交通桥梁建设,让更多瑰宝盛开在神州大地上,闪耀大国光芒。

(二)桥梁的功能

1. 交通功能

城市沿河而建,倚河而生,桥梁是打破河流两岸隔膜、连接两岸交往的重要工具,许许多多的桥梁连接着地方经济。鳞次栉比的桥梁缓解了河流两岸交通运输的压力,让河流不再成为城市发展和人民生活的阻碍,使河流两岸的交通更加便利、联系更加密切。

2. 旅游功能

水上的桥梁设计新颖、造型独特,桥梁的建设富有浓郁的艺术气息,这极大地推动了城市旅游业的发展。许多桥梁接连不断、壮丽宏伟、造型奇特、极具象征,已成为城市极具代表性的旅游地点,它们的存在让外地游客感慨惊叹、流连忘返。比如在天津,游海河、坐游轮、看名桥、赏夜景已经成为天津不可缺少的旅游线路,根据天津市旅游业的各种统计数据来看,桥梁、海河及周边的整体改造大大提升了天津旅游业的知名度和经济效益。

“一条海河景观带,半部中国近代史”,海河是天津的母亲河。随着天津海河沿线的不断改造和市容环境建设的快速提升,放眼今昔变迁的海河,不论是记载了历史年轮的传统地标,还是散发出蓬勃朝气的新地标,天津的母亲河向世人展现出了一道又一道亮丽的风景线。

“天津之眼”是世界唯一建在桥上的摩天轮(见图 8-2),从“睁开”的那一天起,它就开始守望这座希望之城并见证其不断变迁,就开始让幸福飘溢。摩天轮的直径为 110 m,

到达最高点时,距离地面的高度可达到 120 m 左右,相当于 35 层楼的高度,能看到方圆 40 km 以内的景致,是名副其实的“天津之眼”,也是中国十大城市地标建筑之一。这座摩天轮不仅是世界上唯一建在桥上的摩天轮,也是天津市的标志性景观之一。实际上,单从高度角度来看,“天津之眼”超越了大名鼎鼎的“伦敦之眼”而跃居世界第一,其巧夺天工和奇思妙想也确实是当之无愧的“世界第一”。

图 8-2　天津之眼

3. 美观与实用兼具

水上桥梁建设自身兼具美观与实用的双重特点,桥梁联系着河流两岸的交通。此外,“美学”也是城市桥梁建设的重要内容,是人视觉上的美感程度,包括桥梁的色彩、造型、外观,特别是桥梁与城市设计是否协调,要在确保实用性的同时增强视觉上的美观。

4. 彰显人文精神

桥梁建设作为城市建设的一部分,势必要体现出城市的历史文化特征、挖掘出其中蕴含的人文精神。桥梁建设在城市历史文化方面重点体现沧桑历史、重大历史事件、地方文化民俗的文化特征,这些方面在一定程度上展现城市的历史和文化氛围。交通建设在将这些历史和文化融入设计的情况下加以创新,改造修建出独具特色、精美而富有意义的桥梁,在方便人民生活的基础上进一步改善美化了人民生活的环境,从而彰显了桥梁蕴含的浓郁而独特的人文精神。

(三)水运交通的旅游功能

水路旅游交通是利用自然和人工水域作为航线,以船舶作为主要交通工具载客的一种运输方式。根据航线的不同,水路旅游交通分为远洋航运、沿海航运和内河航运。从旅游角度来看,水运是融旅与游于一体的运输方式。旅游者可在航行途中欣赏沿途风光,悠然自得,舒适安逸,回味无穷,是其他交通方式无法比拟的。但水路旅游交通也存在较大的局限性:速度慢,难以准点到达目的地,这点很难满足旅游者的需要;灵活性较差,受自然条件影响大,这就要求天气的能见度要高。

1. 内河旅游交通

内河旅游交通是指利用各种船舶、排筏和其他浮运工具,在内陆的江河、湖泊、运河、水库等水道运送旅游者的一种水上旅游交通方式,通常又简称河运。大多数内河旅游交通是在一个国家范围内进行的,只有少数内河旅游交通属于国际性的,如欧洲的多瑙河、北美洲的五大湖、连接地中海和红海的苏伊士运河及连接太平洋和大西洋的巴拿马运河等。

【案例 8-2】 运河旅游。

追溯中国大运河的原点,则不能不提到公元前 486 年,吴王夫差挖下邗沟的第一锹土,隋炀帝杨广在邗沟的基础上开挖南北大运河,扬州由此成为中国大运河的“原点”。作为与运河同生共长的原点城市、中国大运河“申遗”的牵头城市和南水北调东线源头城市,扬州通过感恩运河、守护运河、反哺运河的绵绵情怀融入城市的“血液”和“基因”中。坐落于扬州运河三湾生态文化公园内的中国大运河博物馆 2021 年对外开放,是一座全流域、全时段、全方位展示大运河世界文化遗产价值,以及大运河带来美好生活的专题博物馆,如图 8-3 所示。

图 8-3　大运河博物馆

扬州在运河文化提升项目上也做足文章。扬州市相关领导表示,高标准、高品质推进大运河文化带和国家文化公园扬州段建设,塑造“世界运河之都”形象,以一个个优质项目打造大运河国家文化公园建设的“扬州样板”,让大运河扬州段承载的“老记忆”焕发出时代的“新魅力”。以北护城河的改造为例,在注重扬州历史与文脉传承保护的基础上,主要围绕全域旅游进行规划。过去扬州传统的旅游项目是“瘦西湖、大明寺、个园”,但事实上,旅游产品如果太单一是留不住游客的。扬州文化旅游的规划是围绕“统筹、协调、可持续的发展”进行深度规划,尤其是从北护城河到瘦西湖,把很多文化景点串成一条线,所以到扬州旅游并不仅限于“烟花三月”,而是多季节的,同时也可以夜游扬州。

据介绍,运河北护城河的红园片区,是扬州文化旅游改造的重要节点性工程之一,在北护城河岸边也新建了部分古色古香的建筑。保留“红园”情怀,扩宽受众群体及游客,丰富业态,弥补缺失,打造文旅商业新模式、新概念——“仙次元”。

2017 年下半年,国家启动《大运河文化保护传承利用规划纲要》编制工作,大运河保护和利用工作进入“国家行动”阶段。2019 年 2 月,《大运河文化保护传承利用规划纲要》出炉,特别强调大运河国家文化公园建设中的非遗保护。中国大运河作为世界文化遗产,沿线两岸的非物质文化遗产也是重要的文化资源,包括通州的运河号子、扬州弹词、中国蚕桑丝织传统技艺等。

2. 远洋旅游交通

远洋旅游交通是指利用各种远洋客轮、游轮及其他海上运输工具,用于跨大洋的洲际旅游或环球旅游的水路交通方式。在 20 世纪 50 年代以前,这是跨海进行洲际或环球旅游的唯一交通方式。早期的旅游者多是搭乘邮轮出海远行,因此远洋游轮又有远洋邮轮之称。远洋游轮向集服务、娱乐、运动、休憩等各种功能于一体的大型豪华游轮方向发展,这种交通工具具有良好的抗颠簸、抗摇摆的航行性能,乘坐安逸舒适,多为时间充足、经济实力雄厚的老年旅游者选用。

1) 沿海航运

沿海航运是指游船在一个国家或地区的沿海各景点间航运的交通方式。在沿海旅游资源集中分布的地区,人们可以边航行边游览,这种融“旅”与“游”于一体的突出特点是其他交通方式所无法比拟的。除高速水上交通工具外还运行着一种叫作“水上旅馆”的游轮,船上设施近似于远洋豪华游轮,但规模较小。由于在经济发达国家盛行汽车旅游,于是在 20 世纪 60 年代以来,沿海旅游交通从单纯载客发展到载运汽车并兼顾旅游的汽车游轮。

2) “交通+水文化”旅游发展措施

从文旅资源上看,交通线路串联了许多地理风景线,拉近山水距离,便捷自然旅游生态区及沿线旅游出行。发挥交通线路客源和渠道优势,打造“水文化”旅游消费特色线路,能够对沿线特色文旅消费产业起到增长带动效应。

编制出台水上旅游航道的发展规划。研究编制《旅游航道发展建设专项规划》,紧抓交通与旅游融合发展契机,推进旅游水系畅通,实现水上旅游与交通客运互联互通。将旅游航道纳入旅游大交通格局中,与民航、铁路、公路做好衔接,搭建信息共享平台,构建顺畅便捷、合理布局的旅游交通服务体系。依据不同区域航运资源特点、经济社会发展水平等,将旅游航道与城市人文、沿岸风光资源有机融合,进行系统规划。

三、给水排水工程保障轨道交通运营

近几年轨道交通在中国得到了迅速的发展，北京、上海、广州等大中城市线路也越来越多，使整个城市的交通拥挤状况得到了一定缓解，它也促使现代人的生活节奏变得更快，车站是地铁建设中的一个重要组成部分。

（一）给水排水系统的含义

轨道交通给水排水系统由给水系统和排水系统组成。轨道交通给水系统是用来保证车站内的生产生活及消防用水，直接利用市政自来水作为水源；轨道交通排水系统是用来保证车站、车辆段的生活、生产污废水、结构漏水、洞口雨水等能就近排入市政排水管网。

（二）车站给水系统

1. 生产生活给水系统

车站生产生活给水系统由两路市政给水引入管中的一根引入管的消防水表前引出 1 根 DN80 的生产生活给水管，并单独设置水表后进入车站。生产生活给水管进入车站后呈枝状分布，主要供给车站工作人员饮用水、盥洗水、厕所用水、站台和站厅层冲洗用水及冷却塔补给水。

2. 消火栓给水系统

地下车站采用生产生活和消防分开的给水系统。地下车站及地下区间隧道的消火栓给水系统为环状管网。地下站厅吊顶内设 DN150 的环状给水管道，站台板下设 1 根 DN150 的给水管道，在车站两端设竖向连通管，这样又构成竖向环状管网。上下行区间隧道内，在行车方向的右侧各设 1 根 DN150 的给水管，并在区间联络通道处连通，站厅两端各设两根竖管和区间的给水管相接，这样车站及前后各半个区间就形成一个环状管网给水系统。如仅引一路市政给水，需要设消防水池 1 座。这样就构成了地下车站及区间的生产、生活及消防共用的安全可靠的环状管网给水系统。

3. 自动喷水灭火系统

自动喷水灭火系统是一种利用固定管网、喷头能自动作用喷水灭火，并同时发出火警信号的灭火系统。它利用火灾时产生的光、热、可见或不可见的燃烧生成物及压力信号等传感器传感信号而自动启动，将水洒向着火区域，用来扑灭火灾或控制火灾蔓延。

（三）车站排水系统

1. 车站废水排放系统

车站废水排放系统主要是将车站结构渗漏水、冲洗水及消防废水集中到废水泵房，排入城市污水排水系统。

2. 车站局部废水排放系统

车站局部废水排放系统是将自动扶梯下基坑、折返线车辆检修坑及车站盾构端头井等低洼处的集水，通过排水泵排入城市雨水排水系统。

3. 区间废水排放系统

区间废水排放系统是将区间隧道的结构渗漏水、冲洗水及消防废水，通过线路排水沟集中到线路坡度最低点的排水泵房,排入城市雨水排水系统。

排水泵房内的终端控制器根据水位高低自动控制给水排水泵的启停;当终端控制器失灵时,由邻近车站的车站控制室通过 bas(综合监控)系统的控制器进行人工干预,现场可用手动控制。被控对象均要求返回运行状态信号、故障信号、手自动控制信号、水位信号。

4. 车站污水排放系统

车站污水排放系统主要是将车站生活污水集中到污水泵房内的污水池内,由潜污泵提升后排入城市污水排放系统。

5. 洞口雨水排放

如列车出入隧道洞口,其线路坡度坡向洞口外为下坡,其排水沟的水能自流排入城市排水系统,则不设雨水泵站。当洞口坡度坡向洞口内部为卜坡时,则在适当地点设置排雨水泵站。

(四)其他因素对地下车站给水排水的影响

城市地处的气候区、年雨季的长短、年霜冻期的长短、极端的最低气温、年平均降水量的多少、最大年降水量多少、日最大降水量多少、降水量主要集中在一年的什么时期、地下车站周边市政排水管网老化情况、地质结构、地表水源、河道分布等均是地下车站给水排水系统要考虑的因素。如果所在城市的降水量大,就要考虑地表降水对地面沉降和地下车站地下水(裂桶试验效应)影响。

地下车站给水排水主要还是在日常运营维护中对设计规范、设备运行和规章制度的一个考验,对发现的问题不断摸索解决,从而保障轨道交通正常运营。

四、交通与水利区位引领人居风尚

在古代,立城建宅都是依水傍水而成的,“无山则人无靠,无水则人无依”,山水得而兼之,必是万世都城。如商代都城所在地今河南安阳、六朝故都南京,都是依山靠水之地。

在现代,一个城市的交通,对这个城市生产要素流动、城镇体系发展起着决定性的影响,也是连接城市的重要纽带,为城市发展运送人流、物流的重要通道。对城市来说,拥有便捷的交通,不仅能有效地缩短城市之间的距离,同时为日常生活带来便利;对于一处居所来说,拥有便捷的交通,才能真正享受一座城市的资源,感受城市繁华。

(一)临水而居,悦享澄澈生活

人类自古以水为生,水源的区域都是宜居的位置。从自然界的无色无味无形,到文人墨客笔下的有骨有肉有灵性,水从来是一个浪漫的存在。

城市中的水体象征着文明与灵性,渲染着城市的生机与艺术的魅力,而居住区内的水景更能满足人们亲水的要求。它的风韵、气势、清音,能给人以美的享受,引起无限的遐想。居住区内的水景对于生态、景观、文化及娱乐等方面都有积极的作用。居住区中的水景以其活跃性和穿透力成为景观组织中最富有生气的元素。由湖泊、喷泉、瀑布、小桥流水、荷塘、游泳池等诸多形态组成居住区中重要的景点。天然或人工的地形、地貌在水体的声、光、影、色的作用下，与居住区的勃勃生机相结合，形成了宜人的空间景观。然而在人类活动的作用下，居住区中的水景不单是物质景观，更成为居住区中的文化景观。人们观水、近水、亲水、傍水而居的天性，对水的亲和与关注，使水与社会文化意识结下了不解之缘。

“水为万物之源”，作为地球生命的命脉，不仅承载着水质涵养、供养植物生长的功能，而且能调节温湿度、净化空气、吸尘降噪、有效调节居住生态环境。较大面积的水体或水系统，可以改善整个居住区的小气候，影响周围环境的温湿度；较小的水体，可以改善局部地段或建筑室内的微气候。

（二）通达交通，让繁华更近一步

道路交通是一个城市发展的基础，随着道路的贯通，直接且明显的效应是使人们出行更为便利，交通更顺达，物流、人流更畅通。当发达的市内交通网与居住区对接时，人们的时空概念就会发生根本的变化。

城市交通方便程度，包括接近车站的程度、接近主次干道的距离、接近市中心的程度、接近商业设施的程度、接近娱乐设施的程度等，关系到居民的生活、出行、上学等方便程度，它们均与房地产价值呈正比关系。在交通方便程度方面，轨道交通的作用尤其明显。

轨道交通的增设，将扩大人们的生活范围和居住范围。城区内外市民的流动，会将城区的生活圈逐步延伸，让更多的市民享受繁华的生活氛围。道路交通的建设不仅对城市经济起到了至关重要的作用，对房地产价值的影响也具有举足轻重的作用。

（三）城市名片的塑造

一个城市中最具有活力的地段是滨水区，这个地段的建筑特别能彰显一个城市的形象，加之以便捷的交通，自然锦上添花。

便捷的公交系统和步行系统连接市区和滨水区。通过协调好居住功能用地、城市交通体系以及滨水景观的关系，把市民的活动引向水边，以开敞的绿化系统和便利的公交系统来联系市区和滨水区，来延续城市的肌理。

作为城市名片的滨水住宅群，不但要形态优美、富有个性，而且交通功能空间分布也合理，按照实用、经济、美观的原则，恰如其分地布局着交通线路。

【课后实践】

1. 实践作业：观看纪录片《中国大运河》，了解运河文化，调动积极探索水运文化的热情，发掘校园内隐藏的“水文化”，制作校园文化视频。

2. 理论作业：在校训的内涵引领下，思考水文化对于交通的联系与影响。

任务二 交通电气化

学习目标

能力目标

实时了解交通电气化发展动态,找准定位。

知识目标

1. 掌握交通电气化主要内容;
2. 了解水电行业与交通行业的联系。

素质目标

培养学生职业素养和民族自豪感。

人们的生活离不开交通,交通也是一个国家的重要基础产业。随着我国工业化和城市化进程的提速,交通运输业快速发展,主要交通工具或者依靠以石油及其衍生物为代表的化石能源作为动力,或者依靠电力能源作为动力。未来,人们对交通运输的需求将越来越大,在这种消耗持续增长的情况下,能源的可持续依赖问题亟待解决。以电能作为交通运输能源,具有功率大、噪声低、容易实现精密控制等显著优势,具有良好的发展前景。

一、电力牵引

电力牵引是以电能为动力驱动电力机车或电动车组运行的一种牵引动力形式。牵引所需电能取自公用电力系统,并经专门的牵引供电系统变换成符合用电要求的电流、电压,向电力机车或电动车组等供电。电力牵引具有启动快、速度和效率高、运输量大、运营成本低和对环境污染小等优点,已获广泛应用。

实践证明,相较于传统的内燃牵引,电力牵引的优势越来越大,它的效率要比内燃机车高 54%,运输成本比内燃牵引低 60%。电力牵引恒功率范围宽,电制动功率也大,启动、制动和加速、减速性能也更为优越。电力牵引这种快跑、多拉的特性能更充分地满足铁路运输对提高行车速度、增加列车重量和加大行车密度的综合要求,可以明显改善社会物流状况和人们的旅行条件,并能缓解交通堵塞、减少大气污染、节省石油及土地等有限资源。

【案例 8-3】 "神 24"电力机车。

中国"神 24"电力机车,实现 26 项技术创新,创下 4 项"世界之最",是当之无愧的重载铁路"动力之王",象征着我国电力机车的发展水平已然达到世界前列。

"神 24"电力机车创下的世界之最分别是:全球最长机车长度、全球最大单机功率、全球轴数以及全球最大牵引力。

“神24”电力机车的概念和设计思路源自“24轴技术”，是一款6节编组的电力机车，它的总长度是106 m，其速度最快能达到120 km/h左右，它的车头造型犹如一颗威武的雄狮，彰显了我国制造业的力量与风采，这是我国装备制造业一大新的技术研究成果。

它的诞生，使我国的能源运输大动脉运输效率得到很大程度上的提高，在“神24”电力机车上实现了超大牵引力的翻倍以及超大功率的翻倍。“神24”电力机车首创网络动态编组控制技术和自适应配置网侧电路，能够根据运输所需的不同动力而进行调整，既可以实现24轴6节标准编组，也可以实现20轴5节的编组以及16轴4节的编组，而且“神24”电力机车仅仅只需要一组乘务员即可。

为何“神24”电力机车仅仅只需要一组乘务员就能保障其正常运行？其实这离不开它的“高度自动化和双重智能化”，这里的双重智能化指的是它的智能运维和智能驾驶。智能运维平台能够在很大程度上代替人工的检测与维护，它构建了电力机车全寿命周期的健康管理以及故障预测系统，也就是说，当“神24”电力机车出现故障时，它能够进行自动识别，可以精准地找出问题所在，还能够自动进行定期保养，减少故障出现的概率。

而智能驾驶不单单指的是“神24”电力机车在行驶过程中的智能化，它还包括机车的自动唤醒、启动、停车以及调整速度等功能，全程无须人工操作，大大节约了人力成本，并且具有极高的可靠性。

不仅如此，“神24”电力机车的制动器及牵引变流器等一系列的核心部件，也是该领域的技术创新。“神24”电力机车所使用的定位系统，是我国自主研制的全球卫星导航系统——北斗卫星导航系统，它在定位精确度上及授时能力上都有着优异的表现，更有利于“神24”电力机车在行驶过程中的精准控制。

“神24”电力机车不仅仅代表着我国的科技实力，象征着中国的日益强大，它更是我国这些年来在科技领域不断努力的一大成果。

二、城市轨道交通电气化

城市轨道交通是现代生活中与我们息息相关的重要城市组成部分，具有运输量大、安全性高、速度快等优点，能有效地缓解城市交通拥堵的情况。常见的种类主要包括地铁、有轨电车、轻轨、磁悬浮铁路等。城市轨道交通普遍采用电动车组，能够适应频繁启停、加速快的需要，并且无污染。电动车组的运行线路固定，自身不携带电能，多是在行驶过程中从牵引网上获取电能，也有的（如高速磁悬浮列车）是通过对行驶的专用轨道逐段供电获得动力。从供电的角度来看，无论是地铁还是轻轨或是其他城市轨道交通形式，差异仅在于输送电能的方式和多少有所不同。

城市轨道交通已经成为大型城市的重要甚至最大电能用户，为实现节能减排，采用技术、对策进行节能增效势在必行。以地铁为例，地铁主要是为了缓解大城市交通压力，由于列车站间距离短，列车和车上空调通风装置的负担，造成城市轨道交通线路运营成本增加。随着电力电子技术的不断发展，逐渐涌现了再生制动能量的利用方法，包括储能式和逆变回馈式。逆变回馈式吸收装置利用逆变器将直流电逆变回交流电网，然后供给其他设备负载使用。

传统的储能装置主要是蓄电池,随着科技的不断进步,超级电容储能和飞轮储能作为新兴储能方式的代表,近年来得到了普遍的重视和大力发展,并且在城市轨道交通中有所应用。例如,2013年东日本铁道公司在拜岛牵引变电所建成锂离子电池储能系统等。如果可以合理利用再生制动能量,将对节能产生积极的影响,降低运营成本。

【课堂互动一】 想一想:高铁的电从哪里来?

首先,电当然是从电网来,不管是高铁供电,还是普通居民供电,电都是由公共电网提供的。高铁是供电公司一类特殊的客户;普通居民供电由供电公司进行输电与配电。

对于高铁而言,电厂发电后通过输电线路送到牵引变电站,再通过接触网将电供给铁路。高铁电能的来源见图8-4。

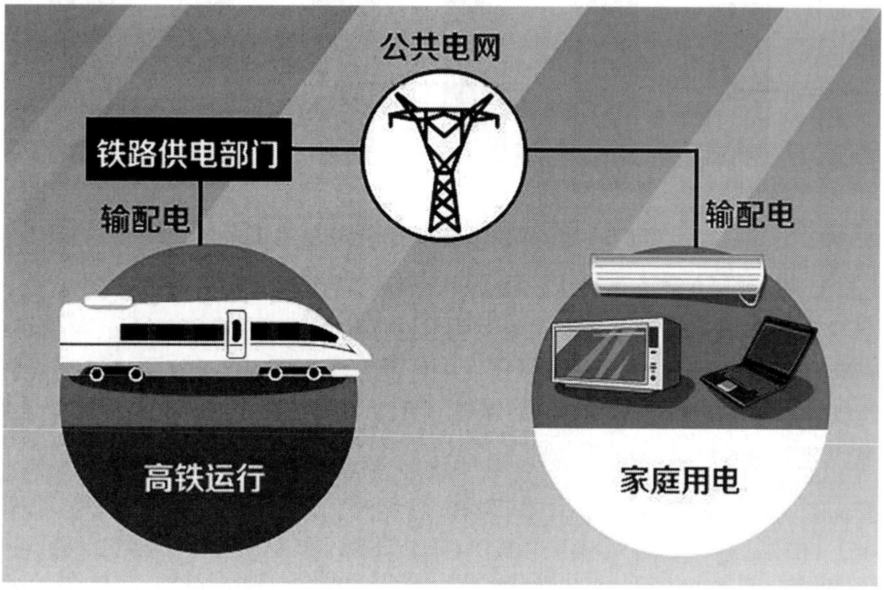

图8-4 高铁电能的来源

动车组牵引供电系统一般包括牵引变电所(站)、接触网、回流回路。

【课堂互动二】 我国地铁的发展。

随着城市化的日益加快,城市人口增加给交通带来的压力日渐明显。然而,城市化的发展绝不可以被交通压力所约束,因此地铁就成为缓解城市交通压力的新渠道。

所谓"19世纪修大桥,20世纪建高楼,21世纪修地铁",这句话充分地显示出地铁在21世纪发展中的前景与潜力。地铁与公交车、电车相比的优势显而易见:地铁单向运量每小时4万~6万人次,公交车、电车单向运量每小时1万人次。从运输方式来看,地铁运输更具多方面的优点:舒适、准时、快捷、占地少、环保、节能、安全,而且不占用地面、街道等。毫无疑问,地铁交通是绿色工程,而且符合中国的可持续发展战略。中国需要开发以地铁为特色的交通资源,它的发展不仅是城市发展的需要,也是未来地下资源开发的必然,更是经济发展的综合体现。

地铁给中国经济注入活力,并且对中国经济发展的促进作用越来越明显。以西安市的地铁建设为例。西安的地铁线网新增就业岗位近两万个,并且地铁施工的材料设备大部分由西安本地提供,大大提高了地铁建设对当地经济的贡献率。有关负责人说,地铁建设将支撑西安的整体规划，拉大城市骨架，增强中心城市的区域辐射功能，对提高公共交通服务水平、改善投资环境、拉动地方经济的作用不可小视。

2010—2015 年全国地铁运营线路数见图 8-5。

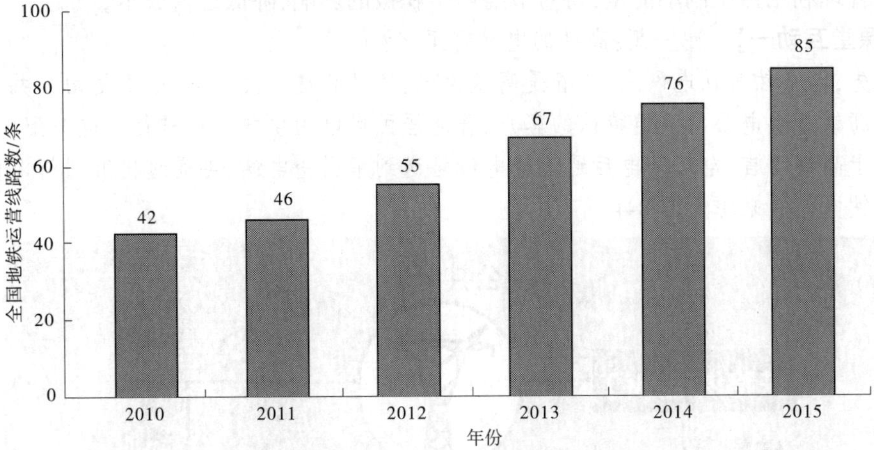

图 8-5　2010—2015 年全国地铁运营线路数

“十三五”期间复合增长率达 12.84%，“十三五”期间城轨投资超过 2 万亿元，地铁投资进入爆发期。这期间城市轨道交通新建里程总共增加 3 000 ~4 000 km，年均 600~800 km/a，远超“十二五”期间 400 km/a 的水平。更多的城市加入到了地铁建设队伍中来，至 2021 年，我国有 48 个城市拥有地铁，潜在规划里程空间巨大。2014—2017 年地铁开工里程统计情况见图 8-6。

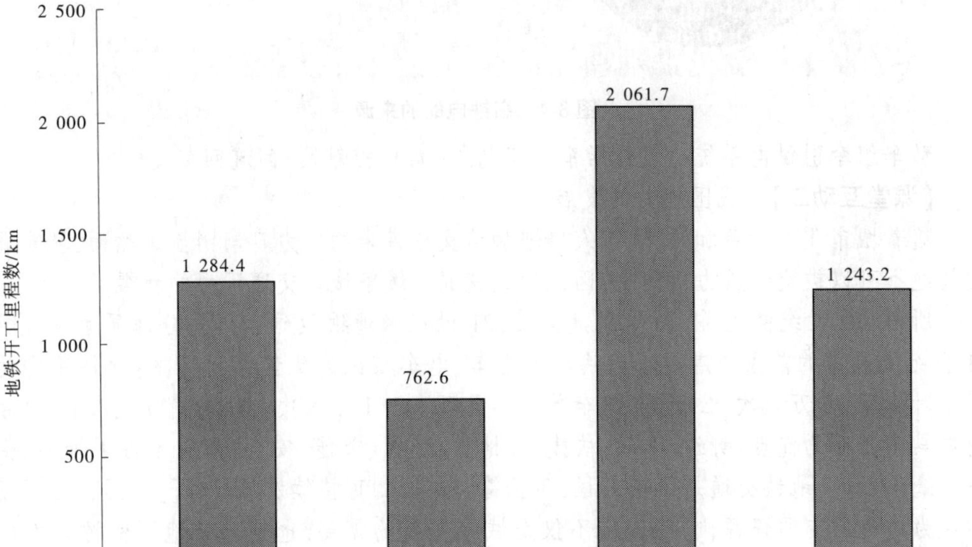

图 8-6　2014—2017 年地铁开工里程统计情况

随着我国城市建设的快速发展,同市民日常生活、工作、出行密切相关的城市轨道交通,也迎来有史以来规模最大的投资和建设热潮。越来越多的城市争先恐后地进入“地铁时代”,一个新兴的地铁产业正在形成,地铁产业专业人才的需求剧增。总之,纵观世界地铁产业的发展形势,认清我国地铁产业的相关状况,地铁必将成为利国利民的建设项目。

【课堂互动三】 电力系统保障地铁运行。

(1)地铁供电系统的作用。

地铁供电系统是为地铁运营提供所需电能的重要系统。地铁列车是电力牵引的电动列车,其动力就是电能。此外,为地铁运营服务的辅助设施包括照明、通风、空调、排水、通信、信号、防灾报警、自动扶梯等,也都依赖并消耗电能。在地铁运营中,供电一旦中断,还会危及旅客生命安全和造成财产损失。因此,高度安全、可靠而又经济合理地供给电力是地铁正常运营的重要保证和前提。

(2)地铁供电方式。

地铁供电电源一般取自城市电网,通过城市电网一次电力系统和地铁供电系统实现输送或变换,然后以适当的电压等级供给地铁各类用电设备。在地铁供电系统中,根据具体情况,其供电方式可采用以下两种不同的供电方式:集中式供电方式或分散式供电方式。集中式供电方式(见图8-7),则设置地铁专用高压主变电站,发电厂或地方区域变电所对地铁主变电站供电,经主变电站降压后,分别以不同的电压等级以环网的形式对牵引变电所和降压变电所供电。如上海地铁和广州地铁均采用集中式供电方式。

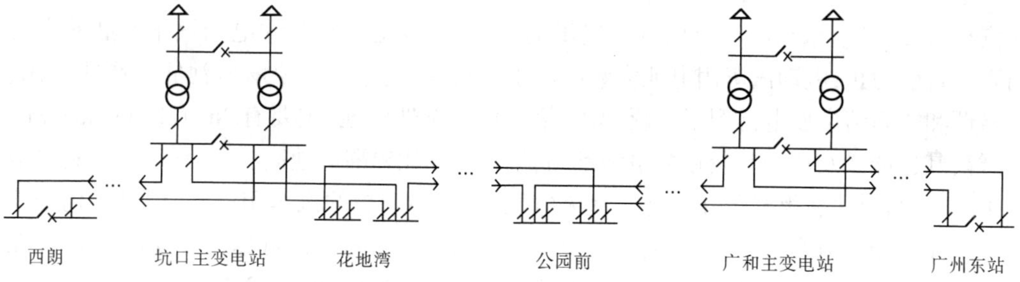

图8-7 集中式供电方式

分散式供电方式(见图8-8)则不设置地铁专用高压主变电站,由沿地铁线路附近的城市电网的区域变电所直接对地铁牵引变电所和降压变电所供电。

三、电气化公路系统

电气化高速公路系统最早由西门子公司提出,并于2012年在瑞典开展了全世界首个电气化高速公路系统建设项目。瑞典耶夫勒堡省议会项目负责人 Jan Nylander 指出,电气化高速公路系统结合了久经考验的铁路技术与公路运输的灵活性,利用斯堪尼亚的混合动力技术,将会实现降低能耗和节能减排的目标。2014年,西门子宣布将美国洛杉矶和长滩附近的一段约3.2 km的高速公路延长段架设电力混合驱动货运载重卡车电气化接触网系统,并开始进行多项相应试验。同年,西门子与卡车制造商斯堪尼亚宣布,西门

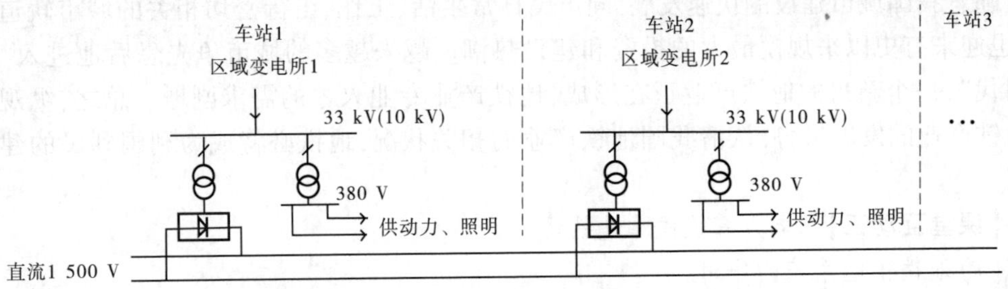

图 8-8　分散式供电方式

子将在瑞典斯德哥尔摩北部 2 km 长的 E16 公路架设电气化接触网系统，实现欧洲的第一个电气化公路系统。

电气化高速公路具有像普通高速公路一样的灵活性，并且通行能力大、运输成本低，同时有效降低了汽车对石油资源的消耗，提高了能源利用率，对资源环境起到了保护作用。在电气化高速公路上运行的电力汽车与高速公路上方接触网接触，使用电力驱动汽车行驶，节约了世界石油资源，缓解了各国的石油压力。总之，电气化高速公路是未来一种新型绿色交通方式，需要世界各国政府携手合作，共同发展建设电气化高速公路，为世界的资源环境以及能源做出贡献。

四、电动汽车

电动汽车在广义上可分为三类：纯电动汽车（BEV）、混合动力汽车（PHEV）、燃料电池汽车（FCEV）。电动汽车依靠电池提供动力，电池也是一直制约电动汽车发展的主要因素。目前为止，电动汽车用电池大致经历了三代发展：第一代铅酸电池凭借高能量比、价格低和能高倍率放电得到了广泛利用；第二代为碱性电池，主要有 Ni-Cd、Li-ion、Zn/Air 等，其比能量及比功率较铅酸电池都高，但价格却比铅酸电池高；第三代是以燃料电池为主的电池，直接将燃料的化学能转变为电能，是较为理想的汽车用电池，但目前仍处于研制阶段。受电池容量和寿命的影响，BEV 目前仅适用于短距离低速行驶，PHEV 因存在双动力源，因此既可以满足正常驾驶，又降低了排放，在目前的技术水平下，实用价值较高，FCEV 具有较大的潜力，有望在未来得到突破性进展。

为了扶持电动汽车发展，2009 年开展的“十城千辆”计划，主要在城市的公交、出租、公务市政等领域推动电动汽车的应用。中国新能源汽车发展迎来了战略机遇期，政府相继出台一系列电动汽车相关政策，并把新能源汽车列为战略性新兴产业之一，提出要重点发展混合动力汽车、纯电动汽车和燃料电池汽车技术，开展插电式混合动力汽车、纯电动汽车研发及大规模商业化示范工程。未来中国电动汽车将迎来新一轮的高速发展。

五、电力舰船

目前，世界上大多数军用及民用舰船主要采用机械推进系统，利用高速旋转的原动机（通常为柴油机、燃气轮机和蒸汽轮机）通过齿轮机构降速后驱动螺旋桨以较低速度旋转，从而推动舰船在水中移动。由于现代舰船上离不开电控系统，舰船上必须要有电源。

因此,使用机械式推进系统的舰船一般至少配置两套原动机:一套用于推进,另一套用于发电。推进用原动机的功率占全船总功率的3/4以上,它只能提供给舰船推进动力,不能提供其他需要能量。

在电力舰船上,采用发电机先将高速原动机的旋转机械能转换为电能,再通过电力传输线将电能输送给推进电机,推进电机与螺旋桨直接连接,通过电机的旋转将电能转换为螺旋桨旋转的机械能来推进舰船移动。在电力舰船上,发电机组产生的电能,除用于推进外,也可方便地用于其他电力需求,可以将原有气动、液动、液压驱动的辅助机械及舰载武器装备实现电气化,构造成全电力舰船。

六、电力飞机

电力飞机是由电机提供飞机的航行动力,驱动电机电源可由燃料电池、蓄电池、太阳能板、超级电容等供电。由于这类新能源电源的功率密度或能量密度还较小,不能提供超大功率或容量电源,目前全电飞机都是小型飞机。例如,空客公司2015年展出的E-Fan2.0,该飞机采用两座设计,机身采用全碳纤维复合材料,总重只有0.5 t,在长约9.4 m的机翼上配备有锂离子聚合物电池,为2台60 kW驱动电机提供电源。E-Fan2.0不排放二氧化碳,飞行时也几乎无噪声,最大速度可达218 km/h,可滞空1 h。

多电飞机仍采用内燃机驱动,驱动功率可以比较大,而飞机的常规四种次级功率系统(液压、气动、电气、机械)统一用电气系统来实现。例如,波音公司的787飞机和空客公司的A380飞机都采用了多电技术。此外,核能作为清洁能源之一,核电飞机将重新引起关注。

七、真空管道交通

真空管道运输是一种无空气阻力、无摩擦的运输形式。技术原理是在地面或地下建一个密闭的管道,用真空泵抽成真空或部分真空。在这样的环境中开行车辆(不一定是磁浮列车),行车阻力就会大大减小,可有效降低能耗,同时气动噪声也可大大降低,符合环保要求。

1922年,德国工程师赫尔曼·肯培尔在提出磁悬浮列车概念时,同时提出真空管道设想。“真空管道运输”这个商标名称则是机械工程师达里尔·奥斯特于20世纪90年代提出并于1997年获得专利。

2013年,艾伦·慕斯克提出了一个名为“超回路”的超级列车计划,采用“真空管道”和“胶囊列车”,2016年建设了试验段。该运输系统由真空管道、载人舱体、悬浮部件、推进系统等部分组成,通过磁悬浮技术,将重达183 kg、长达4.87 m、高约1.5 m、能容纳4~6名乘客的胶囊状舱体“漂浮”于真空管道中,再利用推进系统将“胶囊”高速推向目的地。我国西南交通大学也建设了类似的小型试验装置。根据设想,真空管道交通系统的速度可以达到2 000 km/h。

真空管道交通所需的电能可以沿线采用太阳能发电装置,并可配置电池储能设施,以满足运行需要。这种真空管道交通今后有望取代飞机成为人类长距离运输的主要交通工具。

【课后实践】

1. 讲述交通电气化:通过本任务的学习,讲述电力在交通行业的技术运用。

2. 我身边的交通:关注电气化给交通生活带来的便利,以“身边的交通”为主题(题目自拟),查阅资料,进行汇报。须包含以下关键点:

(1)电气化交通生活展示,采用图片匹配文字形式展现。

(2)针对此场景分析用到哪些技术。

(3)开动脑筋发挥想象,说出你能想到的未来交通可以拓展的功能。

项目九　经管类专业为水电行业赋能

项目概述

随着现代科学技术的发展，现代水电企业的运营管理主要涉及水电企业的运营管理模式、企业组织机构优化设计、数字化智慧水电站建设等。水电行业企业为了加强经营管理，以较少的消耗取得更大的经济效果，必须借助于会计，尤其对于高投入的施工项目，通过对施工过程中所发生的耗费以及取得的成果进行记录、计算、分析、对比等，为经济管理提供财务信息，从而达到降低工程成本、提高企业经济效益的目的。水利与电力工程整个建设及运营管理周期中，主要涉及的数字媒体技术有水电工程效果图制作、三维动画演示、水利与电力 VR 应用开发、水电工程 VR 全景展示等。在当前电子商务时代背景下，各企业营销试图打造全渠道、全平台化电商平台模式，在建立独立运行电子商务部门的同时，也希望制订一套完整的电子商务宏观+微观发展战略，全方位提高企业电商服务水平以及整体运营能力。

本项目突破以知识传授为主要特征的传统教学模式，采取以“水电业数字管理与服务专业群”建设为主线，分别从“运营管理效率”“资金效益”“交易效益”“内部效益”四个方面全面阐述专业群的组群逻辑，并结合典型案例对专业群里的相关专业如何为水电行业企业赋能进行解读。

知识结构

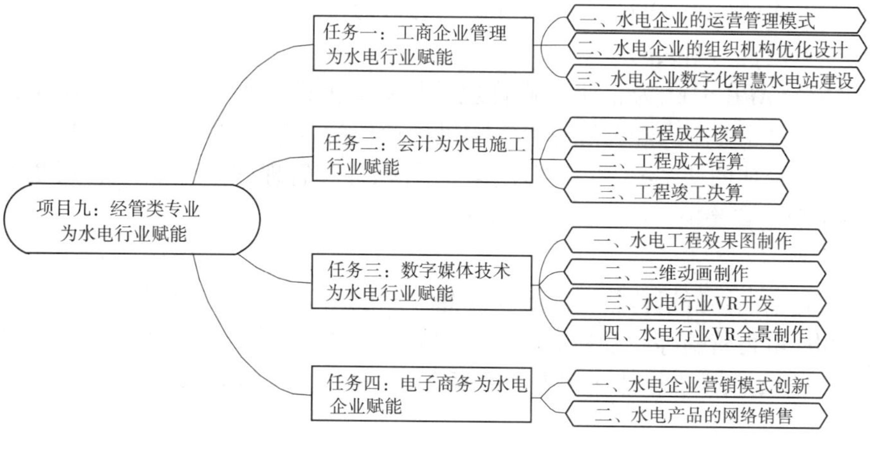

任务一　工商企业管理为水电企业赋能

学习目标

能力目标

初步具备水电企业数字化智慧水电站建设的思维。

知识目标

1. 掌握企业运营管理、水电企业的运营管理方式；
2. 组织的内涵、水电企业的组织结构及设计；
3. 数字化管理、集控管理、水电企业数字化建设内容。

素质目标

弘扬精益求精的工匠精神，激发学生求异思维，培养学生创新能力。

一、水电企业的运营管理模式

(一)企业运营管理内涵

运营管理是指对流程进行系统化的设计、指挥和控制，使这些流程把输入要素有效地转化为提供给内部顾客和外部顾客的服务或产品。从广义上讲，运营管理是一个企业所有部门工作的基础，所有人的工作中至少都有一小部分是运营管理。从狭义上讲，运营部门指一个(或多个)与订单履行流程相关的特定部门。运营管理人员负责监督为外部顾客创造并交付服务或产品所需的流程。从价值链的讨论可以清楚地看出，运营管理人员与企业的其他领域是密切相关的。

运营管理协会(APICS)认为企业运营管理是指对企业的生产或服务进行有效的规划、利用和控制，它是企业生产经营过程中影响机构运作的各项职能的统称，包括应用设计工程、工业工程、管理信息系统、质量管理、生产管理、库存管理、财务管理等各项职能。

(二)水电企业运营管理

1. 系统性管理

系统性管理是水电站群运营管理的重要思想。水电站电力生产是包括预测水情、电量计划、实时发电、电力营销等一系列生产营销过程于一体的有机整体，各项工作不可或缺，因此系统性思想要求水电企业运用先进的系统化管理方法，各部门各司其职，对系统进行有效控制。

2. 可靠性管理

对于一般技术系统来说，可靠性是指一个元件或一个系统在规定的时间及条件范围内完成预定功能的能力。对于水电运营管理系统，可靠性是其重要的性能指标，能够客观地反映水电企业在调度、运行、检修等各个环节的管理水平。

3. 目标管理

目标管理是由美国管理学大师德鲁克于1954年首先创立的，是企业管理的重要思想。目标管理是组织最高领导层根据组织面临的外部环境和任务，制订出一定时期内组织经营管理要达到的总目标，然后由下属机构层层落实，各级管理人员及基层员工根据总目标制订出自己的工作目标和实现方案，通过这样的方式形成一个目标体系。

4. 设备全过程管理

设备全过程管理是指以设备寿命周期为出发点，通过计划、组织、协调、控制等管理职能，使与设备有关的资源(如技术、人力、资金、信息等)得到最有效发挥。水电站各种功能的实现很大程度上依靠设备，水电站设备管理是否有效是检验水电企业运营管理的重要指标。

(三)水电企业的运营管理模式

1. 集中经营

集中经营就是公司经营决策权集中在总部，主要资源由总部统一调控，重大经营管理活动由总部统一组织实施，以有效防控经营风险，提升公司整体运营效率和效益。水电企业实行集控管理后，水电站的水库调度、电力生产调度及生产协调工作全部集中到集控中心负责。

2. 分级管理

分级管理是指总部、集控中心和基层水电站明确定位，合理分工。总部主要负责决策、监管、营销等工作；集控中心负责电力生产相关工作的调控与管理；而基层水电站则在总部与集控中心的制度和授权范围内开展工作，主要负责工作执行、安全生产、成本控制与队伍建设，提高管理效能和培养干部，同时在企业与其他机构如电网调度、防洪和气象部门及通信运营商等的联系上采取分级管理的形式。

集中经营、分级管理是一种相对集权的管理模式，主要做法是“七统一、七集中”，“七统一”即在公司范围内，统一战略规划、制度标准、人力资源、财务预算、监督控制、信息平台、企业文化；“七集中”即在公司范围内集中营销、资金、税费、招标、采购、移民、例外事项的管理。

(四)水电企业选取企业运营管理模式的原则

企业运营管理模式必须遵循特定的设计原则建立，只有这样才能确保模式建立的全面性、科学性、可操作性等，而对于水电企业而言，运营管理模式设计的原则要紧贴水电行业实际，依据电力行业自身的规律，在对水电企业职能、目标、发展等全面分析的前提下进行确定。概括而言，水电企业在确定自身的运营管理模式时，主要选取以下原则。

1. 组织优化原则

进入21世纪，我国电力体制共历经两次改革，两次改革各有侧重性，第一次改革侧重“厂网分离、主辅分离”，打破电力垄断格局；第二次改革侧重电力市场改革，引入新的市场主体，促进电力市场活力的释放。在这种电力体制改革的推动中，企业的管理模式势必随着这种政策导向、环境的变化发生改变，在这种趋势下，水电企业的组织优化既要考虑内部因素，又要时刻关注外部政策的变化，例如进行数字化转型和管理的升级，只有这样才能促进组织优化达到良好的效果。

2. 系统性原则

系统性原则主要是指对水电企业整个生产过程进行系统性考虑，要始终坚持以建设系统的管理体系为基本点，做到各环节设计的互相匹配、互相促进、互相协调，确保运营管理模式在设计时能够整体协调统一，同时又能做到重点突出，实现运营模式设计结果的良好持续性。

3. 科学性原则

科学性原则主要是指水电企业的各项决策活动一定要以科学发展的眼光为基础，运用科学的方法处理、分析各项生产工作，重点把握各项数据指标等参量因素的精准性，确保设计的科学性。

4. 可操作原则

企业管理模式的设计最终都要具有可操作性，可以通过具体实施实现优化设计的初衷，设计要能落到具体生产管理过程中，谨防变成空中楼阁，要在达到设计目标需求的基础上，从企业实际出发，信息来源要准确，各项思路要清晰，措施要具体，表达要通俗易懂。只有真正能用于企业管理模式的实施，才能实现应有的设计效果。

【案例 9-1】 华能澜沧江水电公司的运营管理模式。

华能澜沧江水电公司成立于 2001 年 2 月，由华能集团、云南省开发投资有限公司、云南红塔投资有限责任公司入股筹建。在 2002 年电力体制改革实行厂网分开的政策下，华能澜沧江水电公司成为由中国华能集团控股和管理的大型流域水电企业。成立 10 余年的时间里，华能澜沧江水电公司积极推进流域水电站建设，取得了良好的成绩，在 2014 年完成发电量 770.52 亿 kW·h，同比增长 9.85%，实现新增装机容量 175.95 万 kW，运营装机容量达 2 066.58 万 kW。

华能澜沧江水电公司在投资公司基础建设之余，更是不断优化其管理模式，推动公司运营管理模式跟上公司快速发展的脚步。经过不断的实践探索，华能澜沧江水电公司形成了“大公司、小电站、统一运营”的管理理念，“一级法人（流域公司）、两级管理（梯级电站）”的管理体制和“无人值班（少人值守）、远程集控、运维合一、集中检修”的运营管理模式，大大增强了公司的综合效益。

根据“大公司、小电站、统一运营”的管理理念，华能澜沧江水电公司在公司本部已形成包括生产管理部门、职能管理部门等涵盖电力生产的全方位组织机构，保证了电力生产全过程职责到岗，同时根据公司总体部署对公司下属电站的组织结构进行合理调整，做到组织设置精简高效，大大提高了员工利用效率；根据“一级法人（流域公司）、两级管理（梯级电站）”的管理体制，华能澜沧江水电公司形成了明确的分层管理体制，华能澜沧江水电公司将公司总部作为投资和利润中心，将下属的二级单位作为成本控制中心，对公司的各项资源进行统一管理，并逐步完善公司项目管理，大大削减了成本；根据“无人值班（少人值守）、远程集控、运维合一、集中检修”的运营管理模式，加大对集控中心的投资和建设，完善集控中心的设备管理，利用各种先进设备对流域水电站群的情况进行监控，实现对集控中心所管辖的梯级电站的安全调度、经济调度，同时完善水库调度和发电调度的信息管理，实现运行信息的统一管理。

二、水电企业的组织机构优化设计

(一)组织的内涵

对于组织的定义,通常分为广义和狭义两个方面。广义上,组织可以是指各种要素按照一定的方式互相联系的系统;狭义上,组织是指为实现一定的目标,相互协作结合而成的集体。

1. 管理学意义上的组织含义

我们可以从以下几点来加深对管理学意义上的组织含义的理解:

(1)组织是一个人的系统。该系统是由人建立的、以人为主体的具有特定功能的有机整体。

(2)组织内部有分工与协作。分工是为了提高组织的群体工作绩效,组织的本质在于协作,个体的人有机地聚集在一起,围绕目标协同开展具体活动,从而形成组织。组织功能的产生是人类协作劳动的结果。

(3)组织都有特定的目标。目标是任何组织存在的前提,组织目标是组织前进的方向和动力,反映了组织的性质及其存在的价值。

(4)组织有权责制度的设计。权责关系的统一,使组织内部形成反映其有机联系的不同的管理层次。这种联系是在分工协作的基础上形成的,是实现合理分工协作的保障。组织的规模对组织权责制度的设计与权责关系的处理影响很大。

2. 职能层面上的组织含义

在职能层面上,组织的含义是在组织目标确定的情况下,将实现组织目标所必须进行的各项活动加以分类组合,划分出不同的管理层次和部门,将监督各类活动所必需的职权授予各层次、各部门的主管人员,以及规定这些层次和部门之间相互配合关系的过程。

组织管理活动就是根据已经确定的组织目标,对必须进行的各项业务活动加以分类和组织,据此设计出不同的管理机构和部门,划分不同的管理层次,明确规定各个部门、机构、层次、人员的管理职责以及他们之间的相互协作关系,并加以合理授权的过程。

(二)水电企业的组织结构及设计

组织结构是企业的流程运转、部门设置及职能规划等最基本的结构依据,常见的组织结构形式包括中央集权制、分权制、直线式以及矩阵式等。

要完成对企业组织结构的设计,必须从三个层次进行考量:一是确定企业组织结构,包括部门、单位和岗位,三者虽是三个不同的部分,但是服务于同一个组织目标,服务于整体利益,具体到水电企业就是必须为发电生产的正常运转服务;二是要界定各个单位、部门和岗位的职责、权利,确定企业各个组成部分的职责,进行有效分工保证各个部分能够正常发挥作用,在水电企业中部门一般包括综合、人资、纪检、安监、运行、检修、水工等部门,而在部门内部又有岗位的细分;三是要界定单位、部门和岗位角色相互之间的关系,保证各个部分能够相互协调、配合、补充,共同完成企业使命。

(三)水电企业的组织结构设计流程

企业组织结构设计是综合考虑系统各种因素的结果,是对企业自身实际以及行业特性充分了解之后的产物。水电企业要针对行业属性以及实际进行综合考量,水电企业中既有老企业也有新企业,更有在建企业,因此要有针对性地采取适合企业实际的组织设计。而现代企业的组织设计的重要特征是全过程设计,以职能为基础设计组织架构。水电企业组织机构设计流程包括业务梳理、功能定位、管控模式、职责细化,如图 9-1 所示。

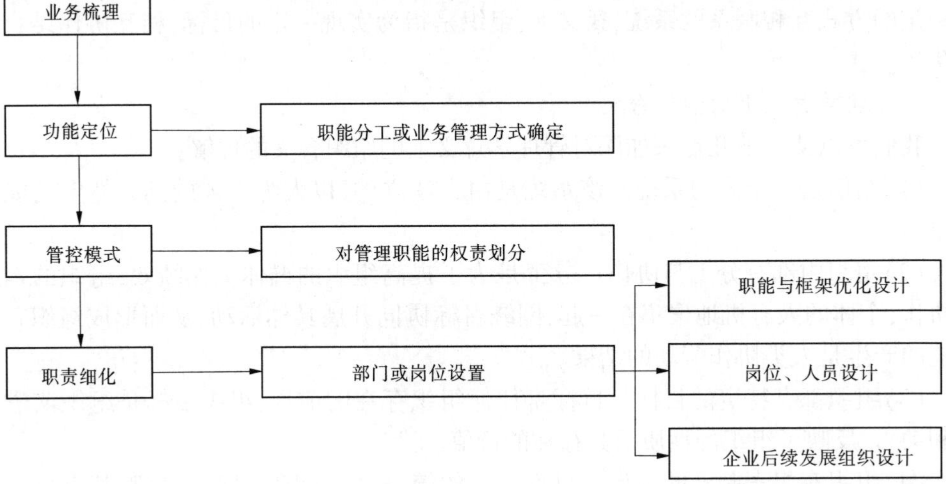

图 9-1　水电站组织机构设计流程

1. 业务梳理

业务梳理是组织机构优化设计的出发点,一项业务由一个主体负责才能提高运营管理效率。业务梳理是为了了解企业的现有业务流程、业务的处理方式和方法,为分析企业业务并进一步做出优化和调整做准备,业务梳理也是为了了解企业对业务流程和管理手段有什么需求,通过了解企业现有业务,分析出哪些不合理,哪些需要优化调整,需要做出怎样的优化调整。

2. 功能定位

每一个企业、每一个部门、每一个岗位都应有其自身的功能定位,找准定位,再从宏观层面对组织机构把控的关键,要跳出"小圈子",站在更高的层次看待组织。例如,水电企业中的集控中心,在实施集控管理后,企业相关的部门、职能、岗位等都会发生变化,各自的定位发生位移,公司总部、集控中心、各受控电站的功能定位也随之发生改变。可以看出,集控中心是电力生产经营主体,是企业利润实现中心,电力生产运营是其核心功能。电站是企业生产设备管理的责任主体,是生产安全保障的具体实施者。

3. 管控模式

水电企业管控模式体现了企业总部、集控中心与电站之间管理与被管理、控制与被控制的关系,其核心是对各方在涉及企业重大生产管理事项上的权力划分。

4. 职责细化

部门职责是部门核心职能的细化与表征,更是完成组织使命的基本功能单元。在完成前三项工作的基础上,基于部门职责梳理和分析需要对部门职责进行进一步细化。现代水电企业采用的是集权式的组织结构,企业的高层管理人员拥有最重要决策权力管理下属机构。

【案例9-2】 湖南澧水流域水利水电开发有限责任公司的集控中心组织结构设置。

湖南澧水流域水利水电开发有限责任公司实施水电站集控管理,结合了相关职能部门和集控中心以及电站的定位和主要职责划分情况,制订了集控中心的组织机构的方案。公司根据集控中心职能定位,设置的组织机构,如图9-2所示,主要有中心内部的综合管理人员、水库调度与发电计划管理人员、发电实时控制值班人员、系统维护管理人员。确定中心组织职能后,再按照生产流程来确定部门。由管理人员对生产、安全、管理工作进行统筹分派,各类安全生产管理目标由综合管理部门协助中心管理人员细分、拆解,并下发至其他部门;水库、防洪调度及发电计划由调度计划部负责,电力生产协调由发电运行部协助,外部协调由综合管理部协助,水调部分所有实际操作由调度计划部负责,实时水位控制由发电运行部协助;发电生产与设备运行监控由发电运行部负责,集控设备维护、检修与电站集控技术支持由系统管理部负责。

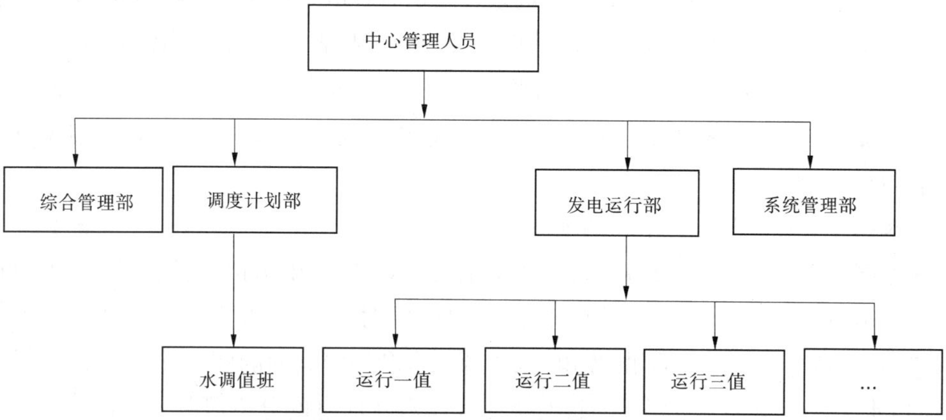

图9-2 集控中心组织结构

三、水电企业数字化智慧水电站建设

(一)数字化管理的内涵

数字化管理是指利用计算机、通信、网络等技术,通过统计技术量化管理对象与管理行为,实现研发、计划、组织、生产、协调、销售、服务、创新等职能的管理活动和方法。

企业数字化管理的过程实质是从"工业化管理模式"向"数字化管理模式"的变革,通过将数字技术引入现有企业管理架构,推动信息结构、管理方式、运营机制、生产过程等相较于工业化体系发生系统性重塑,客观上要求企业打破传统工业化管理情形下的路径依赖,改变原有的企业管理思维逻辑,驱使企业生产管理趋向智能化、企业营销管理趋向精准化、企业资源管理趋向高效化,从而带来企业管理模式乃至管理制度的颠覆式创新。

(二)水电企业以集控管理为基础的数字化建设

1. 水电企业集控管理的内涵

水电企业集控管理作为水电企业新的管理模式,主要是通过对若干座电站进行集中控制,实现各电站设备的统一监视控制,实时发电、水库调度以及相关水电生产职能等的集中调度，作为集中管理的平台，以实现对人力、设备、资本等资源的整合优化，流域综合效益的提升，最终达到水电企业各项成本降低、企业提质增效的目的。

2. 水电企业集控管理的电力调度

水电企业集控管理的电力调度，主要通过先进的计算机监控集控系统的应用，对各电站的数据进行采集、传输、控制、处理等操作，实现对发电设备的集中监视与控制、数据挖掘与分析、健康诊断与性能评估等，实时调节机组发电出力，确保发电耗水率最低化，实现水资源的充分有效利用，实现发电收益的最大化。

(1)集控调度管理。主要是将集控中心受控厂站的现地设备信息实时采集、传输至集控中心，并最终由集控中心人员对各电站实施监控操作。

(2)设备实时管控。主要是通过搭建分层的计算机监控系统，各电站计算机系统负责现地数据采集和传输，集控中心计算机系统实现对各电站数据的分析，对各电站设备设施的状态监控、管理等操作，实现各电站设备设施处于状态良好以及可控、在控。

(3)"关门运行"管理。通过计算机监控系统，实现电力调度全部转移到集控中心，由集控中心实施各项操作控制，进而大幅减少各电站现地运行人员人数，有效实现电站的"关门运行"管理。

3. 水电企业集控管理的水库调度

水库调度方面，主要通过各类自动化系统的建立，以水雨情预测、气象预报为基础，以各站点水雨情信息采集、收集与传输设备为载体，实时采集、收集、传输、分析各电站水雨情信息，开展各电站水库在防洪、发电、水资源综合利用等方面的联合优化调度。

(1)水文气象预报。主要是通过对历史气象水文信息的分析研判，结合地方、中央气象信息预报数据，对当前水文气象进行预报。

(2)水雨情采集。主要通过在水库和站点设置各项采集点，采集如径流量、水位值、降雨量的信息值，通过传输通道上传至水雨情综合自动采集系统，与上级防汛部门实现数据共享和对接。

(3)发电量计划。根据水雨情预测与分析，制订发电量计划，上报调度部门，并根据水雨情变化进行计划调整，同时与各电站监控系统实时对接，接收各项发电实时数据，并实时依据水情信息进行调整优化。

(4)防洪调度。按照防汛指挥部门的指令，开展防洪工作；根据水雨情信息，实施水库水位动态调整与控制。

(三)数字化智慧水电站建设的内容

随着数字化技术的发展，传统的水电行业打破原有运营模式，拥抱数字化是必然趋势。未来在水电行业由原来大量人力投入运营到少人值守甚至无人值守阶段，由粗放型经营到数字化经营阶段，由单一水电独立管理到集控管理转变阶段。

数字化智慧水电站建设的主要内容如下：

(1)设备注册。对水电厂内各个功能位置和设备进行编码化，唯一标识设备的身份，给每台设备建立电子档案，记录设备全生命周期内采购来源、安装、投运、故障、维修、保养、技改、大修、报废等过程。

(2)传感器数据采集。安装定制化采集器，采集厂内多个传感器信息，实现信息采集与远程监控。

(3)智能巡检。设置巡检间隔，系统自动推送巡检任务到值班员手机终端；采用二维码、蓝牙技术标记巡检点，实现扫码巡检，避免巡检不到位，提升巡检可靠性；在各个重要的巡检点安装高清摄像头，通过图像识别技术替代人工巡检，节省巡检人力。

(4)专家在线诊断。巡检员通过手机发送视频、音频、图片及文本信息给在线专家，工程师远程进行故障识别及诊断，根据诊断结果由知识库自动匹配准确的解决方案。

(5)维修派单。通过手机终端进行工作票、操作票派单，工作相关负责人接收到信息进行相关工作开展。

(6)移动安全确定。现场围栏设置、危险警示标签、禁止操作、系带安全绳、佩戴安全帽及外围人员安全许可等安全措施全部进行拍照，保障设置到位，提高施工安全。

(7)移动维修执行。维修过程中许可人许可、工作负责人许可、维修执行记录、阶段性验收、指派验收人、专业人员验收、运行人验收、工作负责人结束工作、许可人结束工作全过程移动维修过程确定，提升工作效率，提高工作质量。

(8)水文信息采集与预测。通过在电厂上游区域植入水位及降雨量传感器及无线数据采集器，以及大数据算法分析，可以预测未来 48 h 水电厂入库流量；在安全可靠的前提下，汛期提前进行腾库，枯水期优化机组开机台数和机组出力，提高电厂防洪能力及发电效益。

(9)智能发电。通过对上游水文大数据采集，经过计算，最终可根据上游来水量和水头，确定最佳的开机台数和机组出力，达到精细化智能发电，提高了企业发电效益。

(10)机器学习、大数据与可靠性分析。通过对设备各种参数电压、电流、温度、转速等实时收集，并结合故障案例库自动给出可能发生的原因，进行机器不断深度学习，可以预测设备健康指数，将检修方式由原来的定检和事后维修的方式变成状态检修的方式。

(11)实时展现分析报表。如实时电量分析报表、实时水文信息报表、实时机组运行状况报表、运营概貌报表、故障分析报表等。

【案例 9-3】 山西省汾河水电站的机组数字化运行。

山西省汾河水电站 2017 年初完成增效扩容改造，在技改方案设计过程中非常重视数字化自动化技术的应用，通过数字化管理和自动化控制，让该水电站现代化程度和发电效率大大提高，增效幅度超过 25%。

汾河水电站将运行情况转化成数字信号，通过高速以太网传输到控制机组 LCU 和公用 LCU 上，再通过 LCU 上编定好的程序自动控制机组和各辅助设备、继电保护装置的动作。该水电站将机组自动化运行体系划分为 3 层：站控层、单元层和过程层。同时，按照不同功能或区域要求对分布式子系统或 IED 进行配置，各子系统或 IED 之间具备实现深层次数据共享和互操作的能力。机组数字化运行系统如图 9-3 所示，图中箭头表示信息传导方向，实线方框表示数字化模块，虚线方框表示厂外单元。该系统设有 2 个操作员工作站，互为备用，互为冗余，1 个工程师站，3 台计算机配置如下：CPU 为 Intel Xeon E5530，主频 2.40 MHz，内存 6 GB，硬盘 SATA500 GB，2 个 100 M 以太网接口，标准键盘和鼠标。

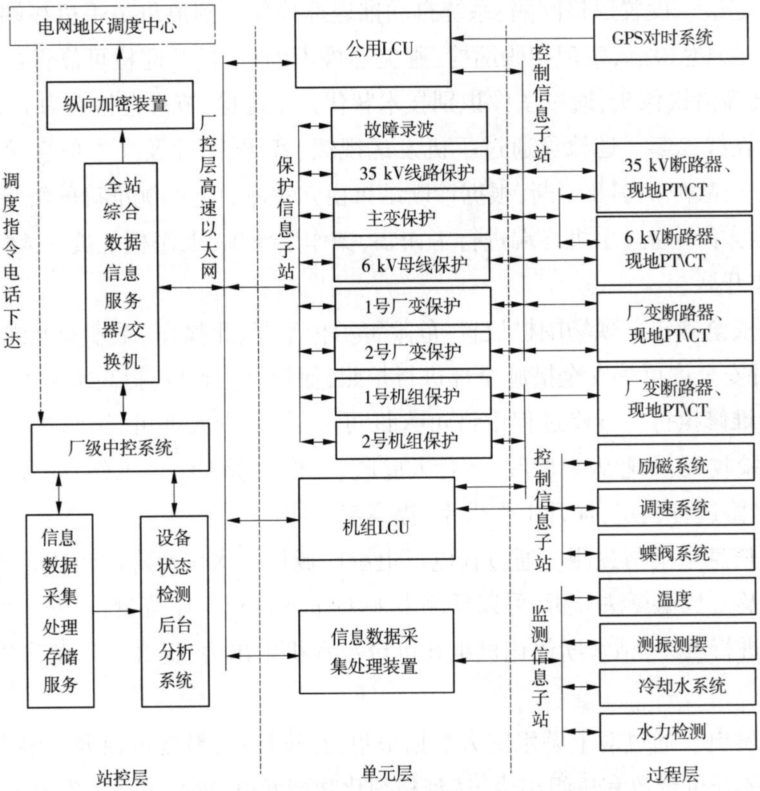

图 9-3 机组数字化运行系统

2 个操作员工作站计算机均安装有厂级中控系统，可以实现现地数据采集和机组的操作控制的功能。工程师站计算机可以实现厂级中控系统的维护和培训任务。

机组控制系统可以实现水轮发电机组自动控制，主要包括蝶阀自动开闭、导叶开度自动调节、自动并网和解列、跟踪电网情况和水头水压动态调整有功和无功。自动并网，能够最大幅度地降低并网对机组和电网的冲击，提高运行的安全性和电能的质量。自动解列可根据后台命令和事故信号自动降低机组负荷，以最安全和最迅速的方式解列停机，实现操作人员的意图，并最大限度保护机组。动态调整有功、无功，主要是实时跟踪电网的电压、频率和电站的水头水压等实际情况，通过导叶和励磁系统的动态调整来实现，能够保证机组时刻处于经济高效区运行，降低能耗和水耗，提高机组运行的经济性。水电站技改后，平均水耗由 10.3 $m^3/(kW \cdot h)$ 降低到 7.7 $m^3/(kW \cdot h)$，增效明显。

【课后实践】

1. 讲述数字化技术：在数字化时代，人与人的交流是以 Internet 媒体为介质的。人的学习、生活、工作大量地利用互联网，家电会被组织成家庭网络由电脑来管理，人们可以在任何地点与任何时间用任何设备获得它所需的信息。通过本任务的学习和课外搜索，讲述数字化的特点，了解数字化技术在各行业的应用。

2. 目标管理可以帮助人们达到目的，可以帮助我们把过程转化为结果，让我们集中精力做最有价值的事情。在校训的内涵引领下，运用水电企业运营管理的基本思想的目标管理，思考自己如何度过大学三年的学习生活，并且写下个人目标管理规划书。

任务二　会计为水电施工行业赋能

学习目标

能力目标

掌握基本的工程成本核算、工程成本结算、工程竣工决算。

知识目标

1. 初步掌握工程成本的具体项目、月度工程成本结算的计算；
2. 掌握竣工结算和竣工决算的区别。

素质目标

弘扬精益求精的工匠精神。

一、工程成本核算

水利水电工程具有特殊性，存在施工周期长、施工人员多、施工环境恶劣、工艺要求高等特点，这些都会增加成本控制的难度，所以对工程成本进行管理是工程项目管理的核心。

（一）工程成本的定义

水利水电工程成本是指施工企业从事某一项工程的施工所发生的全部施工费用，包括直接人工费、直接材料费、机械使用费、其他直接费用和间接费用的总和。

（二）工程成本的分类

（1）工程预算成本。施工企业根据施工图纸设计确定的建筑安装工程实物量和国家或地区制定的预算定额、预算单价以及有关的收费标准计算确定的工程成本。

（2）工程计划成本。施工企业以工程预算为基础，根据确定的一定时期降低成本的目标，结合工程实际情况，在充分考虑可以达到实际能力前提下，计算得出的工程成本。

（3）工程实际成本。施工企业为了完成特定的建筑安装工程任务，按照确定的工程成本核算对象和成本项目归集的实际成本。

(三)工程成本具体项目

工程成本具体项目见表 9-1。

表 9-1　工程成本具体项目

<table>
<tr><th>具体项目</th><th>定义</th><th>处理方式</th></tr>
<tr><td>材料费</td><td>在施工过程中所耗用的、构成工程实体或有助于工程形成的各种主要材料、外购结构件的费用,以及周转材料的摊销及租赁费用</td><td rowspan="4">在发生时应当直接计入成本</td></tr>
<tr><td>人工费</td><td>在施工过程中工人的各项开支费用,包括工资性补贴、职工福利费、劳动保护费等</td></tr>
<tr><td>机械使用费</td><td>施工过程中施工机械所发生的费用(包括机上操作人员的工资,燃料、动力费,机械折旧、修理费,替换工具及部件费,润滑及擦拭材料费,安装、拆卸及辅助设施费,养路费,牌照税等)和按照规定支付的施工机械进出场费等</td></tr>
<tr><td>其他直接费</td><td>直接费以外的施工过程中发生的其他费用,具有较大弹性。具体包括设计有关的技术援助费用、施工现场材料的二次搬运费、生产工具和用具使用费、检验试验费、工程定位复测费、工程点交费、场地清理费用等</td></tr>
<tr><td>间接费</td><td>企业下属的施工单位或生产单位为组织和管理施工生产活动所发生的费用,通常是指分公司或项目经理部为施工准备、组织施工生产和管理所需的费用,包括临时设施摊销费,施工、生产单位管理人员工资、奖金、职工福利费,劳动保护费,固定资产折旧费及修理费,物料消耗费,低值易耗品摊销费,取暖费,水电费,办公费,差旅费,财产保险费,工程保修费,排污费等</td><td>在期末按照合理的方法分摊计入成本</td></tr>
</table>

(四)工程成本核算的重要作用及意义

1. 工程成本核算的作用

施工企业的工程成本核算是会计核算的重要组成部分。工程成本核算是工程成本管理的基础,是进行成本预测、成本决策、成本计划、成本控制、成本分析、成本考核各项工作的信息源,同时也是企业进行成本控制的重要实施手段。

2. 工程成本核算的意义

(1)将各项生产费用按照它的用途和一定程序,直接计入或分配计入各项工程,正确算出各项工程的实际成本,将它与预算成本进行比较,可以检查预算成本的执行情况,为企业制定经营战略提供依据。

(2)可以及时了解施工过程中人力、物力、财力的耗费,检查各项费用的耗用情况和间接费用定额的执行情况,分析成本升降的原因,挖掘降低工程成本的潜力,发挥竞争优势,增强企业核心竞争力。

(3)可以计算施工企业各个施工单位的经济效益和各项承包工程合同的盈亏,分清各个单位的成本责任,在企业内部实行经济责任制,方便资源的优化配置。

(4)可以为各种不同类型的工程积累经济技术资料,为修订预算定额、施工定额提供依据,使企业成本的定量化管理有了科学的依据。

(五)工程成本核算的要求

1.正确划分各种费用的界限

(1)正确划分资本性支出与收益性支出的界限。

(2)正确划分生产费用及期间费用的界限。

(3)正确划分成本计算期的费用界限。

(4)正确划分各项工程的费用界限。

(5)正确划分已完工和未完工的费用界限。

2.加强基础工作的方法

(1)科学制定定额标准。是用数量来控制企业施工经营活动的手段,主要有劳动定额、材料消耗定额、机械设备利用定额、工具消耗定额、费用定额等。

(2)严格执行奖金的收支、物资的进出等各项手续。

(3)认真做好原始记录,保存好各种原始凭证。

(六)健全内部成本核算的原则

(1)企业必须按季计算工程成本。

(2)坚持实际成本的原则。根据计算期内已完成工程、已完作业和材料采购的数量以及实际消耗和实际价格,计算工程、作业和材料的实际成本。不得以估计成本、预算成本或计划成本代替实际成本。

(3)计算口径一致的原则。实际成本的会计核算范围,项目设置和计算口径,应与国家有关财务制度、施工图预算、施工预算或成本计划取得一致。

(4)账册齐全,核算依据合规。

(5)会计处理方法保持一致。

【案例9-4】 在云南某水利水电工程项目开展前期,通过对比结算审核内容,发现施工成本与项目预算之间存在非常大的差别,实际成本远高于预算。

项目管理人员及时发现了成本过高的问题,对问题进行了深入分析。通过分析发现,在项目前期,因为施工条件出现变化,出现了赶工现象。为了提高分包人员的积极性,施工企业没有使用以往通过测量计算进行结算的分包方法,而是采取了利润加计数的方式。为了避免新方式可能出现的重复、不准确问题,出台了相应的成本控制办法并增加了人员进行管控,保障了工期。但是在实际应用的过程中,由于施工人员的经验不足和对质量把控不到位,导致最后结算时的数量虚高,增加了施工成本。同时,成本管理制度没有与相关人员建立联系,导致制度并没有真正落实到位,现场管理人员对预算与成本管理工作缺少足够的重视。

经过一段时间的施工后，通过施工资料对比和成本金额分析，发现了其中存在的问题。

相关领导讨论后，项目负责人及时召开了全体员工会议，对分包方案进行了适当调整，强调了预算和成本管理工作的重要性，并将成本管理与每一位工作人员的切身利益联系在一起。

二、工程成本结算

(一)工程结算的定义

工程结算是指工程施工企业在工程实施过程中，依据施工合同有关付款条款的规定和已经完成的工程量，并按照规定程序向建设单位收取工程款的一项经济活动。

工程结算的主体是施工企业；工程结算的目的是施工企业向建设单位索取工程款。

由于工程施工周期较长，占用资金额较大，及时办理工程结算对于施工企业具有十分重要的意义。

(二)工程价款的结算类型

1. 工程预付款(预付备料款)结算

施工企业承包工程，一般实行包工包料，这就需要有一定数量的备料周转金。在工程承包合同条款中，规定在开工前发包方拨付给承包单位一定限额的工程预付备料款。

预付的工程款必须在合同中约定抵扣方式，并在工程进度款中进行抵扣。凡是没有签订合同或不具备施工条件的工程，发包人不得预付工程款，不得以预付款为名转移资金。

2. 工程进度款结算(中间结算)

施工企业在施工过程中，根据合同所约定的结算方式，按月或形象进度或控制界面，按已经完成的工程量计算各项费用，向业主办理工程款结算的过程，称为工程进度款结算，也称为中间结算。

以按月结算为例，业主在月中向施工企业预支半月工程款，月末施工企业根据实际完成工程量，向业主提供已完工程月报表和工程价款结算账单，经业主和工程师确认，收取当月工程价款，并通过银行结算，即施工企业提交已完工程量报告→工程师确认→业主审批认可→支付工程进度款。

在工程进度款支付过程中，应遵循工程量的确认原则、工程进度款的支付原则。

月度工程成本结算的相关说明见表9-2。

表 9-2　月度工程成本结算的相关说明

工程分类	定义	说明	能否收款
竣工工程	在企业范围内全部竣工,不再需要进行任何施工活动的工程	如果某项工程在月末时已完成了全部工程内容,就应作为“已完工程”计算;如果只完成了其中一部分工序,则应算作“未完施工”	可计算预算成本和预算价值,向客户收取工程款
已完成工程(已完成施工)	凡是已经完成预算定额所规定的全部工序和内容,在本企业不需要再进行任何加工的分部分项工程	分部分项工程虽不具有完整的使用价值,也不是竣工工程,但是由于在企业内已完成全部施工活动,已可确定工程数量和工程质量,故可视为已完成工程	
未完成施工(未完成工程)	对虽已投入了人工和材料进行施工,但尚未完成预算定额规定的全部工程内容的一部分工序	例如,砖墙抹石灰砂浆工程,按工程预算定额规定的工程内容为修整表面、清扫、抹灰、抹平、罩面、压光、养护等工序	不能收取工程款

月度工程成本结算计算公式如下:

(1)月度工程成本结算。

$$\text{月初未完工程成本}+\text{本月生产费用}=\text{已完成工程成本}+\text{月末未完成工程成本}$$

(2)已完成工程实际成本。

$$\text{已完成工程实际成本}=\text{月初未完成工程成本}+\text{本月生产费用}-\text{月末未完成工程成本}$$

(3)已完成工程预算成本。

$$\text{已完成工程预算成本}=\sum(\text{实际完成工程量}\times\text{预算单价})(1+\text{间接费定额})$$

$$\text{已完成安装工程预算成本}=\sum(\text{实际完成安装工程量}\times\text{预算单价})+(\text{已完成安装工程人工费}\times\text{间接费定额})$$

(4)未完成工程成本。

$$\text{未完成工程成本}=\text{未完成施工实物量}\times\text{完工程度}\times\text{预算单价}$$

3. 工程竣工结算

工程竣工结算是指施工企业按照合同规定的内容全部完成所承包的工程,经验收质量合格,并符合合同要求之后,向发包单位进行的最终工程价款结算,结算双方应按照合同价款及合同价款调整内容以及索赔事项,进行工程竣工结算。

$$\text{竣工结算工程价款}=\text{合同价款}+\text{施工过程中预算或合同价款调整数额}-\text{预付及已结算工程价款}-\text{保修金}$$

【案例 9-5】　永泰水利工程施工公司工程成本结算。

永泰水利工程施工公司承包一处水利工程,3 月初未完成的工程成本 300 000 元,4

月发生的生产费用为180 000元，4月末未完成的工程成本为410 000元，则4月已完成的工程实际成本是多少？

解：已完成工程实际成本＝月初未完成工程成本+本月生产费用－月末未完成工程成本＝300 000+180 000－410 000＝70 000(元)。

三、工程竣工决算

(一)工程竣工决算的定义

工程竣工决算是指所有建设项目竣工后，按照国家有关规定，由建设单位报告项目建设成果和财务状况的总结性文件，是考核其投资效果的依据，也是办理交付、动用、验收的依据。

工程竣工决算是以实物数量和货币指标为计量单位，综合反映竣工项目从筹建开始到项目竣工交付使用为止的全部建设费用、建设成果和财务情况的总结性文件，是竣工验收报告的重要组成部分。工程竣工决算是正确核定新固定资产价值，考核分析投资效果，建立健全经济责任制的依据，是反映建设项目实际造价和投资效果的文件。

工程竣工决算反映了竣工项目计划、实际的建设规模、建设工期以及设计和实际生产能力，反映了概算总投资和实际的建设成本，同时还反映了所达到的主要技术经济指标。通过对这些指标计划值、概算值与实际值进行对比分析，不仅可以全面掌握建设项目计划和概算执行情况，而且可以考核建设项目投资效果，为今后制订建设计划、降低建设成本、提高投资效益提供必要的资料。

(二)工程竣工决算的内容

工程竣工决算的内容由文字说明和决算报表两部分组成。文字说明主要包括：工程概况、设计概算和基建计划的执行情况，各项技术经济指标的完成情况，各项投资资金的使用情况，建设成本的投资效益分析，以及建设过程中的主要经验、存在问题和解决意见等。决算报表分大中型项目和小型项目两种。大中型项目工程竣工决算表包括竣工工程概况表、竣工财务决算表、交付使用财产总表、交付使用财产明细表。小型项目工程竣工决算表按上述内容合并简化为小型项目工程竣工决算总表和交付使用财产明细表。

(三)工程竣工结算与竣工决算的区别

工程竣工决算是以工程竣工结算为基础进行编制的，在整个建设项目的各单项工程竣工结算的基础上，加上从筹建开始到工程全部竣工有关基本建设的其他工程费用支出，便构成了项目工程竣工决算的主体。

它们的主要区别如表9-3所示。

(四)水利基本建设项目的竣工财务决算

根据水利部《关于批准发布水利行业标准的公告》(2008年第27号)的规定，批准《水利基本建设项目竣工财务决算编制规程》(SL 19—2008)为水利行业标准，自2009年2月10日起实施。该标准适用于所有列入国家基本建设计划的水利基本建设项目竣工财务决算的编制。竣工决算审计前,项目法人应将竣工财务决算提交竣工验收主持单位审查。竣工财务决算应按国家相关要求,整理归档,永久保存。

表 9-3 工程竣工结算与竣工决算比较一览表

名称	竣工结算	竣工决算
含义	竣工结算是由施工单位根据合同价格和实际发生的费用的增减变化情况进行编制,并经发包方或委托方签字确认的,正确反映该项工程最终实际造价,并作为向发包单位进行最终结算工程款的经济文件	建设项目竣工决算是指所有建设项目竣工后,建设单位按照国家有关规定,由建设单位报告项目建设成果和财务状况的总结性文件
特点	属于工程结算,因此是一项经济活动	反映竣工项目从筹建开始到项目竣工交付使用为止的全部建设费用、建设成果和财务情况的总结性文件
编制单位	由施工单位编制	由建设单位编制
编制范围	单位或单项工程竣工结算	整个建设项目全部竣工决算

1. 水利工程费用的构成

1)工程部分的内容

工程部分的内容包括建筑及安装工程费、设备费、独立费用、预备费、建设期融资利息。

2)移民和环境部分的内容

第一,水库移民征地补偿包括农村移民安置补偿费、集(镇)迁建补偿费、城镇迁建补偿费、工业企业迁建补偿费、专业项目恢复改建补偿费、防护工程费、库底清理费、其他费用、预备费、建设期融资利息、其他税费。

第二,水土保持工程包括工程措施费(含设备费)、植物措施费、独立费用、预备费、建设期融资利息。

第三,环境保护工程包括建筑工程费和植物工程费、仪器设备及安装费、非工程措施费、独立费、预备费用、建设期融资利息。

很显然,水利工程的费用构成有其特殊性,故项目法人单位在设置相关账户时,务必考虑其特殊性,以便在项目竣工时,能及时编制竣工财务决算。

2. 竣工财务决算的编制

水利基本建设项目竣工财务决算由项目法人组织编制。竣工财务决算编制要遵循下列程序:

(1)收集整理与竣工财务决算相关的项目资料。

(2)进行竣工财务清理。

(3)概(预)算与核算口径的对应分析。

(4)确定竣工财务决算基准日期。

(5)计列未完工程投资及预留费用。

(6)分摊待投资。

(7)分摊建设成本。

(8)填列竣工财务决算报表。

(9)编写竣工财务决算说明书。

3.竣工财务决算编制内容

(1)竣工财务决算报告。

(2)竣工财务决算说明书。

(3)竣工财务决算报表。

4.竣工财务决算封面格式、报表格式

水利基本建设项目竣工财务决算封面格式如下：

水利基本建设项目竣工财务决算		
项　目　名　称：		
编　制　单　位：		
主　管　部　门：		
决　算　基　准　日：		
编　制　日　期：		
单位负责人：	财务负责人：	主编人：

水利基本建设项目报表格式见表9-4~表9-11。

表 9-4 水利基本建设竣工项目概况

项目名称		项目法人				建设地址及所在河流	
建设性质		主要设计单位				主要施工企业	
主管部门		主要监理单位				质量监督单位	
概算批准文件							
项目主要特征		项目投资/元	投资来源			实际投资	
			项目	概算数	实际数	1. 建筑安装工程	
			1.			2. 设备 器具 工具	
			2.			3. 待摊投资	
			3.			4. 其他投资	
						5. 待核销基建支出	
			合计			6. 非经营项目转出投资	
		建设成本/元	项目	总成本		单位成本	
			1.				
			2.				
			3.				
			合计				
项目效益		主要工程建设情况					
		开工日期					
		竣工日期					
		主要工程量	1. 土方/万 m^3		征地补偿和移民安置	1. 总补偿费/元	
			2. 石方/万 m^3			2. 永久征地	
			3. 混凝土/m^3			其中：耕地/亩	
			4. 金属结构制作安装/t			林地/亩	
			⋮			3. 临时占地/亩	
质量总体评价：		主要材料消耗	1. 钢材/t			4. 迁移人口/人	
			2. 木材/m^3			5. 土地补偿标准/(元/亩)	
			3. 水泥/t			6. 安置补偿标准/(元/人)	
			4. 油料/t			⋮	

表 9-5 水利基本建设项目竣工财务决算表

单位：元

资金来源	金额	资金占用	金额
一、基建拨款		一、基本建设支出	
		1. 交付使用资金	
		2. 在建工程	
		3. 待核销基建支出	
二、项目资本		4. 转出投资	
		二、应收生产单位投资借款	
		三、拨付所属投资借款	
		四、器材	
三、项目资本公积		其中：待处理器材损失	
四、基建投资借款		五、货币资金	
五、上级拨入投资借款		六、财政应返还额度	
六、企业债券资金		七、预付及应收款	
七、待冲基建支出		八、有价证券	
八、其他借款		九、固定资产	
九、应付款		固定资产原价	
十、未交款		减：累计折旧	
		固定资产净值	
		固定资产清理	
十一、上级拨入资金		待处理固定资产损失	
十二、留成收入			
合计		合计	

补充材料：基建投资借款期末余额

应收生产单位投资借款期末数

基建结余资金：

表 9-6　水利基本建设竣工项目投资分析表

项目	概（预）算价值/元					实际价值/元					实际较概算增减	
	建筑工程	安装工程	设备价值	其他费用	合计	建筑工程	安装工程	设备价值	其他费用	合计	增减额/元	增减率/%
投资合计												
减:待核销基建支出												
减:转出投资												
建设成本												

表 9-7　水利基本建设竣工项目未完工程投资及预留费用

项目	工程量				价值/元						
	计量单位	设计	已完	未完	概算	已完	未完				
							建筑	安装	设备	其他	合计
(一)未完工程											
(二)预留费用											
合计											

表 9-8　水利基本建设竣工项目成本

单位:元

项目	建筑安装工程投资	设备投资	其他投资	待摊投资			建设成本
				直接计入	间接计入	小计	
合计							

表 9-9　水利基本建设竣工项目交付使用资产表

接收单位：

资产项目名称	结构、规格、型号、特征	坐落位置	计量单位	单位价值	数量	资产金额/元	备注
一、固定资产							
（一）建筑物							
（二）房屋							
（三）设备							
（四）其他							
二、流动资产							
三、无形资产							
四、递延资产							
合计							

表 9-10 水利基本建设竣工项目待核销基建支出表

单位:元

年度	项目							
								合计
合计								

表 9-11 水利基本建设竣工项目转出投资表

单位:元

年度	项目							
								合计
合计								

【课后实践】

1. 讲述会计工作：会计是对一定主体的经济活动进行的核算和监督，并向财务报告使用者提供与企业财务状况、经营成果和现金流量等有关的会计信息，反映企业管理层受托责任履行情况，有助于财务报告使用者做出经济决策。通过本任务的学习和课外搜索，讲述会计工作在现代企业管理中的应用。

2. 讲述成本核算：成本核算是指将企业在生产经营过程中发生的各种耗费按照一定的对象进行分配和归集，以计算成本。成本核算是成本管理的重要组成部分。通过本任务的学习和课外搜索，讲述成本核算的重要性，以及应如何做好企业的成本核算。

任务三 数字媒体技术为水电行业赋能

学习目标

能力目标

1. 具备软件下载及安装的能力；
2. 初步具备 Photoshop 基本图像处理能力；
3. 初步具备全景图拍摄的能力。

知识目标

1. 掌握 3ds Max 基础建模知识；
2. 掌握 Photoshop 基础图像知识；
3. 掌握虚拟现实技术基础知识；
4. 掌握全景图摄影基础知识。

素质目标

培养学生精求技能，独立思考，团结协作，严谨、细心、耐心的工作态度。

一、水电工程效果图制作

要制作工程效果图，首先要掌握 3ds Max 建模的基础知识，完成水电工程建筑的建模，如图 9-4 所示。3ds Max 建模方法主要有基本体建模、二维样条线建模、复合对象建模、特殊修改器建模、多边形建模、表面蒙皮建模等。

3ds Max 渲染输出初步效果图后，接下来就要掌握 Photoshop 图像处理的基础知识，完成水电工程效果图的后期处理，如图 9-5 所示。Photoshop 效果图后期处理的主要方法有图像的抠取与替换操作、图像色彩的调整、字体设计等。

图 9-4 3ds Max 建模

图 9-5 水电工程效果图的后期处理

二、三维动画制作

制作三维动画的主要软件有 Maya 和 3ds Max。用 3ds Max 制作三维动画(见图 9-6),除了要掌握 3ds Max 建模的基础知识,还要掌握 3ds Max 动画制作的基础知识,3ds Max 三维动画的类型主要有关键帧动画、修改器动画、摄像机动画、灯光动画、约束和控制器动画、骨骼动画、空间扭曲动画、粒子动画等。

三、水电行业 VR 开发

目前,VR 技术已成为信息领域中继多媒体技术及网络技术之后被广泛关注、研究、开发及应用的热点。虚拟现实又称作灵境或幻真,是一种可以创建和体验虚拟环境

图 9-6 3ds Max 制作三维动画

(virtual environment, VE)的计算机系统。它利用计算机技术生成一个逼真的,具有视、听、触等多种感知的虚拟环境,用户可借助一些特殊的输入与输出设备,通过自然的方式与虚拟环境中的对象进行交互,从而产生身临其境感觉的交互式视景仿真和信息交流,是一种先进的数字化人机接口技术。VR 技术为用户提供了一种更为理想化的人机界面形式。

常用的 VR 开发软件有 Unreal Engine 4 和 Unity 3D。Unity 3D 是由 Unity Technologies 开发的一个让玩家轻松创建(诸如三维视频游戏、建筑可视化、实时三维动画等类型互动内容)的多平台的综合型游戏开发工具,是一个全面整合的专业游戏引擎。

四、水电行业 VR 全景制作

VR 全景是基于真实场景的全景图像的虚拟现实技术,也叫作三维全景。这种全景图其实就是把摄影设备 360°拍摄获取到的一组或者多组的图像修改拼接成的一个全景图像,也可以利用计算机技术实现全方位的观看,互动展示真实场景。相当于利用 VR 技术把现实的真实场景转移到网络上进行全方位展示。

全景拍摄可以使用具有广角镜头的手机、单反相机或者是专业的多目全景相机进行。用手机拍摄时,注意要使用广角镜头,相邻两张照片之间至少要有 20%的重合度。

全景图拼接常用的软件为 PTGUI。PTGUI 是一款功能强大的全景图片拼接软件,软件能自动读取底片的镜头参数,识别图片重叠区域的像素特征,然后以“控制点”(control point)的形式进行自动缝合,并进行优化融合。软件的全景图片编辑器有更丰富的功能,支持多种视图的映射方式,用户也可以手工添加或删除控制点,从而提高拼接的精度。软件支持多种格式的图像文件输入,输出可以选择为高动态范围的图像,拼接后的图像明暗度均一,基本上没有明显的拼接痕迹。

【案例 9-6】 上杭县下都乡供水工程效果图。

为更好地服务区域经济，学院虚拟现实应用技术工程中心，对外承接水利工程效果图制作、VR 全景图制作与发布、水电行业 VR 应用开发、三维动画制作等业务。上杭县下都乡供水工程效果图制作是该工程中心承担的业务之一，供水工程效果图包括虾公畲山重力坝效果图、和睦水库土石坝效果图和下都集镇水厂效果图。

以虾公畲山重力坝效果图为例，简要介绍该效果图制作过程。

(1) 分析 CAD 设计图，在 CAD 中绘制重力坝溢流坝段剖面图和非溢流坝段剖面图，如图 9-7 和图 9-8 所示。

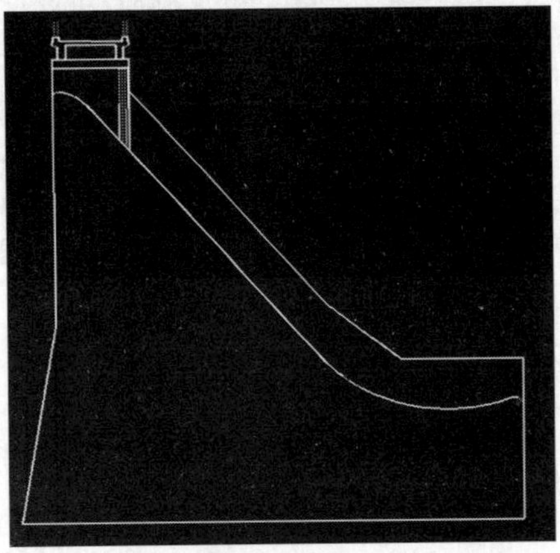

图 9-7 CAD 绘制重力坝溢流坝段剖面图

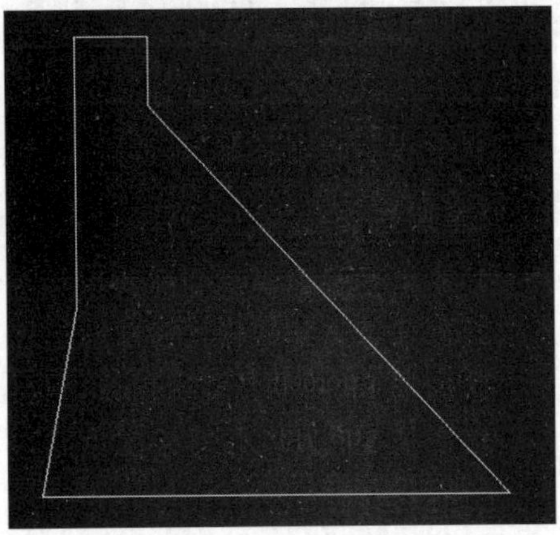

图 9-8 CAD 绘制重力坝非溢流坝段剖面图

(2) 在 3ds Max 软件中导入 CAD 图，根据 CAD 图所标大坝尺寸建立大坝模型，并创建地形模型，如图 9-9 所示。

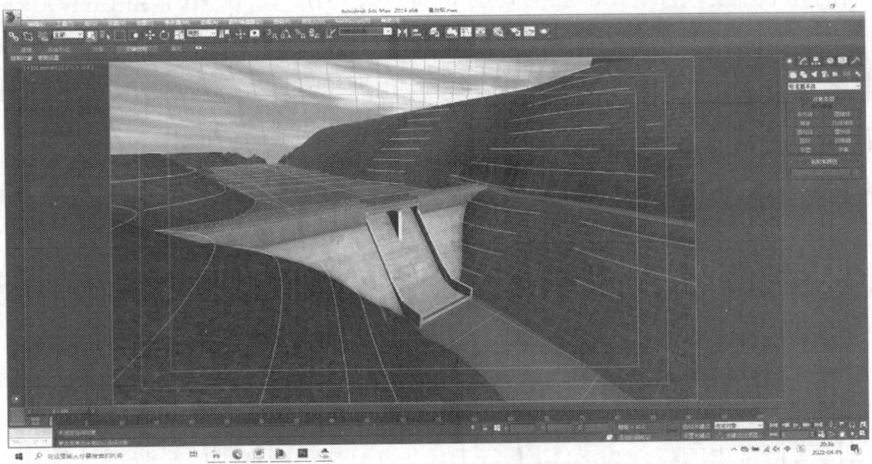

图 9-9 建立大坝模型并创建地形模型

(3) 在 3ds Max 中渲染输出初步效果图，如图 9-10 所示。

(4) 利用 Photoshop 软件，对重力坝初步效果图进行后期处理，最终效果如图 9-11 所示。

图 9-10 初步效果图

图 9-11 最终效果图

【案例 9-7】 转子式流速仪三维动画。

三明水文分中心全景宣传综合项目是学院虚拟现实应用技术工程中心对外承接的一个横向课题项目，项目内容主要为“水文水质监测设备介绍三维动画制作”和“水文站全景图制作及发布”。

图 9-12 为该项目转子式流速仪测流速原理三维动画截图。下面以转子式流速仪部分动画为例，简要介绍三维动画的制作过程。

码 9-1 动画-转子流速仪

(1)在 3ds Max 软件中制作转子式流速仪的模型，如图 9-13 所示。

(2)单击右下“时间配置”按钮，在弹出的“时间配置”窗口中配置时间，如图 9-14 所示。

(3)选中模型，单击“自动关键点”按钮，在 300 帧处单击“设置关键点”按钮，在俯视图将模型旋转 500°左右，完成模型旋转动画，如图 9-15 所示。

(4)单击菜单“渲染\渲染设置”，在弹出的“渲染设置”窗口中设置渲染参数，最后渲染输出三维动画文件。

图 9-12　转子式流速仪测流速原理三维动画截图

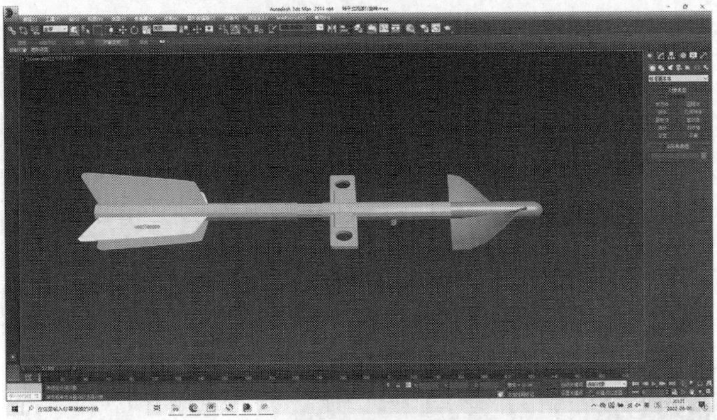

图 9-13　3ds Max 软件制作转子式流速仪的模型

【案例 9-8】　水利工程 VR 应用。

水利工程往往具有很大的规模，因此施工时间较长，即有很长的建设周期；水利工程因为受施工场地的影响，自然条件也是不可忽视的易影响设计及施工的因素之一；水利工程因其大规模性，需要的投资较大，因此在施工之前必须严格按照程序进行设计。VR 技术可以应用在水利工程设计施工和运行管理的各个方面。

(1)规划阶段。

水利工程的规划设计阶段往往要收集水文气象、地理地质等自然资料，设计多种方案并进行选优，确定工程规模。根据 VR 技术的虚幻性和逼真性，可利用它将收集来的水文气象资料进行模拟，将水文气象信息与地质条件结合，展示出实际施工及运行管理时可能会出现的天气情况。由于虚拟仿真技术具有视景仿真的功能，可以对工程进行各种模拟，比如洪水干旱模拟、防洪调度模拟，从而对比出最优方案。VR 技术在规划上的应用，可以使工程更加具体，在可行性分析上更加直观。

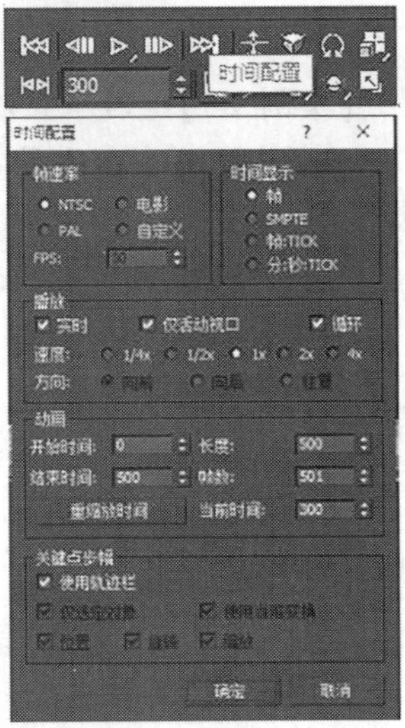

图 9-14　配置时间

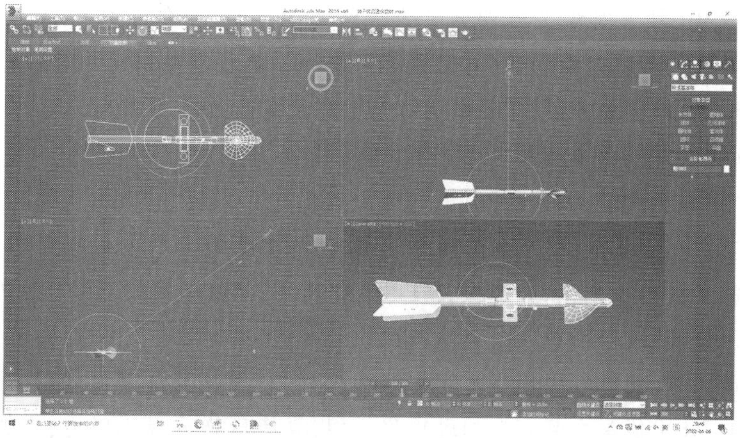

图 9-15　完成模型旋转动画

(2)设计阶段。

①初步设计阶段。

VR 技术在初步设计阶段应用较多,以 CAD 数据为根基,首先建立二维模型,利用数据转换,转换成三维模型,利用 VR 游戏引擎模拟水利工程虚拟环境,其后建立主要设备模型。通过 VR 技术对工程的整体模拟,可以直观地看到工程成果,以便从外观、施工难度等方面完善工程设计,如图 9-16 所示。

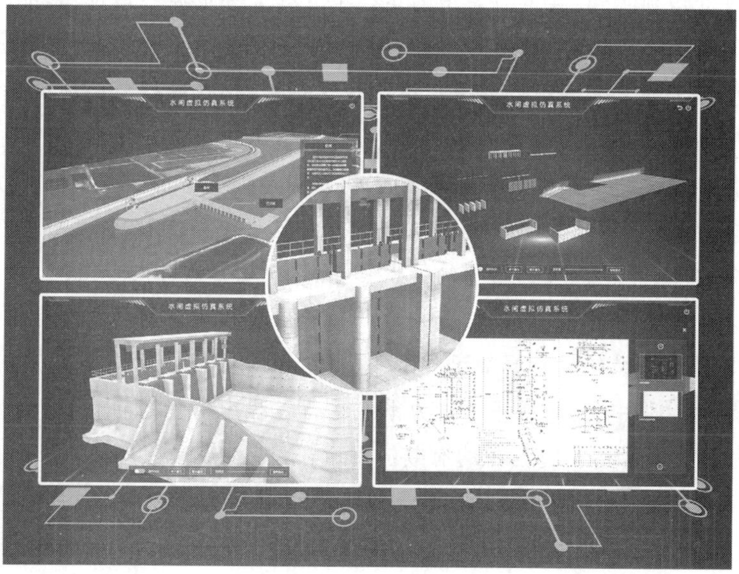

图 9-16　VR 工程模拟

②施工图设计阶段。

施工图设计上的应用更趋于实用化,利用三维建模可以完美、随意地展示大工程的每一个小部件,可以模拟施工过程、零件安装顺序。与传统图纸相比,三维模型更直观、更易于理解。完整的工程展示,在招标及后期宣传中都可以起到有效的作用。

(3)施工阶段。

可以利用VR技术对施工前期的工人进行施工培训,更便于技术分工与施工安排。面对更加立体、逼真、交互的零部件,工人对工程的了解程度较高。工程操作步骤比较鲜明,从施工到验收都比较方便,在问题的排查上更快捷高效。

【案例9-9】 电力系统VR应用。

(1)变电站设计和运行管理方面的应用。

变电站虚拟现实系统,对于电力系统的稳定运行,具有积极的保障作用,能够有效促进电力生产的发展。首先,在虚拟现实技术的作用下,能够积极建立起相应的建筑物模型和虚拟化的三维设备,全面观察变电站内部的三维结构,针对电力系统中各项设备结构的关系进行全面检查,同时积极优化现有的结构设计,让用户更加直观地感受到相关内容;其次,虚拟现实技术能建立起相应的可视化模型,具有较强的表现能力,能够积极开展各项关系的检查工作,比如配合关系、运动关系等方面,及时发现电力设备和结构的相关问题,从而有针对性地制订出相对合理的解决方案,针对电力系统运行的结构和布局进行不断改进和优化;最后,积极应用虚拟现实技术,能够针对电力系统运行过程中数据无法及时共享的情况进行有效改进和解决,有效控制其中出现的问题,提升设备运行的整体质量。

(2)虚拟现实技术在电力系统仿真培训中的应用。

电力人员的培训工作,在电力系统的运行中占据十分重要的地位,其中使用的培训技术也经历了较长的发展时期,随着虚拟现实技术应用程度的不断提升,使用这种技术开展电力人员的培训工作具有积极的效果。虚拟现实技术,构造虚拟现实环境,针对变电站系统运行过程中各项情况进行全面展现,能够给变电站工作人员提供真实的感受,让他们充分沉浸在工作环境之中,并且其中体现出了较为明显的交互性,因而其作为培训工作方式,将能够发挥积极作用。电力企业可以积极引进虚拟现实技术,将其应用在电力系统的仿真培训工作之中,不仅能节约培训的投入资金,同时还能够提升培训活动的安全性,全面联系系统之中的各个环节,帮助作业人员开展多层次和多方面的体验活动,积极促进电力工作人员掌握电力系统运行的知识和工作原理,如图9-17所示。电力系统仿真培训系统在实际应用的过程中,还能够根据电力系统运行过程中出现的新变化,及时进行调整。

(3)电力系统实际运行过程中的有效应用。

将虚拟现实技术积极应用在电力系统的实际运行过程中,能够规范电力操作的各项行为,提升电能质量。首先,电力系统运行过程中,积极使用虚拟现实技术,能够促进运行操作工作更加准确。现阶段国内的电力网络已经十分健全,其中涉及的内容也很多,远程操作工作情况较多。想要有效提升远程操作的准确性和合理性,需要选择合适的操作系统,积极使用虚拟现实技术,不仅能够有效增强电力系统运行的安全性,同时还能够促进管理水平和质量的不断上升。

图 9-17 VR 技术在电力系统仿真培训中的应用

【案例 9-10】 永安市吉峰水文站观测场全景制作。

(1)加载图像。

打开 PTGUI 软件，单击“1. 加载图像…”，将拍摄完成的全景图加载到软件中，如图 9-18 所示。

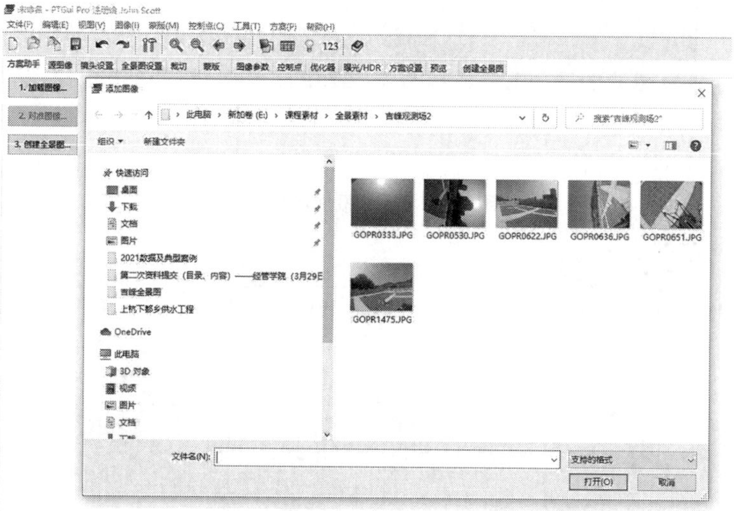

图 9-18 加载图像

(2)对准图像。

单击“2. 对准图像…”，软件将自动生成控制点，进入全景图编辑界面，如图 9-19 所示。

(3)手动添加控制点。

软件没有自动生成控制点的图像，需要手动添加控制点。手动添加完成后，再次单击“2. 对准图像…”，软件将重新拼接全景图，如图 9-20 所示。

(4)拉平与生成全景图。

如果全景图是扭曲的，可直接鼠标拖拽拉平或添加垂线拉平，如图 9-21 所示。

(5)生成全景图与后期处理。

图 9-19　对准图像

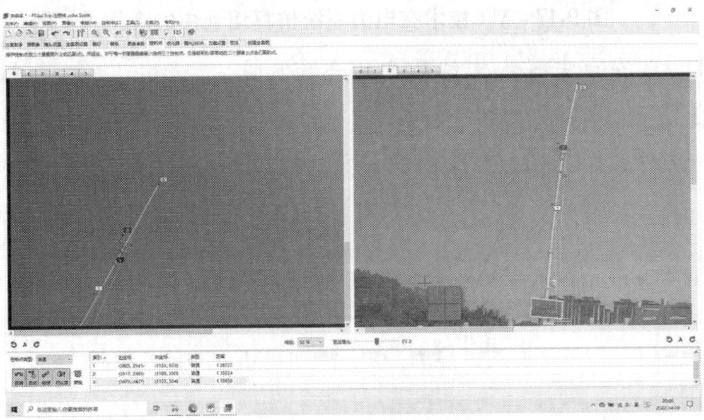

图 9-20　手动添加控制点

图 9-21　拉平与生成全景图

在“创建全景图”面板中输入相关参数后生成全景图，在 Photoshop 软件中进行移除脚架等处理，完成全景图制作。

【课后实践】

1. 根据全景图拍摄原理，通过手机拍摄一组校区一角全景照片。

2. 通过搜索引擎搜索，Photoshop 软件，下载并安装。熟悉 Photoshop 软件界面，打开前期拍摄的学院照片，为图像添加文字：精求技能、崇尚文明，将图像存储为“水院 1. jpg”。

任务四　电子商务为水电企业赋能

学习目标

能力目标

1. 掌握水电企业电子商务化营销模式，新媒体营销的具体应用手段；
2. 掌握水电产品网络平台销售手段。

知识目标

1. 了解电子商务为水电企业赋能的具体实施步骤；
2. 了解网络销售的基础知识。

素质目标

提升逻辑思维，培养创新思维。

一、水电企业营销模式创新

（一）积极采用多样化的网络营销方式

在互联网背景下，网络营销模式受到了人们的广泛关注，不仅改变了传统的营销模式，同时还为许多的商家带来了更多的营销收益机会，有效降低了相应的推广成本。对此，诸多的水电企业可以积极利用网络营销模式，加大自身产品的营销力度，并积极采用更加社会化的营销方式（如微博、微信等），实现对网络营销方式的有效优化，以此提升品牌的影响力，给予企业更多的活力。要有效利用社会网络营销模式，顺应网络经济时代发展趋势，并在始终坚持线上与线下的紧密结合运行中，实现水电品牌的联动并进，不断扩充电商渠道，有效利用分析工具，借助相应的社交平台充分挖掘用户的需求，这样不仅有效加大互联网语言以及用户之间的互动力度，同时还营造了一个良好的粉丝生态圈，为水电品牌注入新的活力，与新时代共同进步。

（二）处理好线上线下营销渠道的平衡

水电企业的线下渠道相对稳定，线下营销方式较为成熟，而线上开展互联网营销，推广覆盖面广，相对成本较低，容易与传统营销渠道的产品价格、服务等出现冲突，导致企业品牌形象在消费者心中出现差异，造成企业品牌荣誉受损。互联网营销并不仅仅是营销工具或者营销方式，而是一个关系到多个层面的系统性工程，对线下产品销售的促进也起到很大作用。因而企业应该将网络营销提升到总体营销战略的层面，网络营销与线下营销相辅相成，有机整合线下营销与网络营销，能极大地促进整体效果。

许多的水电企业不仅有线下资源，同时也有线上资源，但仅停留在基本的公司介绍或社交媒体上。需要平衡线上与线下的权重,这样的运营模式非常适合新时代的发展趋势,可实现两者的融合发展。

(三)成立电子商务部门,提高员工电子商务知识水平

水电企业尝试进行互联网营销时,由于对互联网营销的了解较少,往往把网络营销部门设立在销售部或者市场部下。传统的销售部门或者市场部门是以销售额为目标、以传统营销方式为手段,对互联网技术和推广技巧不完全了解,仍会以熟悉的线下渠道为主,难以拓展线上渠道。因此,水电企业需要设立专门的网络营销部门,聘请专业运营人才。水电企业需要保留原有的项目部门、财务部门、客服部门及市场部门,而电子商务部独立运行。各部门具体职责如下:

(1)产品编辑部负责产品图片拍摄、处理,产品描述编辑。

(2)网络项目部,负责项目承接、项目跟踪。

(3)网络客服部负责接待售后客户,处理纠纷、评价处理、客户答疑、老客户关系维护及二次开发,客户数据库建立、数据分析、决策。

(4)营销推广部负责品牌宣传推广,网络软营销、广告,网店运营、促销等。

(5)美工设计部负责产品图片编辑、网店装修与美化,市场营销工作的美工支持。

其中,网络项目部和客服部可与线下部分整合,统筹协调。

随着各个企业开展信息化建设以及各种电子商务营销模式被选择应用,各个水电企业都将信息作为企业生产经营的中心,因此企业需要定期采取各种方式对员工进行一系列电子商务培训,促使员工了解互联网及电子商务发展趋势,通过这种方式激发员工创新,设立鼓励机制,培养一支具有较高信息素养的员工队伍。

(四)营销内容创新

互联网的传播内容丰富、覆盖范围广泛、传播速度迅速,因此借助事件营销逐渐受到企业的青睐,包括借力模式和主动模式。借力模式是指借助社会热点话题靠拢,创新性将营销内容与热点话题结合,从而实现公众对热点话题的关注转而引导宣传企业产品或品牌。而主动模式则是自身通过营销内容或模式的创新,创造热点话题,借助互联网的传播快速提升品牌知名度与美誉度。

相对于传统的营销来说,互联网营销更利于客户关系管理。很多平台有自身的 CRM 后台,利于企业收集客户的所有信息。企业可以根据后台建立客户信息数据库,将客户进行分类管理,比如新顾客、促销型顾客、老顾客、VIP 忠诚顾客。同时根据客户的习惯,及时掌握消费者的需求、满意度变化情况,提出针对性营销、个性化服务,提升网络销售的黏性。

【案例 9-11】 水利——电子商务新媒体营销。

“媒体融合”这一概念是由美国的浦尔教授提出的,它的基本含义体现为多种形式的媒体相互借鉴,呈现出一体化发展的趋势。在新时代网络环境下新媒体技术陆续出现并趋于成熟,到目前为止已渗入学术期刊发展的多个环节中。在信息传输通道逐渐丰富的基础上,报纸、电视台等传统媒体对用户的吸引力不断降低,用户数量大幅缩减,致使其生存环境面临严峻挑战。运用好网络和手机客户端等现代化技术手段,使出版资源有效整合，创建资源共享、全方位、立体化、高效率服务广大用户的学术期刊媒体融合的创新发展模式势在必行。《南水北调与水利科技》（中英文）编辑部运营一刊和两网，即“南水北调与水利科技”官网和水利科技知识服务平台。期刊官网设置“南水北调”“水文水资源”“生态环境”“工程技术”和“节水”等栏目，及时发布南水北调及水利相关的科研成果。官网主页上期刊“在线投稿平台”的投审稿流程也得到简化，实现了在线投稿、审稿、编辑全网络化运行。水利科技知识服务平台项目的实施，建立以数字化知识资源为基础，以水利行业需求为中心，以先进的信息技术为手段的一体化、个性化知识综合服务与管理平台，并依托网络，采用现代信息技术和科学的管理手段，建设技术先进的自动化管理体系的水利科技知识服务平台，能够快速满足用户对水利知识的需求。

“南水北调与水利科技”官方微信是水利行业首批建设的微信公众平台之一，被业内称为“水利人都在看的公众号”，主要设置“南水北调”“智者乐水”“科技交流”栏日与广大水利工作者探讨南水北调与水科学知识，传递水文化。“南水北调与水利科技”微信公众号实施每日更新，及时向广大用户提供最新的科研成果和水利相关资讯。微信公众平台的建设为《南水北调与水利科技公众号》（中英文）传统学术期刊与新媒体的融合发展开辟了新的服务模式。有兴趣的读者可以上网搜索该微信公众号。

在信息发展新时代下，媒体融合是大势所趋，传统学术期刊的数字化、信息化转型任重道远，媒体融合给学术期刊带来众多挑战的同时，也为其发展提供了新思路、新方法、新机制，为期刊的传播创造了新渠道，同时为学术期刊在媒体融合背景下的可持续健康发展创造了机遇。“南水北调与水利科技”要取得新的发展，就要转变发展理念，掌握新技术，开拓资源共建、共享的新媒体平台，不断完善“新媒体+期刊+技术服务+水利公益”的发展模式，为水利行业的发展做出更大的贡献。

【案例 9-12】 电力电子商务供应链。

电力供应链主要由“电力物资采购–电力产品生产–电力输送–电力配送–电能销售”五大环节构成，如图 9-22 所示。供应链联盟中的合作伙伴通过信息网络技术参与优势资源集成，实现供应链的整体运作。电子商务正是通过互联网信息技术实现的交易活动，其关键是供应链的运作过程。电力行业通过搭建电子商务平台实现供应链上相关资源的整合，达到电力行业供应链的有效管理。因此，电力电子商务供应链是电子商务、电力行业和供应链的交叉关系，伴随着物流、商流、信息流和资金流的流动，实现从电力原材料采购到电能销售的整合过程。

近年来，国家不断加强供给侧结构性改革，调整产业链资源供应，发展新能源，开发新市场。同时，节能减排越来越受到重视，大数据、云计算、物联网等新兴技术开始兴起，电力行业供应链管理也不断适应电子商务的发展，推出智能电网、电子商务物资采购平台，将不同区域、不同行业、上下游相关资源进行高效整合、优化协同供应链管理。构建电力供应链高效协同的组织形态，形成覆盖产业链上各种相关企业的服务网络，实现资源优势互补和协同发展。构建具有数字化、智能化、网络化、服务化、平台化、绿色化、全球化、可持续等特征和发展趋势的现代化电力企业供应链，如图 9-23 所示。

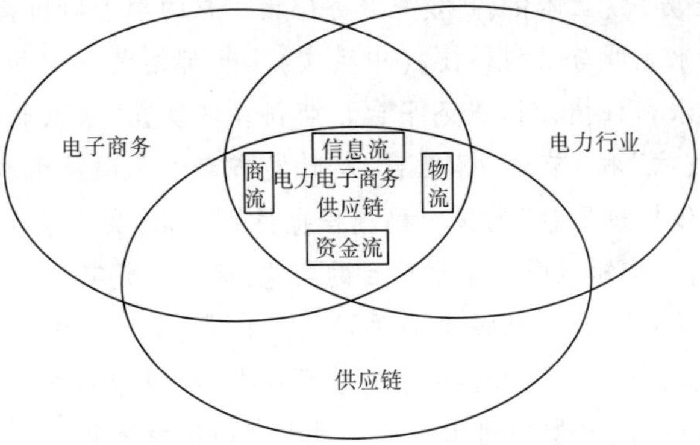

图 9-22　电力电子商务供应链

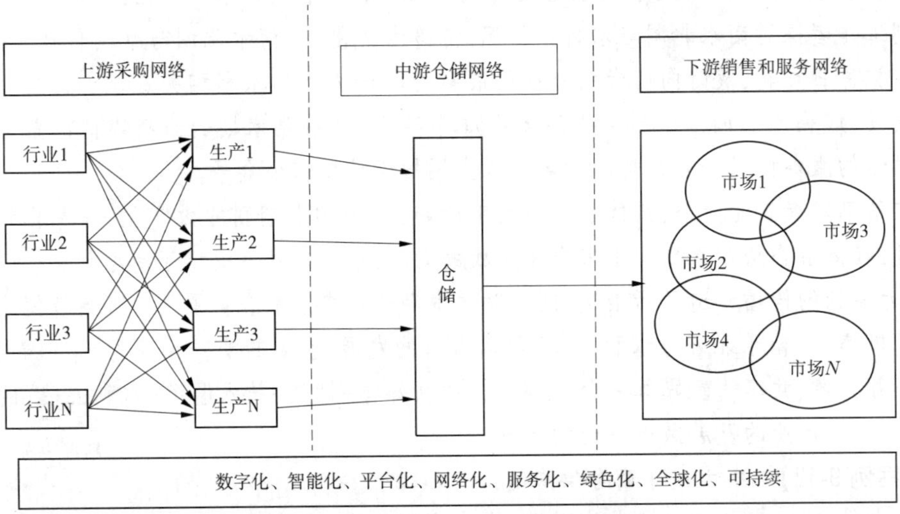

图 9-23　现代化电力企业供应链模型

二、水电产品的网络销售

(一)网络销售基础理论

1. 网络整合营销理论

网络整合营销是指企业在营销过程中,始终以明确的目标为指导,实现营销活动的统一性和交互性。传统营销的经济学理论基础是厂商理论,也就是追求企业利润最大化。在这种营销理念的指导下,企业往往会不自觉地忽略消费者的真正诉求,企业与消费者之间存在的也仅是从卖家到买家间的一条单项的业务链条。但是随着市场环境的变化,企业应学会把顾客需求整合到整个营销过程中,在能满足消费者实际需求、为消费者带来实际价值的前提下,追求企业利润最大化才是网络营销的根本宗旨所在。这样做一方面能够很好地满足顾客需求,增加品牌黏度;另一方面又抬高了同行企业的准入门槛,于是在消费者和企业间逐渐形成了一种稳固可靠的双向交互式的营销关系。

2. 网络直销理论

网络直销有两种：一种是企业自建电子商务网站直接向消费者销售产品，另一种是委托信息服务商在其网站上发布企业产品信息后向消费者销售产品。无论是哪一种销售方式都大大降低了企业营销成本，提高了营销效果。直复营销中的“直”是直接的直，“复”是回复的复，它是指在营销过程中向消费者发布营销信息后寻求消费者直接回应的一种营销方式。因此，企业在营销时能够不通过中间分销渠道而直接同消费者进行联系，消费者亦可通过网络直接向企业付款下单。另外，对于消费者到底买或者不买，企业可获得明确的回复，所以企业可利用直复营销统计消费者的反馈情况，对营销效果进行评估，进而对下一步网络营销工作提供了有意义的指导。

3. 网络软营销理论

软营销是相对于强势营销而言的。强势营销是工业化大规模生产模式下的产物，它主要利用广告宣传和人员推销这种方式向消费者灌输大量营销信息，而不管消费者是否需要。但实际情况是，消费者们对于赤裸裸的商业推销活动天然地持有一种怀疑态度，顾客不欢迎不请自来的；又没有实质性内容的宣传广告，而更愿意在有了某种实际需求后主动地进行搜寻。网络软营销恰好适应了消费者这一心理特征，它在遵守网络礼仪的前提下向消费者传递有价值的信息，传递过程更为理性，也更易于被消费者接受。由此看来，强势营销与软营销的最大区别在于：在强势营销中，主动权在企业这一方；而在软营销中，主动权在消费者这一方。

(二)电子商务销售模式

1. 建立自己的电子商务网址

B2C 电子商务企业，就是指借助互联网建立一个类似传统企业实体门店的网站，其具有商品展示的功能，并能够完成商品上架、下架、订购、支付货款等程序的完整交易过程。但是与传统实体门店存在的区别是，用户能够看得见、摸得着，能够亲身体验商品；但在电子商务网站，商品则以图文展示为主，少数配视频展示，但并不阻碍交易过程的实现。由于电子商务网站只能进行商品展示，但电子商务网站能够摆脱销售商品数量的限制，提高商品展示的空间，但由于消费者无法进行商品体验，因此网站要通过查询功能帮助消费者更加便捷地搜索产品，从而提高消费者体验度。另外，即使客户不购买产品，企业还能够通过搜索查询轨迹进行产品分化，从而了解商品关注度等信息。这些功能在实体店显然都是无法实现的。在实体店中尽管具有可直接观察商品实物的优势，但却无法统计客户走进门店后看到了哪些商品，以及观看商品的顺序、次数和由这些信息构成的商品偏爱度方面的信息，因而无法掌握客户潜在的需求及偏好。

2. 支持用户通过注册形式成为网站会员

在传统实体门店，消费者选择心仪的商品并完成支付，则代表交易过程的完成。商户并不需要了解消费者的姓名、联系方式、联系地址等信息。而电子商务网站不同，客户在选中心仪商品并完成支付行为之后，配送需要商户来完成，商家需要充分了解消费者的相关信息，并保证按时送货，至此才能完成整个交易过程。因此，电子商务平台需要具有用户注册会员的功能，在交易完成的过程中，能够进一步深入开发其他功能。例如，可根据消费者资料，通过手机短信或电子邮件的形式，定期向消费者寄送促销信息；或者根据消费者购买信息，深入挖掘消费者采购行为，进行消费者行为预判，提前库存备货。

3. 支持在线订购和在线支付功能

电子商务区别于传统销售活动的另一个特征就是消费者选购商品后支付货款的方式。通过在线订购和在线支付，电子商务网站丰富了支付方式：第一种多用于同城交易或大型电子商务平台，企业送货上门，货到付款；第二种是消费者预先支付货款，企业再发货的方式；第三种是消费者将货款先支付给第三方担保交易机构，企业发货后，等消费者收到产品之后，第三方担保机构再支付货款。而第三方担保支付也是消费者主要选择的支付方式。

4. 商品仓储由电子商务企业自身承担

在仓储物流方面，B2C 电子商务企业与传统零售企业类似，都需要企业自身建立仓储物流，但二者还是存在较大的区别。传统实体门店要根据能够覆盖的规模大小设计仓储规模，而 B2C 电子商务企业则需要根据商品配送的覆盖区域设计仓储规模，甚至是仓储地点。因此，电子商务企业和传统零售企业的仓储设计还是存在较大的不同。

5. 实行物流配送及送货上门服务

消费者随时都能购买产品，完成交易。因此，网上购物除具备价格优势外，也能够最大限度地节省采购时间，提高采购效率。消费者在完成购买之后，只需要等待收货即可。因此，电子商务必须实行物流配送和送货上门服务，企业可将物流配送外包给社会物流公司，也可自行组建物流系统配送商品，而两者的差别就是物流费用是由消费者承担还是企业承担。对消费者而言，两者并没有差别；但是对电子商务企业而言，物流外包会提高交易成本，但消费者购物体验度要高。

6. 根据消费者数据深入挖掘和分析

在消费者注册为会员后，网络购物平台会为企业提供详细个人信息，而且消费者的购物清单和搜索信息也为 B2C 企业数据挖掘和数据分析提供支撑。在传统门店中，消费者进入门店，如果什么都不买，老板不会得知消费者都关注了哪些产品；而在网站上，消费者在网站的浏览记录、搜索记录，即使不买，系统也能记录下来消费者点击的产品、观看的顺序及停留的时间，也为 B2C 电子商务企业的精英设计提供商业信息，从而优化网站设计和产品配置。

【案例 9-13】 “中国水电维修网”互联网的快车道。

随着国家经济和科学技术的高速发展，以及人们物质生活水平的不断提高，种类繁多的各式家电已经成为了人们日常生活和工作的必需品。当市场对于家电的需求越来越多时，家电水电维修服务需求自然也随之增多。同样的，家电水电维修市场需求不断扩大，其相关产业——水电维修设备和五金工具等产业也水涨船高，被推动着不断快速地发展。各水电维修设备生产商和零售商的销售额也都是逐渐向好的趋势。

而近几年来，随着互联网时代的到来，当传统水电维修服务不能满足现代城市人们的需求，其行业正逐步向互联网转型升级之时，也有不少水电维修行业的业内人士率先抓住这一机遇迅速布局互联网线上市场。近些年来，国内技术和经济的双重发展，让互联网在国内市场有了大展宏图的平台。在互联网大数据的助推下，“网络”进入到了各个领域，成为了社会经济发展、信息沟通的又一大支柱。除服饰、护肤美容、电子设备等灵活行业外，水电维修设备和五金工具这一类传统产业也逐渐搭上网络的快车，解锁自身的新时代，而中国水电维修网便是在这样的形势和背景之下应运而生。

水电维修服务有着巨大的需求市场，其维修设备和五金工具产业也随之水涨船高，市场需求一直呈不断增高的态势，但整个水电维修设备行业中仍然存在着诸多问题。成本的上涨和生产效率低下等因素导致行业利润近两年来直线下滑。而环节相对封闭、关系运营、价格信息不透明等问题又严重阻碍着行业的发展。再加上互联网电商的影响让线下用户越来越少，给水电维修设备和五金工具的经营带来了巨大的压力。但同时，某企业创始人认为，互联网给行业带来的不只是颠覆和冲击，还是巨大的商机和新发展机遇。而创始人正是抓住了这个难得的发展契机，带领着自己的水电维修设备产品率先搭上互联网电商的"快车"，加入到互联网浪潮当中，并通过与其他公司合作发展，以实体产业为基础，以先进互联网以及大数据作为支撑，不断整合市场资源，最终打造出了"中国水电维修网"线上自营平台，开启了线上卖货新模式。

作为水电维修设备一站式购物商城，为了能够满足消费者不断攀升的消费需求，中国水电维修网本着"品质、专业、高效"的发展宗旨，凭借平台强大的整合汇集能力，汇集并高效连接到全国海量品牌生产商，严选高品质的维修设备和产品，并以一站式线上平台和一体化的仓配体系为支撑，为全国用户在线提供多种高品质、高性价比的水电维修设备和五金工具。无论是水管、试电笔、水龙头、水槽扳手、开关，还是五金工具箱以及电路维修设备产品，用户皆可在商城中以超实惠的价格一站购齐。

用户线上一键即可完成下单，平台自定位用户位置，并以多个城市的智能仓配中心为用户闪电发货，极速送达。同时，平台内还汇集了全面专业的水电家电维修保养等方面的知识资讯，让用户从便捷的购物方式、产品的多样性、价格的实惠性、售后服务等方面都能满足多元化需求，全方位解决维修问题。除了在为用户提供便捷高效的购物通道，要想满足消费者不断攀升的需求，同时实现企业的盈利高转化是远远不够的。在这一方面，创始人通过平台中建立起的数据库，以自身积累的用户多方数据为优势和导向，向平台连接的生产商反向输出。通过大数据精准定位用户群体，以"定制化"的产品满足甚至超越了消费者更潜在的消费需求后，极大地提升了消费者购物需求。而在这个过程中，平台同时也获得了更多精准用户群体，增加了平台与用户之间的黏性，更为现有用户创造出了更多的附加价值。

此外，中国水电维修网在高效连接到行业内多个商家和生产商后，又不断整合和优化水电维修设备产业的上下游产业供应链，通过平台直接连接到厂商和终端消费者，实现了厂家直供的模式。不仅为消费者提供了比市场上更加高品质、更加高性价比的产品，同时也打破了平台、厂商、用户这三者之间的信息屏障，让平台实现了供需双方的双向有效把控，也让自身企业实现了盈利的高效转化，并帮助平台连接到的生产商和商家提高了生产效率，打开了产业销路。值得一提的是，整个水电维修设备行业的互联网化对比起其他产业来说，进程仍然偏低，这也是阻碍整个行业快速发展的因素之一。

因此，为了解决这个问题，创始人在中国水电维修网平台中，专门为商家开设了"低门槛、低投入"的加盟通道，并为商家提供完整的在线开店、会员管理、经营分析等系统工具，赋能实体商家电商化。让行业内更多的商家在快速建立起属于自己的线上自营商城的同时,也能够尽快拓宽产业销售渠道并拉升销量。

正是凭借着中国水电维修网这样强大的功能体系和优秀的运营模式,平台一经上线,一站式线上平台为用户提供了更加便捷高效的购物通道。又以更加丰富、更加符合用户需求的产品与服务以及良好的口碑赢得了市场消费者的信赖。同时又以优秀的线上运营模式实现了企业盈利的高转化。更为水电维修设备行业内的商家和生产商快速开启线上卖货模式,开启“卖货”新机遇,打开了产业销路,助推着整个行业在互联网经济大环境下稳中快速发展。

【课后实践】

1. 请找出生活中一样与水电行业相关的商品,进行如下操作:①进行产品定位分析,撰写营销文案及短视频拍摄脚本;②拍摄产品主图及细节图;③利用 Photoshop 软件制作产品主图及详情页;④根据脚本拍产品宣传短视频并进行后期剪辑。

2. 网购越来越便捷,我们能从电商平台购买到各式各样生活所需的物品及服务,根据课堂案例“中国水电维修网”,试分析其优劣势,并比较与传统电商平台的区别。

【课后练习】

请扫描二维码,做课后练习。

项目九　课后练习

参考文献

[1] 汤利. 做好“四篇文章”推动水务高质量发展[N]. 贵阳日报,2022-11-29(1).
[2] 张娅琪,赵雪婷. 治理水污染保障水安全恢复水生态[C] //河海大学,南阳市人民政府,南阳师范学院,等. 2022(第十届)中国水生态大会论文集.
[3] 朱婷婷,侯立安,童银栋,等. 面向 2035 年的海河流域水安全保障战略研究[J]. 中国工程科学,2022,24(5):26-33.
[4] 王鑫,刘文佳,徐中成. 守好岷江确保“水安全”[N]. 四川日报,2022-10-04(3).
[5] 鲍淑君. 中国水安全现状及未来发展态势的综合评价分析[J]. 水利水电技术(中英文),2022,53(9):163-174.
[6] 周海炜,张蔚怡,王腾,等. 政策工具视角下我国水安全政策文本分析三维框架[J]. 情报杂志,2022,41(9):62-70.
[7] 潘安君. 珍惜用好南水北调水 全力保障首都水安全[J]. 水利发展研究,2022,22(5):1-5.
[8] 本刊编辑部. 推动高质量“海绵化”城乡建设 打造高品质水安全体系——专访中国科学院院士、福建省人民政府顾问夏军[J]. 发展研究,2022,39(2):1-6.
[9] 徐伟,马兆龙,山成菊. 基于物元可拓模型的县域水安全评价实例分析[J]. 浙江水利水电学院学报,2022,34(1):44-48.
[10] 许培德. 安全用电[M]. 北京:中国水利水电出版社,2021.
[11] 全国安全生产教育培训教材编审委员会. 高压电工作业[M]. 北京:中国矿业大学出版社,2018.
[12] 福清核电 3 号机组首次装料顺利完成[J]. 金属加工(冷加工), 2016(10).
[13] 肖志远,马志华,周金山,等. 装配化建筑——提升水利工程质量的有效途径[J]. 江苏水利,2021(10):24.
[14] 侯才水. 水电站[M]. 北京,中国水利水电出版社,2011.
[15] 刘均卫. 长江生态航道发展探析[[J]. 长江流域资源与环境,2015(24).
[16] 许鹏山. 许乐华甘肃省生态航道建设思考[J]. 水运工程,2010(9).
[17] 张耀平,刘本林. 电气化公路及电力汽车技术经济分析[J]. 交通节能与环保,2013, 9(6):38-43.